Walter Motsch

Prozeßrechnerstrukturen

Walter Motsch

Prozeßrechnerstrukturen

Aufbau
Betriebssysteme
Kommunikation

Die Deutsche Bibliothek – CIP-Einheitsaufnahme

Motsch, Walter:
Prozeßrechnerstrukturen: Aufbau, Betriebssysteme, Kommunikation / Walter Motsch. – Braunschweig; Wiesbaden: Vieweg, 1995
(Studium Technik)
ISBN-13: 978-3-528-04411-4 e-ISBN-13: 978-3-322-84914-4
DOI: 10.1007/978-3-322-84914-4

Der Verlag Vieweg ist ein Unternehmen der Bertelsmann Fachinformation GmbH.

Umschlaggestaltung: Klaus Birk, Wiesbaden

Gedruckt auf säurefreiem Papier

ISBN-13: 978-3-528-04411-4

Vorwort

Unter dem Begriff *Prozeßrechner* versteht man seit bald vier Jahrzehnten eine Spezies von Datenverarbeitungsanlagen, die primär auf die Automatisierung technischer Prozesse ausgerichtet ist. Deren Bedeutungsinhalt ist wiederum außerordentlich weit gefaßt und wird auch durch eine genormte Definition (DIN) nur vage umschrieben:

Ein Prozeß ist die Umformung und/oder der Transport von Materie, Energie und/oder Informationen.

Zur Beherrschung der damit verbundenen Probleme hat sich im Grenzbereich von Automatisierungs- und Datentechnik eine eigenständige Teildisziplin etabliert, die sich auf Hardware-, Software- und insbesondere auf Systemebene mit der Nutzbarmachung von Computern für diese Zwecke beschäftigt: die Prozeßrechentechnik, Prozeßdatenverarbeitung oder Prozeßinformatik. Sie ist in ihrer Gesamtheit nicht Gegenstand des vorliegenden Buches, das vielmehr die dazu eingesetzten Rechner selbst in den Vordergrund rückt.

Der dafür gewählte Titel *Prozeßrechnerstrukturen* ist zwar recht prägnant, erscheint aber gleichwohl als nicht mehr ganz zeitgemäß. Treffender wäre zweifellos: *Rechnerstrukturen für prozeßtechnische Anwendungen.* Das schließt die überaus zahlreichen PC-basierten Einsätze für Vorbereitungs- und Auswertungsaufgaben in Prozeßumgebungen ein. Für das Betrachtungsobjekt typischer sind allerdings Anwendungen, die auf eine umfassende Kontrolle sowie gezielte Eingriffe in das Prozeßgeschehen abzielen. Sie werden generell durch einen mehr oder weniger profilierten Echtzeitcharakter geprägt – ein Phänomen, auf das die Rechner hinsichtlich Auslegung und Betrieb sehr sorgfältig abgestimmt sein müssen, und zwar unabhängig von ihrer Größenordnung bzw. ihrem Leistungsumfang. Insofern sollte man noch eher von *Rechnerstrukturen* im *Echtzeit-Anwendungsbereich* sprechen.

Angesichts der erwähnten Zielvorgabe bleiben alle rein prozeßorientierten Belange, wie Typisierung der Prozesse, Methoden der Prozeßautomatisierung, Planung und Durchführung von rechnergestützten Automatisierungsprojekten, konkrete Anwendungsentwicklungen u.ä. unberücksichtigt. Weiterhin wird auf die Behandlung solcher Teilkomplexe verzichtet, die ob ihrer grundsätzlichen Bedeutung schon von üblichen Digitalrechnern her vertraut sind, wie etwa die rechnerinterne Informationsdarstellung, Befehlssätze und Abarbeitung der Befehle, Detailfunktionen von Hardware- und Systemsoftwarekomponenten, Peripheriegeräte für die Benutzer-Ein/Ausgabe, Externspeicher usw.

In den ersten drei Kapiteln geht es um die Einbettung der Rechner in ihr technisch-ökonomisches Umfeld, um ihre daraus abzuleitenden wesentlichen strukturellen Merkmale und Eigentümlichkeiten sowie um den hard- und softwareübergreifenden Systemaufbau. Das vierte Kapitel beleuchtet die CPU nur in den für das Echtzeitverhalten relevanten Aspekten etwas gründlicher. Das danach diskutierte Ein/Ausgabesystem ist wegen seiner Verbindungsfunktion zwischen Zentraleinheit und den räumlich oft weit verteilten Prozeßinstrumentierungen für diese Rechnergattung schon deutlich spezifischer. Noch entschiedener gilt das für die im sechsten Kapitel behandelte Prozeßperipherie, die die Nahtstelle des Rechnersystems zum Prozeß und als solche ein unverwechselbares Kennzeichen darstellt. Das zweite große Charakteristikum, das einen Universal- zum Prozeßrechner macht, ist sein Echtzeitbetriebssystem, das ihn auch bei beträchtlicher Aufgabenfülle zum Schritthalten mit den teilweise sehr dynamischen Prozeßabläufen befähigt. Auf dieses höchst wichtige Gebiet konzentriert sich das siebente Kapitel, bevor abschließend noch ein Überblick über die zur Programmierung verfügbaren Sprachklassen gegeben wird.

Meine aufrichtige Anerkennung gilt allen, die recht unmittelbar oder auch indirekt, etwa durch Entlastung bei anderen Dingen, zur Fertigstellung dieses Buches beigetragen haben. Hervorgehoben sei die äußerst angenehme Zusammenarbeit mit dem Vieweg-Verlag. Hier möchte ich Herrn E. Schmitt und ganz besonders Herrn E. Klementz für seine nahezu unerschöpfliche Geduld sehr herzlich danken.

München, im März 1995 *W. Motsch*

Inhaltsverzeichnis

1 Prozeßrechner als Automatisierungsmittel

1.1 Geschichtliche Entwicklung

Zwangsläufige Begleiterscheinung der industriellen Entwicklung war von Beginn an der Bedarf an einer Automatisierung bestimmter technischer Abläufe. Damit ist die selbständige Erledigung von Aufgaben durch maschinelle Einrichtungen gemeint, was zumindest die ständige Verfolgung und Eingriffnahme seitens des Menschen erübrigt. Bis in die 50er Jahre unseres Jahrhunderts ging man diese Problematik ausschließlich mit den Mitteln der zügig voranschreitenden Meß-, Steuer- und Regelungstechnik an, zuerst überwiegend mit mechanischen, später mit elektrischen Apparaturen.

Die anfallenden Aufgaben wurden zunehmend umfangreicher, vielfältiger und komplexer; sie stellten wachsende Ansprüche an die Geschwindigkeit, Präzision, Zuverlässigkeit und Flexibilität der einschlägigen Hilfsmittel. So lag es nahe, das mittlerweile sowohl im wissenschaftlich-technischen als auch im kommerziellen Sektor glänzend bewährte Medium der digitalen Datenverarbeitungsanlage (kürzer, wenn auch unzutreffender: Rechner genannt) in die Automatisierungsbemühungen einzubeziehen. Anfänglich bediente man sich der seinerzeit verfügbaren Universalmodelle, die mit beträchtlichem Aufwand für den jeweiligen Anwendungszweck umgerüstet, ergänzt und mittels gerätetechnischer Verbindungen an den technischen Prozeß (auch als *Objektprozeß* bezeichnet) angepaßt werden mußten (Bild 1-1). Damit konnten herkömmliche Instrumentierungen in ihrer Funktion angereichert und verfeinert sowie zahlreiche Steuer- und Regelvorgänge komfortabler gestaltet werden.

Die ersten Implementierungen datieren aus den Jahren 1958 in USA und 1961 in Deutschland, und zwar durchweg aus dem Bereich der chemischen Verfahrenstechnik. Dies ist aus zweierlei Gründen bezeichnend. Den hier vorherrschenden sehr weitverzweigten, aber relativ langsamen Prozeßabläufen entsprach recht gut das mehr in die Breite als in die Tiefe angelegte Leistungsprofil des damaligen Rechnerspektrums. Außerdem konnten sich die damit verbundenen Automatisierungskosten nur angesichts der dort üblichen immensen Anlagenwerte und einzudämmenden Betriebsrisiken amortisieren.

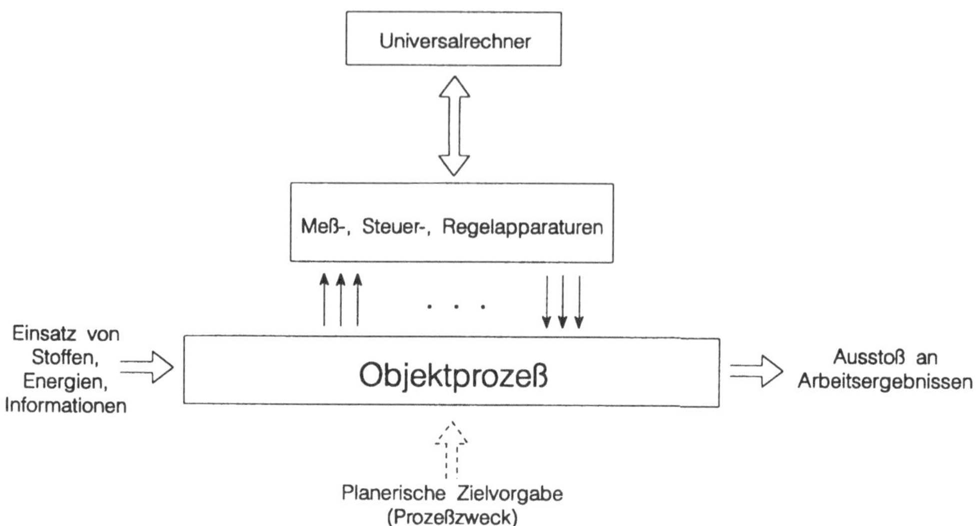

Bild 1-1 Angepaßter Universalrechner als Prozeßautomatisierungswerkzeug

Allmählich begannen Digitalrechner auch in anderen Wirtschaftsbranchen bzw. in der Automatisierung anderer Prozeßklassen Fuß zu fassen. Unterstützt wurde diese Evolution durch die in Gang kommende Etablierung der Prozeßrechner als eigenständige Kategorie von DV-Anlagen, nicht zuletzt in der neu geschaffenen Version der sog. Minirechner. Sie hoben sich in wesentlichen architektonischen Merkmalen und Anwendungseigenschaften von den konventionellen Systemen ab, wie im 2. Kapitel noch detailliert zu zeigen sein wird. Dennoch ließ sich die Rentabilitätsgrenze vielfach nur dadurch überschreiten, daß Prozeßrechner quasi artfremde Aufgaben mitübernahmen, z.B. Betriebs- und Finanzbuchhaltung, Lohnabrechnung, Programmentwicklung usw. [AKO 71].

Diese Situation wandelte sich grundlegend ab Beginn der 70er Jahre im Zuge der rapiden Fortschritte in der Halbleitertechnologie. Immer komplexere und leistungsstärkere Logikschaltkreise und Speicherbausteine sowie ganz besonders die Markteinführung des Mikroprozessors erwiesen sich bald nicht nur als quantitative Expansion, sondern als echter qualitativer Entwicklungssprung. Die mit der Miniaturisierung und Standardisierung der Hardware einhergehende Kostendegression sorgte für eine Breitenwirkung, die gerade auch den Prozeßrechnern einen ungeahnten Aufschwung verlieh. Das für sie zuvor oft unerschwingliche Investitionsvolumen sank drastisch, und die Konzeption der Mikroprozessoren und Mikrorechner orientierte sich strukturell weitgehend an den Erfordernissen prozeßtechnischer Anwendungen.

Hieraus ergab sich eine Reihe bemerkenswerter Konsequenzen:

a) Prozeßrechner ließen sich für immer kleinere und einfachere Automatisierungsaufgaben mit wirtschaftlichem Erfolg nutzbar machen, indem sie dort konventionelle Steuer- und Regelungseinrichtungen ersetzten. Der Regler für einen oder mehrere Kreise ist in Form eines Mikrorechners mittlerweile auf nur einer Steckkarte und im Extremfall sogar auf einem einzigen Halbleiterchip unterzubringen.
Beispiele: Kontrolle bestimmter Motor- und Getriebefunktionen in Fahrzeugen, Erfassung von Meßdaten, Durchführung medizinischer Laborexperimente, Aufzugsteuerung, Bahnführungen in Werkzeugmaschinen.

b) Umgekehrt wurden immer umfangreichere und komplexere Prozesse für eine rechnergestützte Automatisierung zugänglich, und zwar nicht nur in ökonomischer, sondern dank der eminenten Leistungssteigerungen von Prozeßrechnern auch in technischer Hinsicht.
Beispiele: Überwachung und Lenkung von Kraftwerken, Fertigungsstraßen, Verkehrsflüssen oder lokaler bis weltweiter Kommunikationsnetze und Rechnerverbundsysteme.

c) Auch gänzlich neue Anwendungsgebiete konnten für Prozeßrechner erschlossen werden, wie etwa die Nachrichten-, Unterhaltungs-, Haushalts- und Kfz-Technik. Dabei änderten zahlreiche Produkte ihr Funktionskonzept oder sogar -profil, andere entstanden überhaupt erst.
Beispiele: Buchungssysteme, elektrische Gebrauchsgüter, Kommunikationsmedien, elektronische Spiele.

d) Die permanent wachsende Fülle von Automatisierungsproblemen verlangte immer häufiger die Ausweitung der Systemleistung durch Simultanbetrieb mehrerer Prozeßrechner. Das bedeutete faktisch: Die bisher in einem einzigen Rechner konzentrierte Verarbeitungsleistung wurde auf mehrere bis viele meist kleinere Einheiten verteilt, die mehr oder weniger autonom fungieren und oft direkt vor Ort, also in der Prozeßumgebung installiert sind. Die damit verbundene Entflechtung und Dezentralisierung der Automatisierungsaktivitäten verdient indes auch unter sicherheits- und betriebstechnischen Aspekten außerordentliches Interesse [REM 79]. Sie erleichtert insbesondere die sukzessive Einführung der Automation in den Objektprozeß, die Funktionstests bei der Inbetriebnahme sowie spätere Anpassungen bei Umstellungen oder Erweiterungen im Prozeßablauf.

e) Zugleich verflüchtigte sich die scharfe Trennlinie zwischen Rechner und sonstigen Automatisierungsmitteln zusehends. Beides wurde teilweise sogar ineinander verwoben (vgl. Punkt a), etwa indem ein Mikrorechner als integrale Komponente eines Meß-, Regel- oder Stellinstrumentes fungiert (Geräterechner). So entstanden allmählich die derzeit gebräuchlichen, ungleich differenzierteren Anlagestrukturen (Bild 1-2).

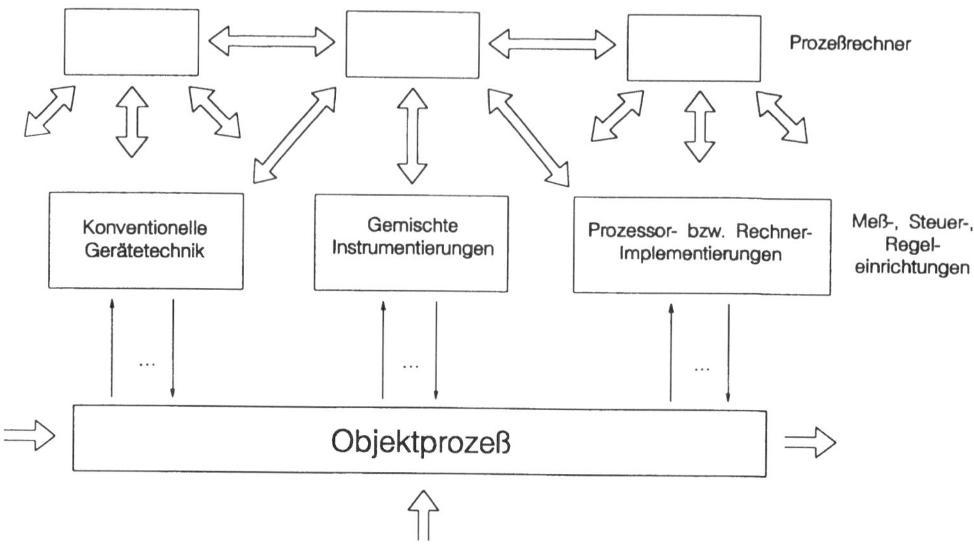

Bild 1-2 Prozeßrechner als Komponenten eines Automatisierungssystems

Aus heutiger Sicht kann die Kategorie der Prozeßrechner als Synthese aus universellen DV-Anlagen und konventionellen Automatisierungseinrichtungen gelten (Bild 1-3), allerdings auf der Basis einer absolut eigenständigen Gesamtkonzeption und ausgerichtet an ihrer spezifischen Zielsetzung.

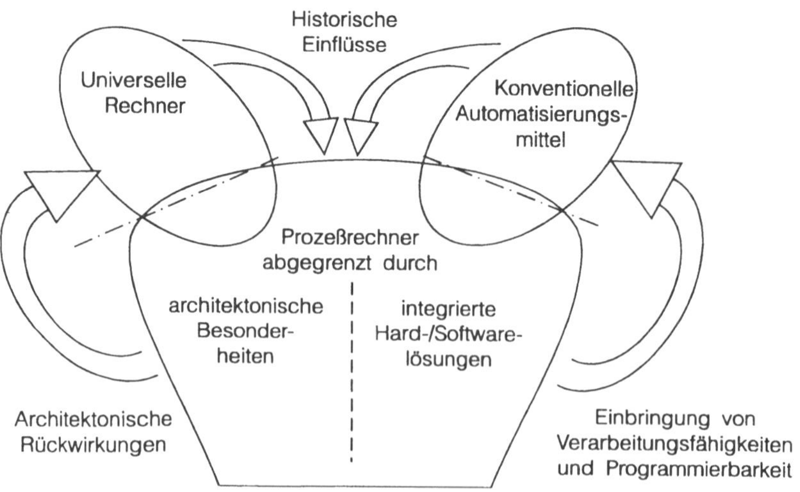

Bild 1-3 Einbettung und Abgrenzung der Prozeßrechner

Von dem fruchtbaren Wechselspiel zwischen technischer Innovation und Anwenderbedürfnissen profitierte die architektonische Fortentwicklung der Prozeßrechner in extensivster Weise. Sie befähigte sie sogar alsbald, nun umgekehrt Schrittmacherdienste für andere Rechnerkategorien zu leisten. Einige Strukturprinzipien und organisatorische Maßnahmen, die sich unter den spezifischen Bedingungen der Prozeßrechner bewährt hatten, wurden rasch zum Allgemeingut und sind mittlerweile längst auch in wissenschaftlich-technischen sowie kommerziellen Systemen anzutreffen. Dieser partielle Abbau von Unterschieden verdeutlicht sich am besten darin, daß teilweise sogar Zentraleinheiten von Prozeßrechnern ohne nennenswerte Modifikationen in Anlagen der mittleren Datentechnik übernommen wurden.

Daraus darf man schließen, daß sich die überragende Bedeutung der Prozeßrechner nicht nur auf ihre gegenwärtige und rapide weiterwachsende Einsatzbreite gründet, sondern auch auf die Pionierfunktion, die sie für einige Kerngebiete der Rechnertechnik insgesamt ausüben. Über ihre zunehmend schwieriger werdende Abgrenzung gegen Universalrechner einerseits und allgemeine Automatisierungsmittel andererseits wird in den Kapiteln 2 bzw. 1.3 zu sprechen sein.

1.2 Typen von Automatisierungssystemen und Prozeßrechnern

Wie die Bilder 1-1 und 1-2 andeuteten, waren mit der Verwendung des Prozeßrechners als Rationalisierungsinstrument von jeher auch Strukturfragen verknüpft. Sie traten in besonderer Dringlichkeit zutage, als sich im Zuge der Dezentralisierung die Überlegungsschwerpunkte von der Architektur der einzelnen DV-Anlage zur Konfiguration und Verhaltensweise des Gesamtsystems aus allen zur Automatisierung eines Objektprozesses eingesetzten Rechnern und übrigen Hilfsmitteln hin verlagerten. Eine herausragende Rolle spielen dabei die verschiedenen Koordinationsmöglichkeiten zwischen den Teileinheiten, die sich deshalb sogar als Typisierungskriterien von Automatisierungssystemen eignen. Die einschlägigen Strukturen seien kurz vorgestellt und verglichen.

Die älteste (aber noch sehr gebräuchliche) unter ihnen ist die zentrale Einebenenstruktur (Bild 1-4). Darin existiert genau ein Prozeßrechner, der sämtliche Automatisierungs- und evtl. zusätzlich die Verwaltungs- und prozeßfremden Aufgaben zu übernehmen hat. Abgesehen von der aus dieser Vielfalt resultierenden hohen Beanspruchung ist klar, daß während eines Rechnerausfalles der Prozeß unkontrolliert dahintreiben würde. Dem begegnet man ggf. durch Installation eines sog. *Back-up-Systems*, gewissermaßen ein Auffangnetz aus konventionellen Reglern und Schaltungsmaßnahmen, das für die Schadensdauer wenigstens einen vordefinierten Sicherheitszustand gewährleistet.

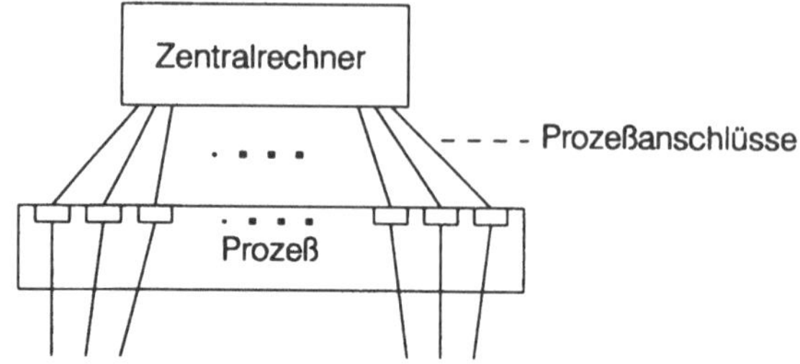

Bild 1-4
Zentrale Einebenenstruktur der Prozeßautomatisierung

Die hierarchische Struktur ist im Prinzip gleichfalls zentral bzw. baumartig angelegt, umfaßt jedoch zwei oder mehr Rechnerebenen (Bild 1-5). Die Elemente der prozeßnächsten bearbeiten jeweils nur ein oder ganz wenige Automatisierungsprobleme (Teilprozesse) und sind softwaremäßig immer und hardwaremäßig sehr oft speziell abgestimmt. Sie bilden gleichsam die Satelliten des ihnen gemeinsam übergeordneten Rechners, was sich evtl. in mehreren Stufen bis hin zum Zentralrechner wiederholen kann. [REM 91]

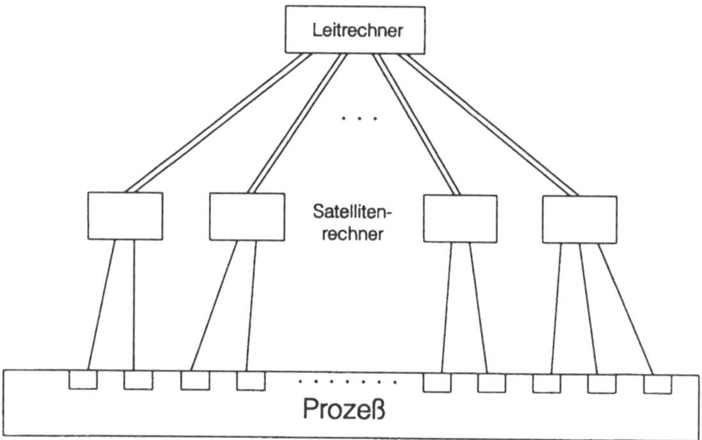

Bild 1-5 Hierarchische Automatisierungsstruktur

Er wird auch Leit- oder Führungsrechner genannt, da ihm die Koordination, Kontrolle und Führung des gesamten Automatisierungssystems obliegt. Sein Ausfall hätte weit weniger empfindliche Auswirkungen, weil die unterlagerten Ebenen bereits selbst das Back-up-System darstellen. Umgekehrt können in gewissem Rahmen zumindest die Grundfunktionen eines betriebsunfähigen Satellitenrechners von dessen Koordinator mitübernommen werden. Die Arbeitsteilung in derartigen Systemen sieht auf jeder Stufe Vorverarbeitungen in Aufwärtsrichtung und Detaillierungen (Interpretationen) in Abwärtsrichtung vor, so daß sich der Datenstrom vom Prozeß zur Zentrale stufenweise verdichtet.

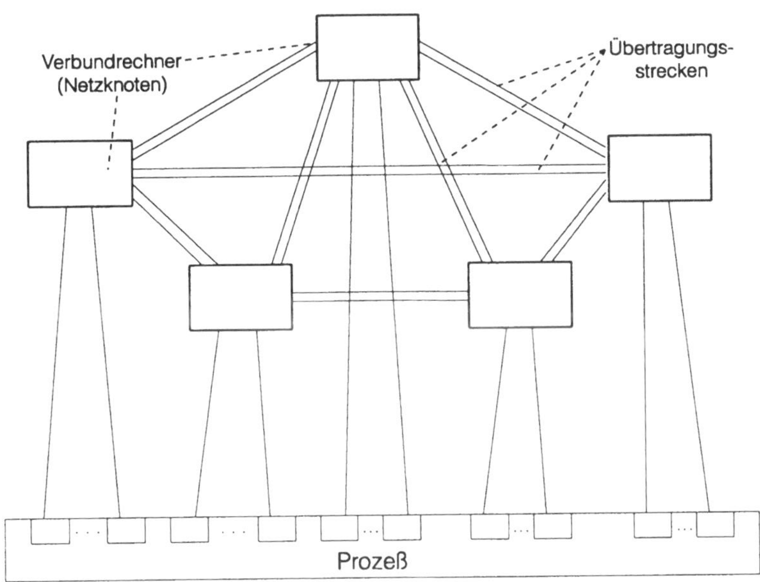

Bild 1-6 Dezentrale Automatisierungsstruktur (verteiltes System)

Einen ganz anderen Ansatz verfolgt die dezentrale Automatisierungsstruktur (Bild 1-6). Mehrere Prozeßrechner, von denen jeder selbständig eine größere Anzahl von Einzelaufgaben im Prozeß zu erledigen hat, sind untereinander vermascht, wenn auch nicht notwendigerweise vollständig. Während in den ersten beiden Fällen die Kontrolle über das Gesamtsystem allein dem Zentralrechner oblag, ist sie hier auf alle beteiligten Einheiten – Verbundrechner genannt – aufgeteilt, allerdings ohne daß diese grundsätzlich gleichberechtigt sein müßten. Man spricht deshalb von *verteilten Systemen* – ein Begriff, der auch außerhalb der Prozeßtechnik und generell in Architekturkonzepten ständig an Bedeutung gewinnt [OaV 94, HaP 94].

Verteilt ist in ihnen zugleich das Sicherheitsrisiko. Sobald ein Netzknoten ausfällt, kann ein anderer bzw. das Kollektiv der übrigen wenigstens teilweise sein Aufgabenspektrum stellvertretend erfüllen, so daß das System als ganzes keinen merklichen Leistungseinbruch erleidet (*graceful degradation*).

Die Vorteile wie auch die Aufwendungen für die hierarchische und dezentrale Struktur vereinigen sich im allgemeinen Fall der kombinierten Struktur, die zwangsläufig mehrere Ebenen umfaßt. In der Darstellung von Bild 1-7 sind in Prozeßnähe mehrere voneinander unabhängige verteilte Systeme angeordnet. Sie werden entweder ganzheitlich von einem Zentralrechner koordiniert oder gruppenweise von je einem Leitrechner, die ihrerseits wiederum zu einem verteilten System verbunden sein können usw.. Man erkennt unschwer, daß hier der Ausfall irgendeiner Einheit sogar doppelt abgesichert ist: einmal durch die Partner der gleichen und zum anderen durch die Rechner der Nachbarebene. Dieser Grundgedanke der Dezentralisierung – Entlastung oder sogar Aufhebung einer Zentralinstanz und Übertragung der eigentlichen Automatisierungsfunktionen an eine Vielzahl kompakter und miteinander kommunizierender Subsysteme – hat sich seit über zehn Jahren zunehmend durchgesetzt; er wird in der einen oder anderen Ausprägung sicherlich auch weiterhin das Erscheinungsbild und die Anwendungsmethodik der Prozeßrechner bestimmen.

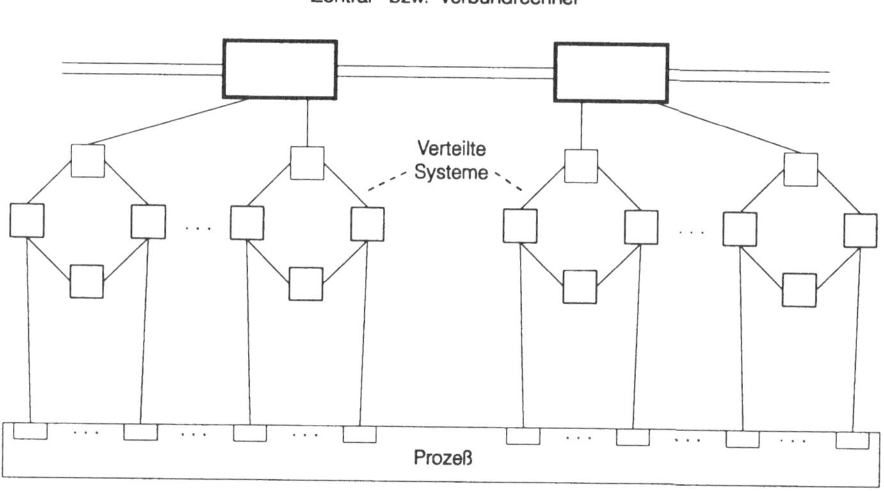

Bild 1-7 Kombinierte Automatisierungsstruktur

Bei den bisherigen Strukturbetrachtungen blieben Größe und Leistungsvermögen der einbezogenen Prozeßrechner zunächst außer Acht. Selbstverständlich ist für jeden Einzelfall gewissenhaft zu prüfen, welcher Typus an welcher Stelle für welchen Zweck eingesetzt werden soll. Je nach der anwendungsabhängig gewählten Struktur laut den Bildern 1-4 bis 1-7 sowie dem Aufgabenumfang der einzelnen Einheiten darin wird man recht verschiedenartige Kompositionen vorfinden. Folgende Möglichkeiten bieten sich an:

Die beteiligten Prozeßrechner sind

- durchweg identisch,
- gleichen Typs, aber von unterschiedlichen Ausbaugraden,
- verschiedenen Typs, aber gleicher Größenordnung,
- verschiedener Größenordnung.

Sicherlich läßt sich die Palette der am Markt angebotenen Prozeßrechner nach Größe, Leistung und Preis nicht in das Schema fester Klassen pressen, sondern weist eher ein kontinuierliches Spektrum auf. Dennoch kann man darin etwa sechs Schwerpunkte ausmachen; sie sind mit einschlägigen Beispielen in Tabelle 1-1 zusammengestellt. Dabei ist zu betonen, daß weder die Terminologie einheitlich noch die Begriffsinhalte klar definiert sind, was infolge der fließenden Grenzen auch kaum möglich erscheint.

Tabelle 1-1: Größenklassen von Prozeßrechnern

Leistung Preis	Stückzahl (Flexibilität)	System-ebene	Übliche Bezeichnung	Ausführungsbeispiel
↑	|	↑	Mainframe-Rechner	VAX 9000, Serie HP 3000,
|	|	|	Superminirechner	Modcomp Classic 78xx
|	|	|	Minirechner	DEC PDP 11/xx
|	|	|	Tischrechner	Erweiterte PC's mit OS/9
|	|	|	Mikrorechner (Baugruppen)	Siemens SMP, AMS
|	↓	|	Ein-Chip-Mikrorechner	Siemens 8051, 80C166

Am oberen Skalenende ist der Ausdruck Großrechner für Prozeßrechner anders als sonst kaum gebräuchlich, so daß man hier vorzugsweise auf das Synonym Mainframe ausweicht. Alternativbezeichnungen zu Minirechner sind Kompakt- oder Kleinrechner; zusammen mit den Superminis repräsentieren sie das mittlere bis gehobene Niveau. Die Vertreter der Tischrechnerklasse sind als Pendant zu den kommerziellen Arbeitsplatzrechnern bzw. Personal Computern zu verstehen. Sie enthalten als Kern meist einen Mikroprozessor, sind jedoch als eigenständige und geschlossene Systeme realisiert. Von ihnen grenzen sich durchaus solche Mikrorechner ab, die zwar gleichfalls auf einem Mikroprozessor basieren, jedoch als Baugruppensysteme konzipiert sind (Sortiment aus verschiedenen Steckkarten mit Zentralprozessoren, Speichern, Gerätesteuereinheiten und E/A-Interfaces). Sie variieren in recht weiten Bereichen und können für den speziellen Einsatzfall praktisch maßgeschneidert werden. Die kleinstmögliche Version eines Prozeßrechners ist schließlich ein Mikrorechner, bei dem sämtliche Hardwarefunktionen in einem Halbleiterchip integriert sind und zwecks Bearbeitung einer bestimmten Aufgabe nur noch der Programmspeicher geladen werden muß. Für sie hat sich zunehmend der Terminus *Mikrocontroller* durchgesetzt.

Es liegt auf der Hand, daß sich die größeren Klassen laut Tabelle 1-1 durch ihr entsprechend höheres Leistungspotential und ihre Universalität auszeichnen. Die Vorteile der kleineren liegen hingegen im wesentlich günstigeren Preis und ihrer Flexibilität, die eine rasche und einfache Anpassung an das betreffende Automatisierungsproblem erlaubt.

Konsequenterweise ergeben sich daraus Platz und Rangordnung der einzelnen Rechnertypen innerhalb der diskutierten Systemstrukturen. In unmittelbarer Prozeßnähe wird man überwiegend Mikrorechner vorfinden, und zwar gemäß dem Prinzip der Aufgabenteilung und -verteilung evtl. in größerer Anzahl. Mit jeder weiteren Hierarchieebene werden dann in Aufwärtsrichtung zunehmend Rechner höherer Klassen, dafür aber mit erheblich verminderter Häufigkeit vertreten sein. Ob die oberste Instanz mit einem oder mehreren Mini-, Supermini- oder Mainframe-Rechnern besetzt ist, hängt natürlich ebenso wie die Stufenzahl selbst vom Umfang und anderen Spezifika des Objektprozesses ab.

1.3 Automatisierungsziele und Rentabilitätsüberlegungen

Unabhängig vom konkreten Anwendungsfall ist zunächst zu klären, welche Ziele bei der Prozeßautomatisierung überhaupt angestrebt werden und wie Prozeßrechner zu deren Erreichung beitragen können. Es stellt sich also die Frage nach den technischen, ökonomischen und sozialen Folgen ihres Einsatzes; insbesondere: welche Leistungssteigerungen und Rationalisierungseffekte, welche Zuwächse an Sicherheit und Komfort lassen sich mit ihrer Hilfe verwirklichen?

Grob zusammengefaßt kristallisieren sich drei Stoßrichtungen heraus, deren Konsequenzen in Tabelle 1-2 angedeutet sind:

a) ***Technische Verbesserungen und Innovationen***

Prozeßrechner ermöglichen eine signifikante Ausweitung der Leistungsgrenzen des Menschen wie auch herkömmlicher Automatisierungsmittel, indem sie eine Fülle von Tätigkeiten wesentlich schneller, umfassender, genauer, zuverlässiger und dauerhafter ausführen.

b) ***Erhöhung der Wirtschaftlichkeit***

Bei genügend sorgfältigen Vorbereitungen erbringen Prozeßrechner meist sehr rasch eine beträchtliche Produktivitätssteigerung und effizientere Ausnutzung sowohl der menschlichen Arbeitskraft als auch des Maschinenparks; denn sie erweisen sich als gut disponierbar und höchst flexibel gegenüber technischen wie auch organisatorischen Umstellungen.

c) ***Humanisierung der Arbeitsinhalte und -abfolgen***

Prozeßrechner entlasten in wachsendem Maße den Menschen von Tätigkeiten, die nach heutigen Wertvorstellungen jenseits der Zumutbarkeitsgrenzen liegen, seien sie körperlich besonders anstrengend, stumpfsinnig, nervlich aufreibend oder gesundheitsgefährdend bzw. sogar -schädigend. Daraus ergeben sich Freiräume für die Übertragung angemessenerer und qualifizierterer Aufgaben, vor allem für ein schöpferisches und verantwortungsvolles Wirken.

Tabelle 1-2: Erwartungen an einen Prozeßrechnereinsatz

Automatisierungsziele	
Technische	Qualitativ höherwertige Prozeßergebnisse Neuartige Produkte und Verfahren Inangriffnahme umfassenderer Problemstellungen Integration von Einzelprozessen zu größeren Komplexen
Wirtschaftliche	Höhere Kapazitätsauslastung Bessere Verwertung eingesetzter Materialien und Energien Schonende Behandlung teuerer Prozeßanlagen Rationellere Betriebsabläufe Bekämpfung von Störursachen, Reduzierung der Ausfallzeiten Geringere Betriebs-, Unterhaltungs- und Reparaturkosten Situationsgerechter Personaleinsatz (auch Personaleinsparung!) Schaffung fundierter Entscheidungsgrundlagen für das Management
Humanitäre	Abbau von Überforderungen menschlicher Leistungskraft Übernahme von für Menschen besonders unangenehmen und/oder risikobehafteten Arbeitsvorgängen Freistellung für kreativere Aufgaben

Unbeschadet dieses Erwartungshorizontes ist für jeden Prozeß gewissenhaft zu untersuchen, ob ein Rechnereinsatz rentabel erscheint und ggf. auf welche Teilprobleme er sich in welcher Größenordnung erstrecken soll. Dies impliziert unmittelbar eine Abgrenzung der Prozeßrechner gegen nicht rechnergestützte Automatisierungshilfen, wie konventionelle Meß-, Steuer- und Regeleinrichtungen. Im Vergleich zu ihnen zeichnen sich Prozeßrechner unstrittig durch ihre Fähigkeiten aus,

- mit Höchstgeschwindigkeit Berechnungen durchzuführen, logische Entscheidungen zu treffen, komplexe Leitstrategien zu erarbeiten, Fehlentwicklungen bereits vorausschauend zu erkennen usw.;
- große Datenmengen aufzunehmen, verfügbar zu halten, aufzubereiten und auszuwerten;
- eine Vielzahl verschiedener Aufgaben simultan und synchron zum Prozeßgeschehen zu erledigen, und zwar unter Berücksichtigung ihrer funktionellen Zusammenhänge;
- sich aufgrund ihrer freien Programmierbarkeit flexibel an veränderte Gegebenheiten anpassen zu lassen.

Nur wenn das aktuelle Anforderungsprofil eine hinreichende Ausschöpfung dieser Vorzüge verspricht, wird sich der mitunter erhebliche Investitionsaufwand für die Anschaffung, Inbetriebnahme und Wartung eines Prozeßrechnersystems wunschgemäß amortisieren können.

In qualitativer Hinsicht läßt sich das Kalkulationsergebnis unschwer vorwegnehmen: Der nach Breite und Tiefe permanent wachsende Aufgabenanfall und damit Bearbeitungsbedarf einerseits sowie die eminente Leistungssteigerung und Miniaturisierung der Rechnerkomponenten andererseits resultieren in einem fortschreitenden Absinken der Rentabilitätsschwelle für einen Prozeßrechnereinsatz.

Hervorstechender, wenn auch keineswegs einziger Parameter einer Kosten/-Nutzen-Analyse ist der Gesamtbedarf an Automatisierungsleistungen [AKO71]. Zwischen ihm und den für seine Implementierung anfallenden Kosten herrscht in groben Zügen der im Bild 1-8 (nicht maßstäblich!) dargestellte Zusammenhang.

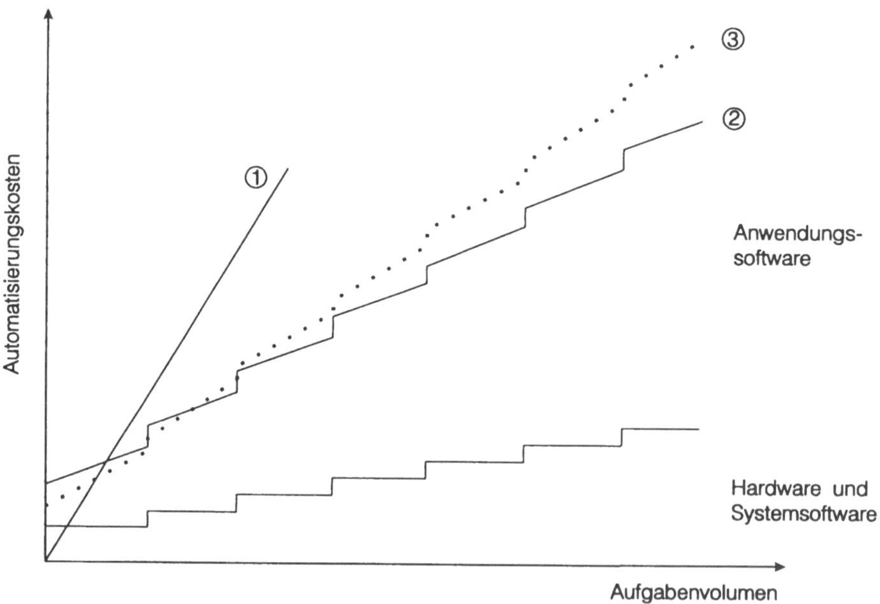

Bild 1-8 Zusammenhang zwischen Umfang der Automatisierungsaufgaben und resultierenden Kosten (Erklärungen: siehe Text).

In der klassischen Automatisierungstechnik (also ohne Prozeßrechner), wo allein die Hardware zu Buche schlägt, erfolgt der Anstieg näherungsweise linear – tatsächlich in vielen kleinen Treppenschritten! – , und zwar mit recht großer Steilheit (Kurve 1). Hingegen verläuft die Kostenfunktion für eine Automatisierungslösung mit Prozeßrechnern im Mittel deutlich flacher, jedoch nicht stetig; denn in gewissen Abständen werden zusätzliche Rechner bzw. der Übergang in eine andere Größenklasse erforderlich, was immer einem Investitionsschub gleichkommt. Außerdem muß die zugehörige Kurve 2 den Anfangsaufwand für eine angemessene Grundausstattung berücksichtigen und kann deshalb nicht im Ursprung starten.

Zur Plausibilisierung der Sprünge sind die Gesamtkosten aufgegliedert in ihre Anteile für die Hardware und Systemsoftware einerseits sowie die Anwendersoftware, also die eigentlichen Automatisierungsprogramme, andererseits. Ganz offenkundig sind die systemseitigen Erweiterungen für die Stoßstellen ursächlich, während sich die zweite Komponente weitgehend proportional zum Aufgabenvolumen entwickelt; dieses Phänomen drückt sich im kontinuierlichen Anwachsen zwischen den Unstetigkeitsstellen aus.

Man erkennt, daß ab einer gewissen Prozeßgröße bzw. -komplexität die Lösung mit Einbeziehung von Prozeßrechnern weitaus günstiger ist. Das relativ frühe Abbrechen der Kurve 1 soll hervorheben, daß eine Automatisierung ohne Rechner nur noch in recht begrenztem Umfange überhaupt zur Diskussion steht.

Um zusätzlich die Rolle des Zeitfaktors zu verdeutlichen, ist im Bild 1-8 noch eine Kurve 3 eingezeichnet. Sie macht einen seit zwei Jahrzehnten wirksamen und sich weiter fortsetzenden Trend sichtbar: Die sinkenden Hardware- und hier insbesondere die Bauelementepreise verringern zusehends die Sprunghöhe sowie den Grundaufwand für das System und lassen somit den Rentabilitätsschnittpunkt mit der Alternativlösung nach unten wandern. Demgegenüber expandiert permanent der Kostenanteil der Anwendungssoftware, was sich in einem insgesamt wieder steileren Anstieg als bei Kurve 2 manifestiert. Insofern erhärtet die Graphik eine frühere Feststellung: Eine Automatisierung auf Prozeßrechnerbasis erweist sich für Prozesse von immer kleinerer Dimension nicht nur als technisch reifste, sondern auch als ökonomischste Lösung.

Recht umfassende und detaillierte Betrachtungen zur Wirtschaftlichkeit finden sich in [FRI 87] und [REM 79].

1.4 Aufgaben und Einsatzstufen der Prozeßrechner

Aus den zuvor formulierten Zielvorgaben gilt es nunmehr, konkrete Aufgabengebiete bzw. Verwendungsmöglichkeiten für Prozeßrechner abzuleiten. Bei aller Vielfalt der Aufgaben im einzelnen und unabhängig von ihrem jeweils prozeßspezifischen Charakter erscheint als erster Schritt eine allgemeine Klassifizierung in drei große Bereiche zweckmäßig [KUS 73]:

a) ***Beobachtung des Prozeßgeschehens***

Sie umfaßt im Rahmen der Automatisierung die vorwiegend passiven Funktionen, d.h. die meßtechnische Aufnahme und Speicherung der relevanten Prozeßgrößen einschließlich der Wahrnehmung von Meldungen oder Alarmen, z.B. bei Grenzwertüberschreitungen. Ebenso gehören dazu Anzeigen, Mitteilungen bzw. Warnungen an das Bedienpersonal, um auf unerwünschte oder gar gefährliche Zustände, Defekte und Ausfälle im technischen Prozeß hinzuweisen.

b) ***Auswertung des Prozeßgeschehens***

Unter diesem Stichwort sind weitergehende und anspruchsvollere Aufgaben anzuführen, die darauf abzielen, die aus dem Prozeß gewonnenen Erkenntnisse in geeigneter Weise aufzubereiten und in ein Aktionskonzept für die nachfolgende Gestaltung der Prozeßabläufe umzusetzen. Sie betreffen die Interpretation, Verknüpfung und Weiterverarbeitung der gesammelten Daten, die Analyse der durch sie gekennzeichneten Zustände und Ereignisse sowie die Kontrolle im Hinblick auf die Erreichung des Prozeßzieles.

Dies geschieht teils als Vorbereitung für unmittelbar vom Prozeßrechner selbst zu ergreifende Maßnahmen und teils zu dem Zweck, dem Betreiber strukturierte Informationen und Entscheidungsgrundlagen in Form von aussagefähigen Text- oder Graphikprotokollen zur Verfügung zu stellen. Das heißt im einzelnen: Je nach Bedarf sind aktuelle Listen und Tabellen auszugeben, Kurvenverläufe zu zeichnen oder Statistiken und Bilanzen über bestimmte Zeiträume zusammenzutragen. Derartige Aktivitäten können sowohl in regelmäßigen Intervallen als auch sporadisch vonstatten gehen, etwa auf spezielle Benutzeranforderung hin oder im Störfalle.

c) ***Beeinflussung des Prozeßgeschehens***

Hierbei geht es um die für den Prozeßrechner typische Kategorie von Tätigkeiten, nämlich das zweckgerichtete Disponieren und Handeln. Auf der Basis von Anwendervorgaben, die in einschlägigen Programmen algorithmisch spezifiziert sind, hat er den Prozeß auf ein definiertes Ziel hin zu lenken. Er muß zeitgerecht und wohlabgewogen Eingriffe vornehmen, um gewünschte Abläufe zu realisieren, Zustände herbeizuführen oder Änderungen auszulösen. Beispiel: Betätigung von Ventilen und Schaltern zwecks Dosierung von Material- oder Energiezu- und -abfuhr.

Im allgemeinen herrscht zwischen den drei Aufgabenkomplexen eine enge Verflechtung oder sogar permanente Wechselwirkung. Einerseits muß die korrekte Durchführung von Beeinflussungsmaßnahmen mittels kontinuierlicher Beobachtung sichergestellt werden. Andererseits muß der Prozeßrechner auftretende Zustände und Ereignisse richtig erkennen und in ihrer Bedeutung beurteilen, um daraus die angemessenen Eigenreaktionen und Bedienungshinweise ableiten zu können, die sich wiederum in der Veranlassung zweckdienlicher Lenkungsaktivitäten niederschlagen.

Welche konkreten Funktionen ein Prozeßrechner im Detail wahrzunehmen hat, hängt nicht nur von der Charakteristik des Anwendungsfalles ab, sondern vom dabei angestrebten Automatisierungsniveau. Nach dessen Maßgabe kann er mehr oder weniger tief in das Prozeßgeschehen eingebunden werden, und dementsprechend läßt sich sein Einsatz hinsichtlich Intensität und Breite höchst unterschiedlich disponieren. Insgesamt kommen dafür bis zu sieben Stufen in Betracht [SCH 81a], [AKO 71], [BaV 93] und [FRI 87], die sich äußerlich primär durch die Konsistenz und Struktur der Informationsflüsse voneinander abheben.

Nach aufsteigendem Komplexitätsgrad geordnet sind dies:

A) ***Prozeßdatenerfassung*** *(Bild 1-9)*

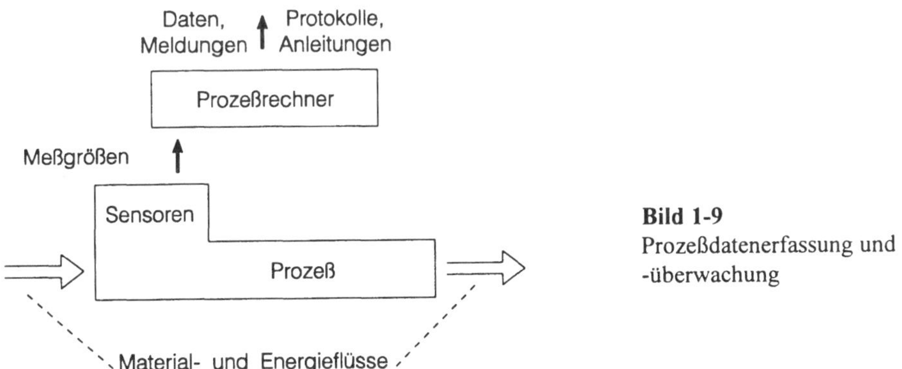

Bild 1-9
Prozeßdatenerfassung und -überwachung

Dieser Einsatzmodus beschränkt sich vorrangig auf die Beobachtung des Prozesses und ist wegen seiner grundsätzlichen Bedeutung bei den weitaus meisten Prozeßrechneranwendungen anzutreffen. Mit Hilfe spezifischer Instrumentierungen (Sensoren) werden die wesentlichen Prozeßzustände und -ereignisse meßtechnisch erfaßt und daraus ein Abbild des Prozeßgeschehens gewonnen. Der Prozeßrechner übernimmt dabei das geordnete Abspeichern und Archivieren der Meßwerte sowie gewisse Aufbereitungs- und Verarbeitungsfunktionen einfacherer Art.

Beispiele: Plausibilitätsprüfungen, Formatierungen, Skalierungen, Mittelwertbildungen, Datenreduktionen, Klassifizierungen, statistische Auswertungen usw.. Auch die Unterrichtung des Benutzers mittels Ergebnisprotokollen, Kurvenzeichnungen, akustischer und visueller Anzeigen gehören hierher.

*B) **Prozeßüberwachung***

Sie weist strukturell keinen erkennbaren Unterschied zur Datenerfassung auf, verfolgt aber merklich konsequenter die Sicherung des Prozeßzieles sowie den Schutz der beteiligten Menschen und Anlagen. In diesbezüglichen Verarbeitungs- und Ausgabefunktionen besteht denn auch ihre Erweiterung gegenüber der Datenerfassung, auf der sie zwangsläufig fußt.

Beispiele: Kontrolle von Abweichungen und Grenzwertüberschreitungen, Fehlerkorrekturrechnungen, Trendanalysen und vorausschauende Abschätzungen. Damit sollen sich anbahnende Fehlentwicklungen oder Betriebsstörungen schon im Ansatz erkannt und möglichst verhindert werden, indem das Bedienpersonal entsprechende Mitteilungen, Alarmrufe bzw. Vorschläge für Gegenmaßnahmen erhält. Wo dies nicht gelingt, muß der Prozeßrechner detaillierte Störverlaufsprotokolle erstellen, aus denen Ursachen und Hergang der Unregelmäßigkeiten ermittelt sowie evtl. Schwachstellen im Prozeß aufgedeckt werden können.

*C) **Prozeßsteuerung** (Bild 1-10)*

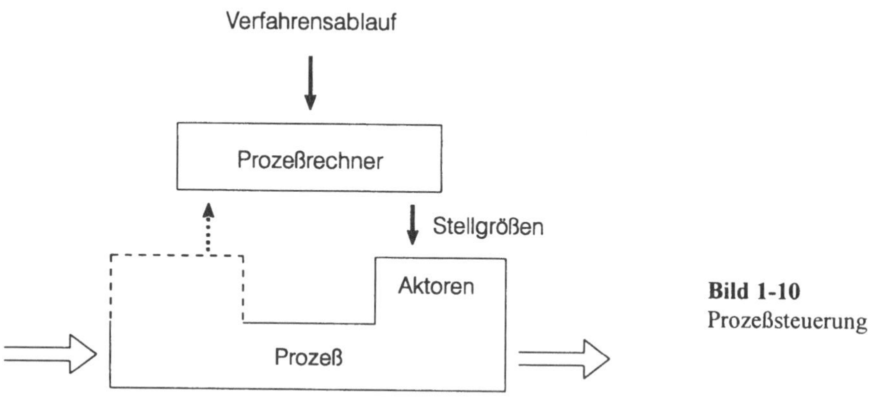

Bild 1-10
Prozeßsteuerung

Die Wirkungsrichtung kehrt sich hier insofern um, als der Prozeßrechner aktiv in das Prozeßgeschehen eingreift. Mit Hilfe eines Anwenderprogrammes, durch das der gewünschte Verfahrensablauf implementiert wird, initiiert und steuert er die verschiedenen Teilvorgänge in ihrer zeitlichen Abfolge, und zwar entweder direkt über die Stellglieder oder über unterlagerte Regeleinrichtungen herkömmlicher Art. Allerdings nimmt diese Automatisierungsform mit relativ wenigen Ausnahmen (z.B. Anstoß einzelner Aktionen durch Meldungen von Endkontakten) keine Rücksicht auf aktuelle Entwicklungen und taugt deshalb nur für ziemlich unkomplizierte Prozesse.

D) ***Prozeßregelung*** *(Bild 1-11)*

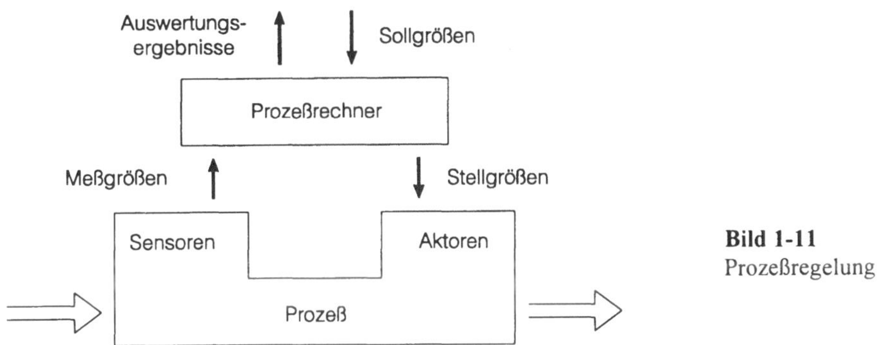

Bild 1-11
Prozeßregelung

Sie läßt sich als eine Synthese aus Prozeßüberwachung und -steuerung auffassen; denn der Prozeßrechner informiert nicht nur über den aktuellen Prozeßzustand. Anhand vorgegebener Sollwerte und Regelalgorithmen trifft er durch Auswerten der Meßdaten selbsttätig Entscheidungen und setzt sie über die Stellglieder in direkte Eingriffnahmen um. Damit fällt ihm die Rolle des Reglers in einer geschlossenen Wirkungskette zu – eine Methode, die als *Direct Digital Control* (DDC) bezeichnet wird.

Ursprünglich übertrug man innerhalb zentraler Automatisierungsstrukturen dem Prozeßrechner die Bedienung bis zu mehrerer hundert Regelkreise im Zeitmultiplexbetrieb (digitale Vielfachregelung). Wegen des hohen Sicherheitsrisikos wird jedoch schon seit längerem einer einzelnen oder einer kleinen Gruppe von Regelvariablen je ein eigener Mikrorechner zugeordnet.

E) ***Prozeßidentifkation*** *(Bild 1-12)*

Diese Einsatzform geht über die Datenerfassung insofern weit hinaus, als der Prozeßrechner die Funktionsmechanismen und Wirkungszusammenhänge im Prozeß sowie das systemtechnische Verhalten der Anlagen und Gerätschaften analysiert. Dazu bedarf es zusätzlich der Messung der Eingangsgrößen des Prozesses und – soweit möglich – der einwirkenden Störgrößen. Das alles dient der Erstellung eines abstrakten Prozeßmodells in mathematischer Beschreibungsweise [SCH 81b]. Derartige Modelle gestatten eine Simulation des Prozesses und bilden die Voraussetzung für eine umfassende und effiziente Prozeßführung.

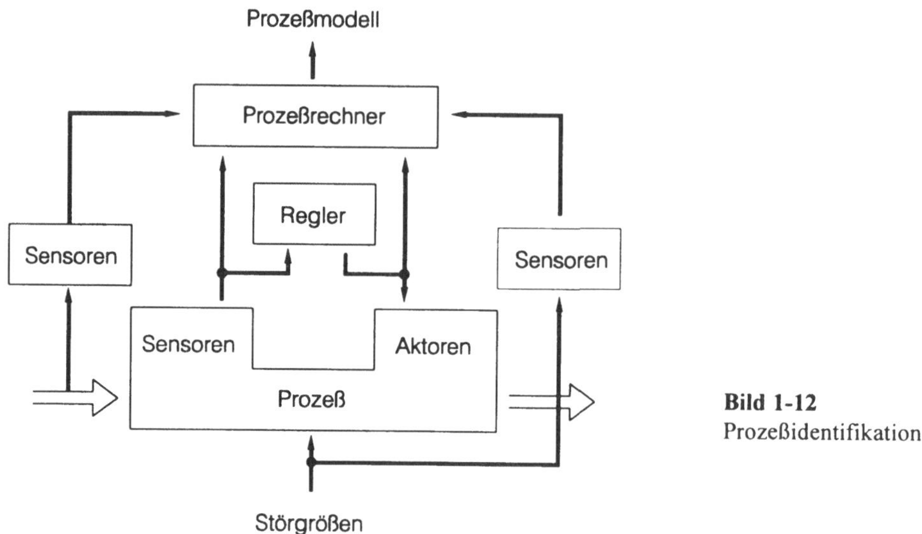

Bild 1-12
Prozeßidentifikation

F) ***Prozeßführung*** *(Bild 1-13)*

In ihr sind alle vorangehenden Automatisierungsstufen zusammengefaßt. Auf der Basis eines Prozeßmodells sowie der eingehenden Meßdaten legt der Prozeßrechner die situationsgerechten Beeinflussungsmaßnahmen fest, nicht zuletzt mit dem Ziel einer wenigstens partiellen Störgrößenkompensation. Zwecks Ausführung steuert er nur teilweise die Stellglieder unmittelbar. Primär gibt er den unterlagerten Regeleinrichtungen die Führungsgrößen vor, d.h. die Sollwerte der Regelgrößen und evtl. auch die Regelparameter. Die Prozeßführung beinhaltet weiterhin die Erarbeitung von Führungsanweisungen und Entscheidungshilfen für Betriebspersonal und -leitung. Schließlich kann sie sich sogar auf die Disposition des Prozeßablaufes erstrecken, indem sie z.B. über die aktuelle Nutzung der vorhandenen Ressourcen verfügt.

G) ***Prozeßoptimierung***

Als höchste und komfortabelste Einsatzstufe stellt die Optimierung eine Verfeinerung bzw. Vervollkommnung der Prozeßführung dar. Mit ihr soll der Prozeß auf ein technisch-wirtschaftliches Ziel hin optimal gestaltet werden. Derartige Ziele können sein: Maximaler Produktionsausstoß, bestmögliche Qualität, minimaler Material- und Energieverbrauch, kontinuierliche Kapazitätsauslastung, effizienter Personaleinsatz, kleinstmögliche Stillstandszeiten, höchster Prozeßwirkungsgrad usw..

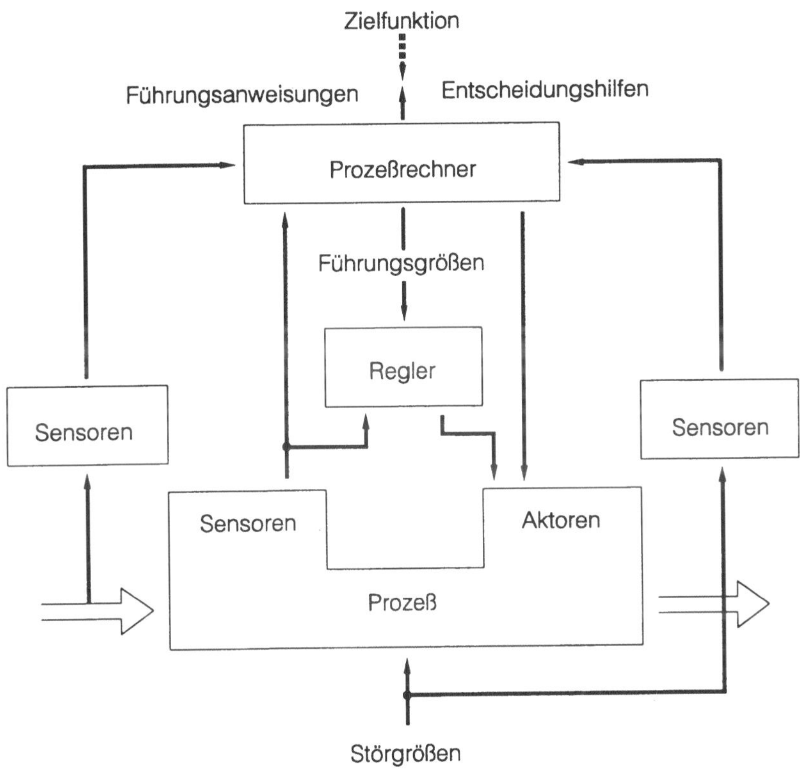

Bild 1-13 Prozeßführung und -optimierung

Trotz nur unwesentlicher äußerer Unterschiede gegenüber der Prozeßführung (Bild 1-13) sind die Aufgaben des Prozeßrechners hier viel umfassender angelegt. Der bzw. die ausgewählten Schwerpunkte werden ihm zusammen mit bestimmten Randbedingungen als mathematisch formulierte Zielfunktion eingegeben [SCH 81b]. Daraus sowie aus dem Prozeßmodell und den Meßwerten ermittelt er selbsttätig die Führungsgrößen für die untergeordneten Rechner- bzw. Regelkreise. In ihrem Zeitverlauf verkörpern sie als Gesamtheit dann gewissermaßen die optimale Führungsstrategie [SCH 81a]. Sie kann sowohl auf das stationäre Prozeßverhalten als auch auf Anlauf- und transiente Vorgänge abheben.

Die einzelnen Automatisierungsstufen bauen inhaltlich offenbar weitgehend aufeinander auf. Sie werden deshalb während eines Projektablaufes durchweg in dieser Reihenfolge realisiert, jedoch nur bei recht komplexen Prozessen vollzählig vertreten sein. An die Leistungsfähigkeit und den Ausbaugrad von Prozeßrechnern stellen sie naturgemäß sehr differenzierte Anforderungen. So liegt es nahe, die Aufgaben verschiedener Ebenen auch an verschiedene Rechner zu übertragen und pro Ebene ggf. mehrere Rechner vorzusehen. Daraus entsteht eine Automatisierungshierarchie mit wählbarer Stufenzahl, die sich letztlich in der adäquaten Auswahl und Konfiguration der benötigten Prozeßrechner ausdrückt.

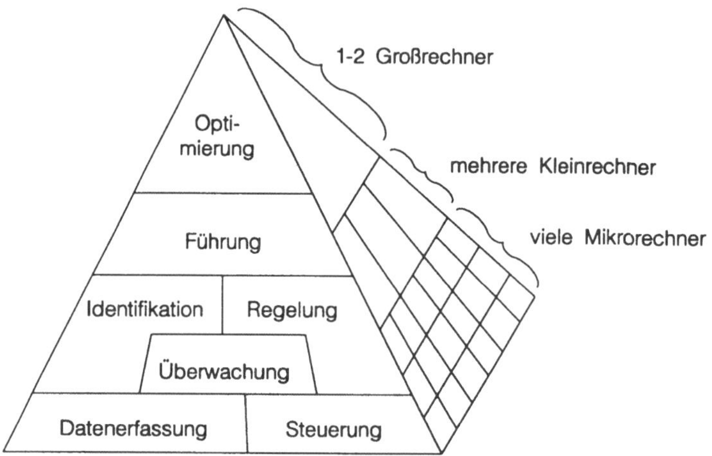

Bild 1-14 Prozeßautomatisierungsebenen und äquivalenter Rechnereinsatz

Bild 1-14 zeigt diese Verhältnisse in pyramidenförmiger Darstellung. Auf den Erfassungs-, Überwachungs- und Steuerungsebenen werden neben herkömmlichen Geräten meist Mikrorechner eingesetzt, und zwar je nach Prozeßvolumen in bis zu mehreren hundert oder gar tausend Exemplaren. Für Regelungs-, Identifikations- und Führungsaufgaben benutzt man vorwiegend Mini- bis Superminirechner in funktionaler Überordnung. Ihre Stückzahl ist wiederum bedarfsabhängig, jedoch ganz erheblich geringer. Für die äußerst rechenintensive Prozeßoptimierung benötigt man einen Supermini- oder Mainframe-Rechner, meistens in einfacher Ausführung. Er kann indes auch von wissenschaftlich-technischem oder kommerziellem Typus sein und je nach Auslastung evtl. für prozeßfremde Aufgaben mitbenutzt werden (z.B. Rechenzentrumsbetrieb, Programmentwicklung, Mitarbeiterschulung).

2 Charakteristika von Prozeßrechnern

Prozeßrechner besitzen grundsätzlich alle Merkmale und Eigenschaften universeller DV-Systeme, wie sie auf dem kommerziellen oder wissenschaftlich-technischen Sektor verwendet werden. Aus ihnen haben sie sich, wie im 1. Kapitel erwähnt, aufgrund spezifischer Anforderungen, die dem oben umrissenen Aufgabenspektrum entspringen, quasi herausentwickelt. Dies war mit einer Reihe von Erweiterungen und Modifikationen verbunden, die sogar in einigen Besonderheiten auf architektonischem bzw. strukturellem Niveau resultierten. Sie lassen sich daher unmittelbar zur Abgrenzung der Prozeßrechner gegen andere Kategorien benutzen.

Allerdings findet man heute nur noch relativ wenige solcher Charakteristika vor; denn sobald sich die Zweckmäßigkeit der entsprechenden Maßnahmen erwiesen hatte, wurden sie zügig verallgemeinert, d.h. auf andere Rechnerklassen übertragen, die sich nun umgekehrt weitgehend auf die Prozeßrechner hinentwickelten (vgl. Bild 1-3). Insofern zeichnen in rein qualitativer Hinsicht nur noch vereinzelte Eigentümlichkeiten einen Prozeßrechner aus. Die Mehrzahl der Unterscheidungsmerkmale liegt im quantitativen Bereich, d.h. manche Phänomene sind beim Prozeßrechner lediglich viel forcierter ausgeprägt als anderswo. Unter demselben Aspekt sind auch die Mikrorechner zu sehen, die sich teilweise schon von der Konzeption her unmittelbar für Automatisierungszwecke eignen. Eine immer stärkere Verwischung zwischen ihnen und Minirechnern als den „klassischen" Prozeßrechnern war daher eine zwangsläufige Konsequenz.

2.1 Direkte Prozeßkopplung

Generell gibt es für die funktionale und physische An- bzw. Einbindung eines Rechners in den zu automatisierenden Prozeß zahlreiche Intensitätsgrade. Die wichtigsten Grundformen dieser sog. Prozeßkopplung sind im Bild 2-1 zusammengestellt.

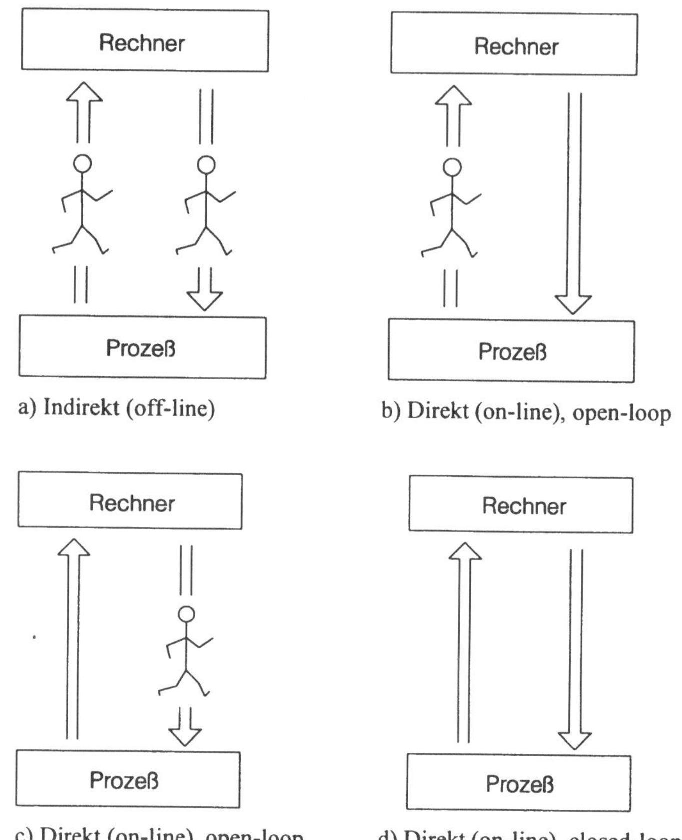

a) Indirekt (off-line)
b) Direkt (on-line), open-loop
c) Direkt (on-line), open-loop
d) Direkt (on-line), closed-loop

Bild 2-1 Grundformen der Prozeßkopplung

A) Indirekte Kopplung (off-line)

Sämtliche Informationsflüsse zwischen Prozeß und Rechner werden über Bedienpersonal abgewickelt, so daß weder gerätetechnisch noch zeitlich eine Verbindung existiert (Bild 2-la). Prozeßgrößen werden als Meßwerte abgelesen, in ein Betriebsprotokoll eingetragen, von hier auf Datenträger übernommen und so in den Rechner eingegeben. Umgekehrt werden berechnete Vorgabewerte manuell an Prozeßgliedern eingestellt, bzw. der Rechner gibt Folgen von Steueranweisungen auf Datenträger aus, die einer Steuerelektronik im Prozeß überbracht und dort in Aktivitäten umgesetzt werden. Die Methode ist für das Automatisierungswesen untypisch und erfordert durchaus keinen Prozeßrechner. Sie ist nur bei leicht überschaubaren Prozessen anwendbar, die keine zeitkritischen Anforderungen stellen und wo die einschlägigen Aufgaben nur relativ selten anfallen.

B) Direkte Kopplung mit offenem Wirkungskreis (on-line open-loop)

Zwischen Rechner und Prozeß besteht nur in einer Richtung unmittelbarer Signalkontakt, während in der anderen wieder der Mensch als Bindeglied auftritt. In der Variante nach Bild 2-lb führt der Rechner die Stelleingriffe selbsttätig aus, während die Meßwerte manuell übermittelt werden; sie kennzeichnet reine Steuerungsaufgaben. Bild 2-lc zeigt den weitaus häufigeren Fall, wie er bei zahlreichen Erfassungs- und Überwachungsanwendungen zum Tragen kommt. Die relevanten Größen werden automatisch eingezogen; dagegen werden die Rechnerausgaben zuerst vom Bediener beurteilt, ggf. korrigiert und dann als Stellinformation an die Steuer/Reglerarmaturen weitergeleitet. Beide Male kommt ein rein technischer Wirkungskreis, der die menschliche Überbringerfunktion ausspart, nicht zustande.

C) Direkte Kopplung mit geschlossenem Wirkungskreis (on-line closed-loop)

In beiden Wirkungsrichtungen ist eine gerätetechnische und zeitliche Kopplung hergestellt, so daß sich direkte Einflußnahmen des Menschen zwecks Informationstransfer erübrigen. Angesichts eines derart geschlossenen Kreises übernimmt der Rechner die Überwachungs- wie auch die Lenkungsfunktionen.

Zweifellos verkörpern die hard- und softwareseitigen Vorkehrungen für eine direkte Prozeßkopplung ein ganz fundamentales Spezifikum der Prozeßrechner. Nur der on-line-Betrieb schöpft deren inhärente Möglichkeiten aus, wie quasi schon aus der Definition laut DIN 66201 folgt:

Ein Prozeßrechner ist die Gesamtheit der Baueinheiten, aus denen ein direkt prozeßgekoppeltes System zur Verarbeitung von Prozeßdaten aufgebaut ist.

Wie weit die funktionale Integration des Rechners in den technischen Prozeß konkret getrieben wird, hängt nicht nur von dessen Eigenarten ab, sondern auch maßgeblich vom angestrebten Automatisierungsgrad. Das Strukturschema im Bild 2-2 dokumentiert die wesentlichen Alternativen. Man erkennt, daß der *open-loop*-Modus eine Beschränkung auf Datenerfassung und Überwachung bzw. auf Prozeßsteuerung impliziert. Die Regelung sowie die darauf aufbauenden Stufen, Prozeßführung und -optimierung, setzen naturgemäß einen geschlossenen Kreislauf voraus. Insofern liegen hier auch die typischen Einsatzfelder von Prozeßrechnern.

Zur Realisierung direkter Prozeßkopplungen bedarf es eines ganzen Spektrums unterschiedlicher Funktionseinheiten, die man in ihrer Gesamtheit als Prozeßperipherie bezeichnet. Zu ihr gehören eine Fülle verschiedener Meßwertaufnehmer (Sammelbegriff: *Sensoren*) einerseits sowie von Stellgliedern (im neueren Sprachgebrauch *Aktoren* genannt) andererseits. Außerdem umfaßt sie – diesen Prozeßelementen rechnerseitig vorgelagert – eine Vielzahl von Komponenten für die Registrierung, Zwischenspeicherung, Verstärkung, Aufbereitung, Umformung und Übertragung der auszutauschenden Signale; diese Anpassungsinstrumentierungen sind unter dem Terminus *Prozeßinterfaces* bekannt. Der Rechner selbst verfügt in Gestalt des E/A-Systems über eine Reihe von Baugruppen und Steuereinrichtungen zur Abwicklung des Datenverkehrs zwischen Zentraleinheit und Umwelt. Auf die beiderseitigen Belange der Kopplung wird im 5. und 6. Kapitel näher eingegangen. Erst durch Bereitstellung derartiger Mechanismen werden eine kontinuierliche Beobachtung und problemgerechte Beeinflussung des Prozeßablaufes ermöglicht, d.h. der Prozeßrechner in die Lage versetzt, seine originären Aufgaben zu erfüllen.

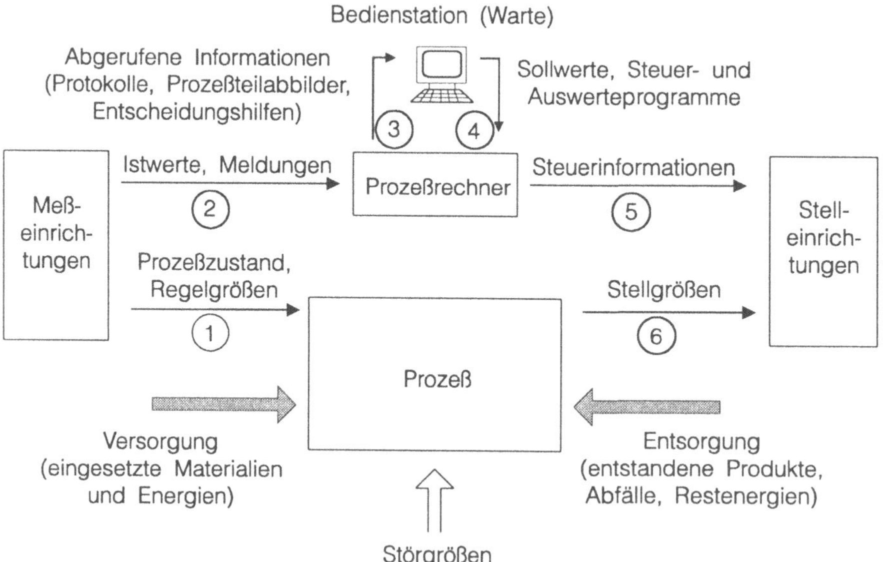

Bild 2-2 Einbindungen des Prozeßrechners in Automatisierungssysteme
Erforderliche Informationsflüsse bei
- Prozeßdatenerfassung und -überwachung: 1 bis 3, evtl. 4,
- Prozeßsteuerung: 4 bis 6,
- Prozeßregelung: 1 bis 6.

2.2 Externe Beeinflussung der Rechneraktivitäten

Ein Kardinalproblem jeder architektonischen Konzeption eines DV-Systems sind die Kriterien, nach denen ein Rechner vermöge seines Betriebssystems selbsttätig die Bearbeitungsreihenfolge für die aktuell anstehenden Einzelaufgaben (Anwendungen) festlegt. Von hier aus ergeben sich seine möglichen Betriebsarten: Stapel-, Dialogverarbeitung, Teilnehmer-, Teilhaberbetrieb usw.. Für Universalrechner mit kommerzieller oder technisch-wissenschaftlicher Zweckbestimmung gilt nun ungeachtet der zahlreichen denkbaren Detaillösungen charakteristischerweise: Nachdem ein Benutzer seine Verarbeitungsaufträge eingegeben hat, besitzt er nur noch in relativ grobem Zeitrahmen eine Einflußnahme darauf, wann sie real ablaufen. Dies erledigt das Betriebssystem; es koordiniert die Start- und Fortsetzungszeitpunkte mit dem Ziel einer möglichst optimalen Auslastung der Betriebsmittel, d.h. eines maximalen Programmdurchsatzes. Ökonomische Aspekte rangieren also deutlich vor der inhaltlichen Orientierung an den Anwendungsproblemen.

Demgegenüber kommt bei Prozeßrechnern den Erfordernissen des zu überwachenden und/oder zu lenkenden technischen Prozesses die absolut höchste Priorität zu. Nur von hier aus darf sich entscheiden, welche Teilaufgabe als nächste zu behandeln ist und ob evtl. sogar ein laufendes Programm zugunsten eines anderen unterbrochen werden muß, obwohl dazu von der rechnerinternen Betriebssituation her kein Anlaß besteht. Genauer: Für die zeitliche Terminierung der auszuführenden Verarbeitungsaufträge ist das Prozeßgeschehen zwar nicht die Instanz, aber es nimmt in hohem Maße Einfluß darauf. Es sind also großenteils Ereignisse außerhalb des Rechnersystems, welche die Sequenz interner Aktivitäten steuern. Man kann sie grundsätzlich nach zwei Typen unterscheiden:

- Regelmäßige (periodische) Ereignisse, wie etwa das Bereitstehen von Meßwerten, die nach bekanntem Turnus eingezogen werden sollen.
- Sporadische (aperiodische) Ereignisse, deren Auftreten gar nicht oder nur höchst ungenau vorhersehbar ist. Einige Beispiele sind in Tabelle 2-1 zusammengestellt.

Generell können auch Prozeßzustände derartige Wirkungen auslösen, allerdings nur auf dem Umweg über ein aus ihnen abzuleitendes Ereignis, z.B. Eintritt oder Verlassen eines Zustandes, also Zustandswechsel, aber auch die Tatsache, daß ein Zustand bereits eine bestimmte Zeit andauert oder ausbleibt.

Tabelle 2-1 Sporadische Prozeßereignisse und korrespondierende Maßnahmen

Prozeßereignis	Reaktion des Prozeßrechners
Verschiebung des Verkehrsaufkommens an einer Straßenkreuzung	Anpassung der Farbphasendauer in der Ampelanlage
Erreichen eines vorgegebenen Behälterfüllstandes	Abschalten der Förderpumpe
Lastbedingter Abfall einer konstant zu haltenden Motordrehzahl	Hochfahren der Ankerspannung
Grenzwertüberschreitung eines Kesseldruckes	Öffnen des Dampfventils
Ausbleiben einer erwarteten Geräterückmeldung im Intervall Δt	Umfassende Überprüfung der Funktionssicherheit

Für die Art der Beeinflussung der Bearbeitungsfolge lassen sich drei Klassen von Unterbrechungsursachen ausmachen:

a) ***Programminitiierte***

Anwenderprogramme legen selbst fest, wann Datenerfassungsvorgänge ablaufen sollen, wann also physikalische Größen, Zustände oder Ereignisse im technischen Prozeß Gelegenheit haben, auf die Programmkoordination im Rechner einzuwirken. Eine solche vorgeplante und meist gebündelte Einholung von Prozeßinformationen wird als *Polling* bezeichnet.

b) ***Prozeßinitiierte***

Daten und Ereignisse aus dem Prozeß warten nicht, bis sie turnusmäßig registriert werden, sondern ergreifen selbst die Initiative, indem sie sich dem Rechner direkt und nur zu eigenbestimmten Zeitpunkten zur Abfrage anbieten, evtl. sogar aufdrängen, vor allem bei Eintritt kritischer Zustände.

c) ***Zeitinitiierte***

Bestimmte Erfassungsschritte und Steuerhandlungen sind einmalig oder periodisch zu definierten Zeitpunkten vorzunehmen. Dazu ist im Rechner eine Echtzeituhr installiert, die bei entsprechender Voreinstellung mittels Software ebenfalls eine Programmunterbrechung auszulösen vermag (siehe Abschnitt 4.4).

Bei a) und c) kommen die Anstöße offenbar aus dem Innern des Rechners. Deshalb lassen sich diese Unterbrechungsvarianten durchaus universell praktizieren. Allein der Fall b) erweist sich als Prozeßrechner-spezifisch, weil hier echt äußeren, d.h. im Objektprozeß verankerten Ereignissen die Möglichkeit eingeräumt wird, per Eigenaktivität die organisatorischen Abläufe im Rechner mitzugestalten. Er ist zugleich Bedingung dafür, daß der Rechner hinreichend schnell auf solche Ereignisse bzw. Zustände reagieren kann.

Die drei Alternativen schließen sich keineswegs aus, sondern ergänzen einander gerade bei Prozeßrechnern sehr sinnvoll. Häufig macht sich ein relevantes Prozeßereignis zunächst selbsttätig bemerkbar, liefert damit aber dem Rechner noch kein genügend aufschlußreiches Prozeßabbild. Deshalb verursacht es lediglich eine Unterbrechung, innerhalb deren dann eine Polling-Prozedur gestartet wird, um etwa mehrere Meßwerte einzuholen oder Stellglieder zu manipulieren. So ist dennoch eine am Prozeßgeschehen ausgerichtete Ablauforganisation im Rechner gewährleistet.

Zwecks Realisierung externer Eingriffe in die Betriebsabläufe des Rechners sind sowohl hard- als auch softwaremäßig umfangreiche Vorkehrungen getroffen. Zunächst muß das betreffende Ereignis meßtechnisch erkannt und in eine rechnergerechte Meldung – meist ein reines Binärsignal – umgemünzt werden. Sie wird oft als *Alarm* bezeichnet, weil sie die Dringlichkeit des Ereignisses anzeigen und eine bevorzugte Behandlung initiieren soll. Im Rechner werden Herkunft und Bedeutung des Alarms identifiziert und ggf. die aktuelle Programminterpretation ausgesetzt – ein allgemein als *Hardwareinterrupt* bekannter Vorgang (vgl. Abschnitt 4.3). Schließlich startet das Betriebssystem das zugeordnete Bedienungsprogramm (Interrupt-Service-Routine). Solche extern anzustoßende Aktivitäten belegen bei Prozeßrechnern einen beträchtlichen Teil sowohl der Anwendungssoftware als auch der genutzten Verarbeitungskapazität.

Bild 2-3 vergleicht drei elementare Möglichkeiten, mehreren simultan vorliegenden Verarbeitungsaufträgen Prozessorzeit zuzuteilen. Ein Universalrechner im Stapelbetrieb führt die Programmeinheiten i ... m in geschlossener Form nacheinander aus. Im Mehrprogramm-Modus wird er sie hingegen zeitlich ineinander verzahnen, um eine effektiv höhere Durchsatzleistung zu erzielen (insgesamt kürzere Bearbeitungsdauer!). Prinzipiell abweichend davon muß ein Prozeßrechner ständig bereit sein, Anforderungen aus dem technischen Prozeß zu akzeptieren und die zugehörigen Service-Routinen in seinen Zeitplan einzubauen. Die Erledigung anderer – nicht zeitgebundener – Aufgaben kann sich dadurch u.U. spürbar verzögern. Die Lücken auf den Zeitskalen symbolisieren Aktivitäten des Betriebssystems, also Phasen, die für die Übergänge zwischen zwei Anwenderprogrammen bzw. für die Auswertung von Alarmen benötigt werden.

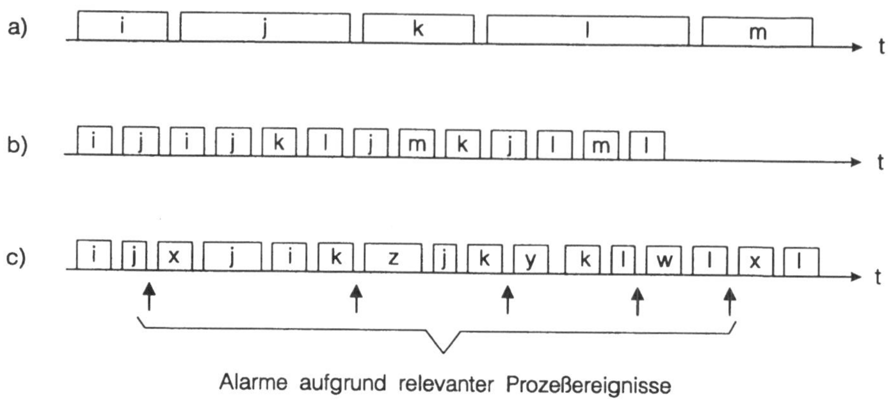

i . . . m: Anwenderaufträge
w . . . z: Alarmbehandlungen (Interrupt Service Routinen)

Bild 2-3 Schemata der Rechenzeitvergabe:
a) Universalrechner im Stapelbetrieb
b) Universalrechner im Mehrprogrammbetrieb
c) Prozeßrechner

Wie Bild 2-3 verdeutlicht, sind Programmunterbrechungen als solche noch kein Spezifikum von Prozeßrechnern; sie kommen mit vielerlei innerbetrieblichen Ursachen auch bei anderen Kategorien vor. Zum Beispiel wird die Wartezeit des Programmes i auf das Ende einer Eingabeoperation überbrückt durch Vorziehen eines Teiles von Programm j. Charakteristisch für Prozeßrechner ist indes die Tatsache, daß Interrupts von außen angelegt werden können und sie somit als außerordentlich flexible Reaktions- und Lenkungsinstrumente für den Prozeß fungieren.

2.3 Echtzeitbetrieb

War gerade festgestellt worden, daß die Ablaufplanung rechnerinterner Aktivitäten offen zu halten ist für externe Anstöße, um auch relevante Vorkommnisse im Prozeß berücksichtigen zu können, so bedarf dies jetzt einer fundamentalen Ergänzung und Weiterführung.

Es genügt nicht, daß ein Prozeßrechner auf einen Alarm reagiert und das damit verbundene Problem algorithmisch korrekt löst. Von gleicher Bedeutung ist, wann und wie rasch er das tut und insbesondere, ob der Auftrag rechtzeitig abgeschlossen ist. Die Einbindung der diversen Einzelvorgänge und -zustände eines

Objektprozesses in die physikalische Dimension Zeit impliziert zwangsläufg, daß er termingebundene Aufgaben stellt und mithin seinen Kontrollmechanismen gewisse – oftmals sehr harte – Zeitbedingungen aufprägt, die keinesfalls verletzt werden dürfen. Verarbeitungsergebnisse können wertlos, falsch und sogar gefährlich sein, wenn sie erst zu spät vorliegen; dasselbe gilt, wenn zum erforderlichen Zeitpunkt keine oder nicht die richtigen Entscheidungen getroffen oder umgesetzt werden können.
Beispiel: Ein grundsätzlich richtiger Stellbefehl kann, wenn er nicht fristgerecht wirksam wird, einen Prozeß in die Instabilität treiben, mit evtl. verhehrenden Folgen.

Von hier aus stellt sich die unabdingbare Forderung: Ein Prozeßrechner muß die verschiedenen Einzelaufgaben schritthaltend mit ihrem Anfallen bewältigen können, d.h. er hat sie sowohl nach Umfang als auch nach Tiefe innerhalb eines fest vorgegebenen Zeitrahmens abzuwickeln. Das betrifft periodisch wiederkehrende ebenso wie sporadisch auftretende Anwendungen.

Um zu veranschaulichen, was das formal bedeutet, sind im Bild 2-4 die relevanten Zeitgrößen in ihrer Korrelation dargestellt. Dazu sei angenommen, irgendein Prozeßereignis habe einen Alarm verursacht, der für die Meldungsdauer t_M als Eingangssignal am Rechner anliegt. Erst nach der Wahrnehmungszeit t_W wird er von ihm registriert und analysiert, was meist auch das Löschen des Alarmes einschließt. Offensichtlich bedarf ein solcher Erfassungsvorgang der Voraussetzung:

$$t_W \leq t_M$$

Sie muß hardwaremäßig sowohl in der Prozeßperipherie als auch im Rechner selbst gewährleistet sein, damit keine Meldung verloren geht.

Die Registrierung eines Unterbrechungsereignisses bedeutet noch keineswegs seine softwaretechnische Bearbeitung. Meist wird der Prozeßrechner gerade mit einem anderen Auftrag befaßt sein, so daß er erst mit Verzögerung das einschlägige Bedienungsprogramm startet, also auf den Alarm zu reagieren beginnt. Vor dessen eigentlicher Bearbeitung hat das Betriebssystem noch einige Organisationsaufgaben zu erledigen: Analyse der Unterbrechungsursache, Zulässigkeitsprüfung, Konservieren des aktuellen Programmlaufzustandes. Das bis dahin verstrichene Intervall wird als Reaktionszeit t_R des Systems bezeichnet. Sie gilt als signifikantes Leistungskriterium des Prozeßrechners, wenn auch gelegentlich in anderer Definition [FÄR 92].

Die Summe aus ihr und der Bruttobearbeitungsdauer t_B, die ihrerseits wieder mehrere Unterbrechungsphasen für andere Aufgaben einschließen kann, heißt Antwortzeit t_A. Erst mit ihr ist die Reaktion des Rechners auf das Prozeßereignis abgeschlossen. Ganz entscheidend ist nunmehr, daß t_A unter keinen Umständen größer wird als eine maximal zulässige oder auch kritische Antwortzeit t_{Akr}. Somit lautet eine weitere unerläßliche Voraussetzung:

$$t_A \leq t_{Akr}$$

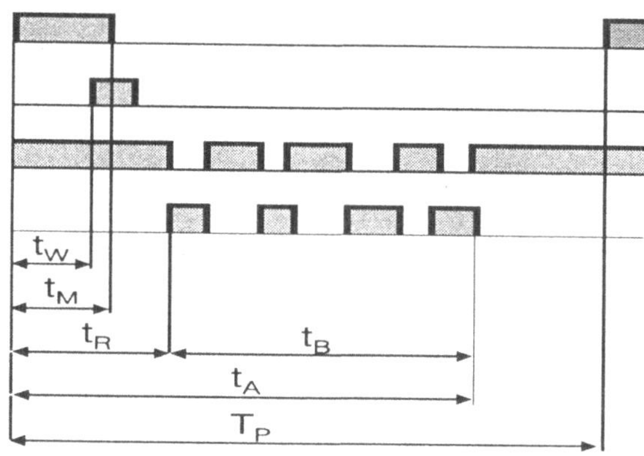

t_W:	Wahrnehmungszeit	t_M:	Meldungsdauer für das Ereignis
t_R:	Reaktionszeit	t_B:	Bruttobearbeitungsdauer für das Ereignis
t_A:	Antwortzeit	T_P:	Periodendauer eines regelmäßig wiederkehrenden Prozeßereignisses

Bild 2-4 Relevante Zeitgrößen in der Prozeßautomatisierung

Der letzte Parameter muß in der Systemanalysephase eines Automatisierungsprojektes für jedes Ereignis individuell ermittelt werden, und zwar aus dessen relativer Bedeutung für das Gesamtgeschehen bzw. aus den für das Zeitverhalten des betreffenden Teilprozesses maßgebenden physikalischen Zeitkonstanten (Beschreibungsgrößen für die Geschwindigkeit der Zustandsänderungen).

Eine vereinfachte Kalkulation ergibt sich, wenn – wie in Bild 2-4 angenommen – das unterbrechende Ereignis regelmäßig mit einer bekannten Periodendauer T_p auftritt. Für diesen keineswegs seltenen Sonderfall gilt:

$$t_{Akr} \leq T_p$$

Damit ein Objektprozeß niemals außer Kontrolle gerät, also zumindest seine Stabilität erhalten bleibt, muß selbstverständlich jede Einzelaufgabe in ihm zeitgerecht erledigt werden. Bei insgesamt n unterschiedlichen Teilvorgängen ist deshalb die oben formulierte Bedingung wie folgt zu verschärfen:

$$t_{A,i} \leq t_{Akr,i} \qquad \text{für } i = 1, \ldots, n$$

Wird sie durchgehend erfüllt, so spricht man von *schritthaltender Verarbeitung* – ein elementares Merkmal von Prozeßrechnern.

Zur Erreichung dieses Zieles bedarf es rechnerseitig nicht nur einer hohen Verarbeitungsgeschwindigkeit, sondern auch einer den harten Anforderungen speziell angepaßten Betriebsart. Sie wird, da alle Vorgänge in ihrer strengen Bindung an eine reale Zeitskala zu betrachten sind, als Echtzeitbetrieb (*real-time-mode*) apostrophiert und ist in Bild 2-3c bereits angedeutet. Sie basiert auf einem entsprechend strukturierten Betriebssystem, das demzufolge auch Echtzeitbetriebssystem heißt (Näheres im 7. Kapitel).

Prinzipiell sind auch andere Rechnerklassen zeitlichen Anforderungen oder Restriktionen ausgesetzt, vor allem solche, die mehrere Benutzerstationen quasisimultan im Dialogbetrieb bedienen. Als Beispiele wären Platzbuchungs-, Auskunfts-, Ladenkassen-, Lagerverwaltungs- oder allgemein: Mehrplatzsysteme (*Terminalcluster*) zu nennen. Allerdings sind dort Antwortzeiten im Sekundenbereich tolerierbar, wogegen sich bei Prozeßrechnern die zulässigen Höchstwerte bei Millisekunden und teils noch weit darunter bewegen. Insofern trägt die Abgrenzung hier eher einen quantitativen Charakter.

Unbeschadet der erwähnten Architekturmaßnahmen muß man sich die extrem schnelle Reaktionsbereitschaft von Prozeßrechnern mit einem Verzicht auf optimale Ausnutzung seiner Verarbeitungskapazität erkaufen. Zumindest in der Anfangsphase nach der Installation sollte eine durchschnittliche Auslastquote von 50% nicht überschritten werden [FÄR 92]; denn erst die dadurch verfügbare Leistungsreserve garantiert auch in schwierigen Situationen (massiertes Auftreten von Alarmen mit kurzen kritischen Antwortzeiten) ein Schritthalten mit dem Prozeß. Zur Analogie betrachte man einen Fußballspieler, der stets schnell reagieren und sein Lauftempo situationsbedingt sehr häufig stark beschleunigen muß. Gerade deshalb wird er aber über eine längere Zeitspanne gemittelt nicht die Streckenleistung eines Marathonläufers erbringen können.

Für den Prozeßrechner bedeutet das, daß man die entstehenden zeitlichen Beanspruchungslücken teilweise für sog. *Hintergrundarbeit* ausnutzen darf. Darunter versteht man Aufträge, die der aktuellen Prozeßüberwachung und -lenkung gar nicht oder nur mittelbar dienen, z.B. Editieren, Übersetzen und Testen von Programmen, Erstellung von Bilanzen, Optimierungsrechnungen, Plotten von Meßkurven, Ausdrucken von Tagesbetriebsprotokollen.

Zum Echtzeitcharakter von Prozeßrechnern gehört ferner, daß eine objektive Zeitinformation ständig bereit steht und, wo nötig, berücksichtigt wird. Wie nämlich schon im Abschnitt 2.2 anklang, ist der Eintritt vieler Ereignisse an bestimmte Zeitpunkte gebunden. So müssen manche Programme – insbesondere für periodisch wiederkehrende Aufgaben – zu exakt vorgegebenen Tageszeiten angestoßen werden, sind gewisse Intervalle und Wartezeiten präzis einzuhalten, und auf Protokollen und Ausgabelisten ist mitunter die Uhrzeit ihrer Erstellung zu vermerken. Die zweckmäßigste und auch durchweg praktizierte Lösung besteht darin, ein reales Zeitmaß innerhalb der Zentraleinheit nachzubilden und allen Anwendungen bedarfsweise zugänglich zu machen.

2.4 Multitask-Verarbeitung

Die Vielzahl der in einem Prozeßrechner oft in dichter Folge anfallenden Einzelaufgaben sowie die Notwendigkeit, bei jeder die kritische Antwortzeit einzuhalten, erzwingen einen gewissen Parallelitätsgrad in ihrer Abwicklung. Es müssen quasi mehrere Probleme gleichzeitig bearbeitet werden. Eine diesbezügliche Simultanarbeit ist innerhalb eines Rechnersystems in zweierlei Hinsicht denkbar:

a) ***Auf Hardware-Betriebsmittelebene***

Verschiedene Betriebsmittel (Funktionseinheiten) in Zentraleinheit, E/A-System und Peripherie behandeln zum gleichen Zeitpunkt unabhängig voneinander verschiedene Aufgaben. Dabei handelt es sich um echten Parallelismus (Simultanbetrieb). Eine besonders wichtige Ausprägung von ihr ist die Parallelarbeit mehrerer Prozessoren in einem Multiprozessorsystem, auch *Multiprocessing* genannt.

b) ***Auf Programmebene***

Als Sonderfall der Mehrfachausnutzung eines Betriebsmittels für unterschiedliche Aufgaben im Zeitmultiplexmodus wird der Prozessor – zumal wenn nur ein einziger vorhanden ist – nacheinander verschiedenen Programmen zugeteilt. Sie laufen somit nicht kontinuierlich, sondern zeitlich ineinander verzahnt ab. Da der Rechner aufgrund seiner sequentiellen Arbeitsweise zu jedem Zeitpunkt nur ein Programm ausführen kann, herrscht nur Quasiparallelität. Dennoch entsteht bei makroskopischer Betrachtung der Eindruck simultaner Bearbeitung der beteiligten Programme. Sofern dabei kritische Antwortzeiten nicht überschritten werden, ist die interne Fragmentierung für den Prozeß irrelevant.

Bild 2-5 zeigt korrespondierend das äußere Erscheinungsbild und die realen Verhältnisse bei Ablauf konkurrierender Anwenderaufträge. Es macht deutlich, daß auch eine nur quasisimultane Bedienung echt paralleler Vorgänge im Objektprozeß durchaus problemgerecht sein kann. Offenbar ist jedoch, wie aus einem Vergleich mit Bild 2-3b hervorgeht, diese Methodik alleine noch nicht Prozeßrechner-spezifisch. Ein weiteres Phänomen kommt hinzu. Zwar muß jeder Anwendungsaufgabe ein bestimmtes Programm zu ihrer Bearbeitung zugeordnet sein, aber für mehrfach vorkommende identische oder sehr ähnliche Aufgaben ist durchaus dasselbe Programm verwendbar – ggf. unter Anpassung einiger Parameter. Ein Beispiel soll dies veranschaulichen.

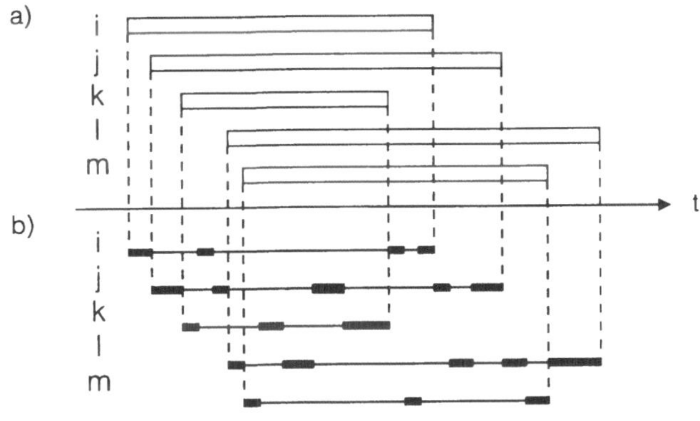

Bild 2-5 Bearbeitung konkurrierender Tasks im Prozeßrechner
a) Benutzersicht (Simultanbetrieb)
b) Maschineninterner Ablauf (Zeitmultiplexbetrieb)

Die von einem Dehnungsmeßstreifen gelieferten Spannungs- oder Stromwerte müssen mittels einer nichtlinearen Skalierungsfunktion in Daten der eigentlichen Meßgröße (z.B. Druck) umgerechnet werden. Zur Ermittlung der Belastungssituation in einer Behälterwand sind dort mehrere solche Sensoren angebracht. Selbstverständlich genügt ein einziges Programm für die Meßwerterfassung und -transformation; es muß lediglich entsprechend oft aktiviert und den betreffenden Meßstellen zugeordnet werden. Sinngemäß ließen sich ggf. alle fünf Aufgaben laut Bild 2-5 mit demselben Programm bewältigen. Dabei erscheint zunächst kurios, daß es dann in mehrfacher zeitlicher Verzahnung mit sich selbst abläuft.

Eine Klärung dieser Verhältnisse erfordert die Einführung des *Task*-Begriffes sowie dessen Abgrenzung gegen ein Programm. Unter Programm versteht man gemeinhin eine geordnete Folge von Anweisungen, die die Implementierung einer Verfahrensvorschrift (Algorithmus) zur Lösung einer bestimmten Aufgabe verkörpert.

Davon unabhängig zu betrachten ist seine aktuelle Ausführung, also der Programmlauf. Diese operative Anwendung eines Programms durch den Rechner wird als *Task* (Aufgabe, Auftrag) bezeichnet. Äquivalente Termini sind Rechenprozeß oder kurz: Prozeß, die jedoch zwecks Vermeidung von Mißverständnissen (technischer Prozeß als zentrales Beobachtungs- und Steuerungsobjekt!) hier nicht benutzt werden.

Im Gegensatz zum Programm hat jede *Task* eine relativ eng begrenzte Lebensdauer; sie beginnt mit der Aktivierung (Aufruf) und schließt mit dem Erreichen des natürlichen Endes oder einem vorzeitigen situationsbedingten Abbruch (siehe Abschnitt 7.4). Insofern trägt ein Programm rein statischen, eine Task indes dynamischen Charakter. Er erweist sich insbesondere daran, daß – obigem Beispiel folgend – über demselben Programm mehrere eigenständige, d.h. separaten Prozeßaufgaben zugeordnete Tasks ablaufen können, und zwar sowohl zu ganz verschiedenen Zeiten als auch scheinbar überlappend gemäß Bild 2-5.

Die Fähigkeit, mehrere *Tasks* quasisimultan und evtl. auf der Basis identischer Programme abzuwickeln, ist für einen Prozeßrechner charakteristisch. Man nennt dieses Verhalten *Multitask*-Verarbeitung oder *Multitasking*. Es läßt funktionale Abhängigkeiten bzw. inhaltliche Querbezüge zwischen verschiedenen *Tasks* zu, was bei den vielfältigen Verflechtungen der einzelnen Teilaufgaben in einem Prozeß unerläßlich ist. Dazu gehört auch die Möglichkeit, eine Task durch eine andere aktivieren zu lassen – effektiv eine andere Form der Programmunterbrechung bzw. der Betriebsablaufsteuerung (vgl. Abschnitt 4.3). Man spricht in diesem Falle, wo der Prozessor einer Task aufgrund eines rechnerinternen Ereignisses entzogen wird, von *Softwareinterrupt*. In dieser Reaktionsfähigkeit auf externe Vorgänge, in der wechselseitigen Verknüpfung der *Tasks* sowie in deren quasi gleichzeitig möglichen Mehrfachaktivierung liegen denn auch die Unterschiede zwischen *Multitasking* und *Multiprogramming* begründet. Letzteres erlaubt ausschließlich hierarchische Aufrufe (Unterprogrammtechnik) und keine Hardwareinterrupts im obigen Sinne.

Sollen über einem Programm mehrere *Tasks* zugleich ablaufen, so müssen sie es offensichtlich unter denselben Umgebungsbedingungen benutzen können. Das bedeutet: Sie dürfen sich gegenseitig nicht stören; insbesondere dürfen die von der unterbrochenen Task zurückgelassenen Zwischenergebnisse, Adreß- und Tabellenzeiger, Statusinformationen und Parameter nicht von der Nachfolgetask überschrieben werden. Programme, die einer derart gravierenden Forderung genügen, heißen eintrittsinvariant oder wiedereintrittsfähig (*reentrant*).

Diese keineswegs triviale Eigenschaft muß durch eine entsprechende Konstruktion sichergestellt werden. Sie wird aber durch spezielle Architekturmerkmale von Prozeßrechnern nachhaltig unterstützt, sowohl in der Hardware als auch im Betriebssystem. Dieses hat u.a. für jede *Task* einen separaten Speicherbereich zu reservieren, um deren spezifsche Daten einschl. Stackbereich gegen andere über demselben Programm kreierte *Tasks* zu schützen.

2.5 Prioritätssystem

Selbstverständlich gilt das zentrale Postulat an den Echtzeitbetrieb – Verarbeitung jederzeit schritthaltend mit dem Prozeßgeschehen – auch unter den erschwerenden Umständen des *Multitasking*, wo gerade die Vielzahl konkurrierender *Tasks* rasch deren äußerlich wahrnehmbare Laufzeiten und damit auch die Antwortzeiten für den Prozeß zu verlängern droht. Zur Beherrschung dieses Problems tragen zwei bereits beim Entwurf des Systemkonzeptes zu treffende Maßnahmen bei:

- Die Aufgliederung des gesamten Automatisierungskomplexes in einzelne Teilaufgaben wird so vorgenommen, daß die zu deren Bedienung eingesetzten Tasks hinreichend kleine Bearbeitungszeiten aufweisen.
- Um die Auswahl der aktuellen Bearbeitungsreihenfolge für anstehende *Tasks* im Quasisimultanbetrieb (vgl. Bild 2-5) zu effektivieren, wird eine umfassende Prioritätsschematik spezifiziert.

Dabei geht man von dem Umstand aus, daß die vordefinierten Einzelaufgaben in ihrer Bedeutung und Dringlichkeit für den Gesamtprozeß recht unterschiedliches Gewicht besitzen. Gemäß diesem Kriterium werden sie und damit auch die ihnen zugeordneten *Tasks* in eine Rangordnung gebracht, d.h. über ihnen wird eine Prioritätsskala eingeführt. Sodann teilt man sie in eine Anzahl von Klassen ein, denen rechnerseitig je eine sog. Prioritätsebene zugewiesen ist. Abhängig von Größe, Komfort und Ausbaugrad eines Prozeßrechners sieht er meistens 4 bis 32 solcher per Hard- und Software implementierten Ebenen vor. Die individuelle Priorität eines Teilprozesses bestimmt sich primär aus seiner Ebenenzugehörigkeit. Eine Differenzierung innerhalb der Ebene läßt sich auf verschiedene Weise einbringen, z.B. hardwaremäßig durch die Verdrahtung der Alarmleitungen oder softwaretechnisch durch Bildung einer zeit- bzw. attributorientierten Warteschlange.

Auf dieser Basis muß der Rechner seine Aktivitäten selbst terminieren. Er hat dafür zu sorgen, daß von den aktuell anliegenden Aufgaben stets die höchstpriore zur Bearbeitung gelangt, indem eine für sie zuständige *Task* gestartet wird. Hierzu verfügt er über eine leistungsfähige Steuerung (siehe Abschnitt 4.3), die imstande ist, eine laufende *Task* zu unterbrechen, falls ein Prozeßereignis höherer Priorität eintritt und die zugehörige *Task* anfordert. Umgekehrt verhindert sie, daß der Alarm eines niedriger eingestuften Ereignisses einen Interrupt auslöst. Von hier aus beantwortet sich auch unmittelbar die in Abschnitt 2.2 zurückgestellte Frage, wie der Rechner verfährt, wenn er während der Ausführung einer Service-Routine w ... z laut Bild 2-3c mit einem weiteren Alarm konfrontiert wird.

Offensichtlich bedeutet dies eine signifikante Ausweitung des dort vorgestellten Prinzips externer Einflußnahme auf die Betriebsabläufe im Rechner. Der Objektprozeß steuert die Verarbeitungsreihenfolge von Einzelaufgaben nicht nur dank seiner generellen Fähigkeit, Unterbrechungen auszulösen, sondern ebenso mittels der seinen Teilvorgängen zugewiesenen Prioritäten. Erst durch solche Vielschichtigkeit der Verdrängungsmöglichkeiten von *Tasks* untereinander wird seine Wechselwirkung mit dem Rechner perfektioniert.

Allgemein subsumiert man dieses Architekturmerkmal unter den Begriffen *Prioritätssystem*, *Vorrangunterbrechungssystem* oder *Vorrangverarbeitung*. Es ist für Prozeßrechner unverzichtbar und insofern typisch, wurde jedoch längst auch auf andere Rechnerklassen übertragen. Allerdings findet sich bei ihnen wegen der viel schwächer differenzierten Aufgabenstellungen in der Regel eine kleinere Anzahl von Prioritäts- (oder Interrupt-)Ebenen.

Deren Wirkung soll anhand eines einfachen Beispiels in Bild 2-6 untersucht werden. Dort sind die aus Bild 2-5 bekannten *Tasks* i ... m drei Prioritätsebenen 0 ... 2 (absteigende Folge) zugeordnet. h symbolisiere eine Hintergrundtask, mit der lediglich die freien Prozessorintervalle genutzt werden sollen und die deshalb auf der niedrigsten Ebene 3 angesiedelt ist. Gemäß dem Grundsatz, den Prozessor jeweils der höchstprioren *Task* zuzuteilen, ergibt sich bei der angenommenen Sequenz von Unterbrechungsanforderungen das dargestellte Zeitablaufschema der *Tasks*. Ein Vergleich mit Bild 2-5 demonstriert die Bedeutung einer Prioritätsstaffelung: Je nach ihrer Spezifikation können bei identischen Prozeßabläufen recht verschiedene Bearbeitungsreihenfolgen der *Tasks* zustande kommen. Daraus folgt aber direkt: Wenn das Prioritätssystem und die darauf basierenden Interrupts die Reaktionsmechanismen des Prozeßrechners im Rahmen des *Multitasking* kontrollieren, so wird eine geschickte Prioritätsvergabe evtl. sogar ausschlaggebend sein für die Gewährleistung der schritthaltenden Verarbeitung, also des Echtzeitbetriebes.

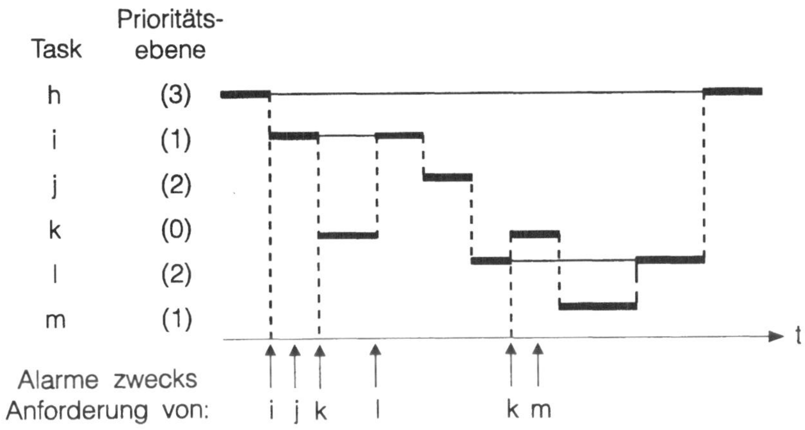

Bild 2-6 Prioritätsbezogene Taskbearbeitung (aus Maschinensicht)

Ein einziges universell anwendbares Kriterium für die Spezifikation der Rangfolge unter den Detailproblemen gibt es sicher nicht, aber folgende Grundregel drängt sich praktisch auf: Je kürzer die kritische Antwortzeit einer Aufgabe ist, desto höhere Priorität sollte der zuständigen *Task* eingeräumt werden. Die einmal festgelegte Prioritätsskala muß allerdings nicht starr sein. Manche Prozeßrechner bieten auch die Möglichkeit einer dynamischen Zuordnung, d.h. einer Umverteilung der Prioritäten im laufenden Betrieb durch das System selbst [KLO 77].

Beispiel: Eine ursprünglich niedrig eingestufte *Task* wird infolge höherpriorer Interrupts immer wieder zurückgestellt, so daß ihre kritische Antwortzeit überschritten zu werden droht. Hier läßt sich mittels einer temporären Aufwertung Abhilfe schaffen.

Ergänzend sei noch auf ein weiteres Problem hingewiesen, das die strenge Einhaltung der Echtzeitbedingungen aufwirft. Für eine Vielzahl von Aufgaben sind die betreffenden Programme gleichzeitig im Hauptspeicher bereitzuhalten, um im Bedarfsfalle eine *Task* unverzüglich starten zu können. Solchen Ansprüchen genügen die Speicherkapazitäten von Prozeßrechnern trotz ständigen Wachstums i.a. nicht annähernd. Auch bei der Verwaltung bzw. Zuteilung dieser fast immer recht knappen Ressourcen geht man am zweckmäßigsten prioritätsorientiert vor.

2.6 Sicherheitsvorkehrungen

Funktionssicherheit und zuverlässiger Betrieb besitzen für Prozeßrechner ein weitaus größeres Gewicht als für andere Rechnerkategorien. Dort ziehen Störungen, Fehler, partielle Ausfälle und Systemzusammenbrüche allenfalls finanzielle Einbußen nach sich. Bei Prozeßrechnern können sie katastrophale Auswirkungen auf Menschen, Anlagen und Erzeugnisse haben. Es kann zu verlustreichen Fehlproduktionen oder Produktionsstillständen kommen, etwa in automatischen Fertigungsstraßen, in Walzwerken oder Werkzeugmaschinen. Ein Prozeß kann in eine Gefahrensituation abgleiten, deren Nichtbeherrschung evtl. zur Zerstörung industrieller oder öffentlicher Einrichtungen bzw. zur unmittelbaren Bedrohung von Menschenleben führen.

Als Beispiele wären Verhüttungsanlagen, chemische Verfahrenstechnik, Raffinerien, Kernkraftwerke und das Verkehrswesen (Eisenbahnleittechnik, Flugsicherung) zu nennen, ganz zu schweigen von militärischen Anwendungen. Schließlich sind Prozeßrechner häufig sehr viel rauheren physikalischen Bedingungen ausgesetzt, eben der typischen Prozeßumgebung mit Verschmutzungen, starken Temperaturschwankungen, mechanischen Erschütterungen, elektrostatischen Einkopplungen und elektromagnetischen Streufeldern.

Vor diesem Hintergrund sind charakteristischerweise an ihre Sicherheit, Zuverlässigkeit und Verfügbarkeit allerhöchste Anforderungen zu stellen. Ihnen kann man nur durch vielfache und ausgefeilte Sicherungsmaßnahmen auf allen Spezifikations-, Entwurfs- und Implementierungsebenen gerecht werden, also durch eine extrem sorgfältige Konstruktion von Hard- und Software sowie durch eine fehlertolerante Systemstrukturierung. Zu den wichtigsten Mechanismen, um kritische Zustände zu meistern, Ausfälle abzuwenden, Fehlfunktionen aufzufangen oder zumindest in ihren Auswirkungen zu begrenzen, gehören:

- Einsatz spezieller Bauelementetypen mit hoher Störunempfindlichkeit;
- Abschirmung besonders störungsgefährdeter Signalleitungen und Baugruppen, evtl. ergänzt durch spezielle Schaltungstechniken;
- Netzausfallschutz in Verbindung mit Rettungsprozeduren, so daß notfalls ein kontrolliertes Herunterfahren des Prozeßrechners ohne kritische Informationsverluste sowie ein späterer korrekter Wiederanlauf gewährleistet sind;
- ein ganzes Spektrum regelmäßig ablaufender Prüf- und Sicherungsroutinen zur Überwachung des Systemzustandes des technischen Prozesses wie auch der Funktionstauglichkeit und Fehlerfreiheit des Rechners;

- vielfältige Einbringung von Redundanz, insbesondere Bereitstellung von Ersatzkapazität für wesentliche Funktionskomponenten wie Zentralprozessor, Externspeicher, Koppelelemente, Übertragungswege;
- Kopplung und gegenseitige Überwachung mehrerer Prozeßrechner gleicher und/oder verschiedener Größenordnung gemäß den Strukturschemata im Abschnitt 1.2, so daß bei Ausfall eines Rechners dessen Funktionen wenigstens teilweise von anderen übernommen werden können.

Der dafür zu leistende technische und finanzielle Aufwand ist je nach Intensität der Sicherheitsanforderungen u.U. ganz erheblich und macht in der Gesamtbilanz eines Automatisierungsprojektes einen empfindlichen Kostenfaktor aus. Die dadurch bewirkte Absenkung des Gefahrenpotentials bzw. Unfallrisikos wird ihn jedoch in den oben angeführten und zahlreichen ähnlich gelagerten Fällen bei weitem überkompensieren.

3 Architektonischer Überblick

Prozeßrechner basieren auf den bekannten Grundpfeilern datenverarbeitender Maschinen nach dem von-Neumann-Konzept: anwendungsunabhängiges, gleichsam standardisiertes Gerätesystem (*Hardware*) sowie teils maschinen-, teils anwendungsspezifische formalisierte Verfahrensvorschriften zur Steuerung der primär sequentiellen Arbeitsabläufe und Informationsflüsse in den Geräten (*Software*). Wegen dieser Sequentialität weicht ihre Architektur nicht grundlegend von der Architektur anderweitig eingesetzter Digitalrechner ab, aber sie zeichnet sich, wie im 2. Kapitel ausgeführt, durch einige signifikante Erweiterungen aus:

- auf der Hardwareseite die mehr oder weniger extensive Integration in den technischen Prozeß zwecks Informationsaustausch;
- auf der Softwareseite ein Betriebssystem, das Multitask-Verarbeitung und Echtzeitverhalten auch unter hohen Anforderungen ermöglicht;
- in übergreifender Hinsicht eine prioritätsbezogene Initiierung bzw. Koordination der internen Einzelvorgänge durch den Prozeß sowie eine gewisse Systemredundanz zur Absicherung der Betriebsbereitschaft.

Noch sinnfälliger sind mitunter die architektonischen Unterschiede zwischen den marktüblichen Prozeßrechner-Fabrikaten. Sie erstrecken sich u.a. auf folgende Merkmale, die sich im Falle einer Anschaffung zugleich als Auswahlkriterien eignen:

Befehlssatz (Anzahl und Mächtigkeit der interpretierbaren Maschinenbefehle und Datentypen), Registerstruktur des Prozessors, Adressierungsarten für Speicher und Peripherie, Speicherzugriffsmöglichkeiten, Speicherschutzmechanismen, Organisation des peripheren Datenverkehrs, E/A-Schnittstellen, Methodik der Interruptbehandlung, Anzahl der Prioritätsebenen, Technik und Geschwindigkeit der Programmumschaltung, modulare Erweiterungsfähigkeit der Geräteausstattung, Bedienungskomfort usw..

Bevor einiges davon ab Kapitel 4 gemeinsam mit den wesentlichen Funktionskomponenten zur Sprache kommt, sei der Prozeßrechner vorab als ganzheitliches Gebilde betrachtet. In diesem Zusammenhang sind gewisse Elementarstrukturen aufzuzeigen, wichtige Begriffe einzuführen und fundamentale Aspekte zu diskutieren.

3.1 Hardwarekonfiguration

Vordergründig stellt sich die Frage, was rein äußerlich einen Prozeßrechner ausmacht, welche Komponenten die Gesamtanlage umfaßt und wie sie aus Benutzersicht konfiguriert sind. Unter Konfiguration versteht man den Komplex der in einem Rechnersystem installierten Hardwareeinrichtungen (Betriebsmittel), und zwar unter Beachtung ihres Typus, ihrer Anzahl und ihrer Verbindungswege.

Im Bild 3-1 ist ein entsprechendes Beispiel fragmentarisch dargestellt. Es deutet an, welche Vielzahl und Mannigfaltigkeit von Geräteeinheiten zu einem Prozeßrechner direkt gehören bzw. an ihn angeschlossen werden können. Eine Abstraktion dazu zeigt das relativ grob gehaltene Aufbauschema von Bild 3-2; es faßt Geräte mit verwandten Aufgabenstellungen in Gruppen zusammen und stellt blockartig die folgenden typischen Hauptkomponenten eines Prozeßrechnersystems heraus:

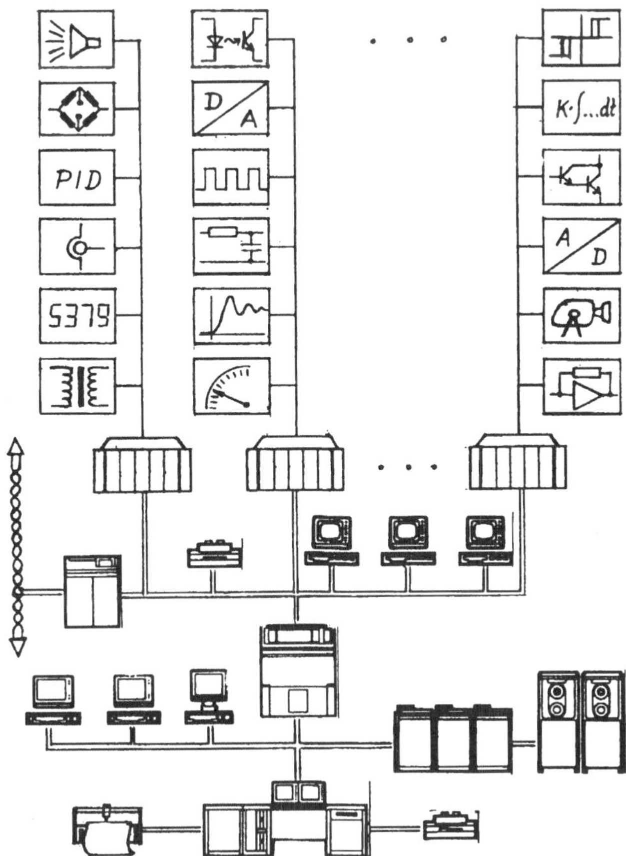

Bild 3-1 Exemplarische Prozeßrechnerkonfiguration

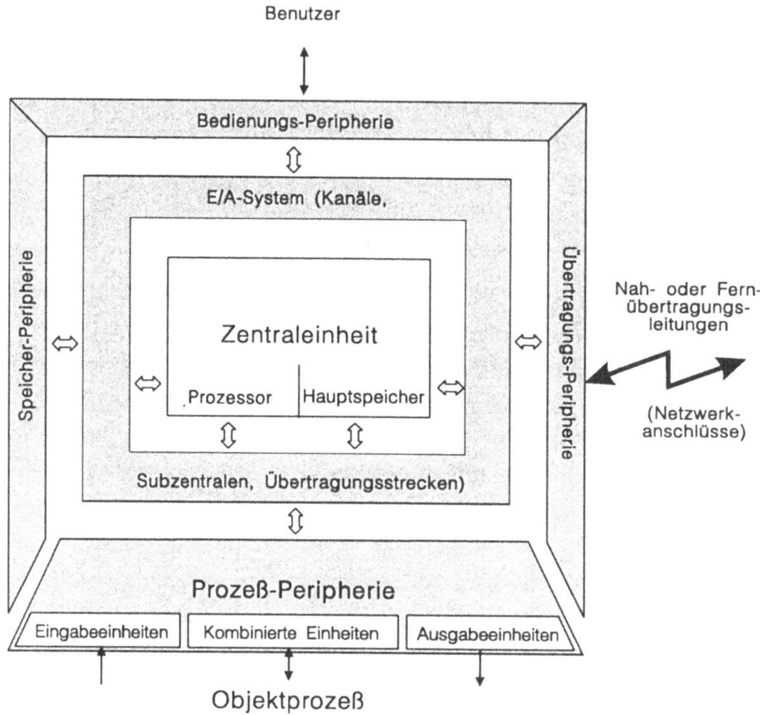

Bild 3-2 Schematisierte Hardwarestruktur eines Prozeßrechnersystems

- ***Zentraleinheit*** (Siehe 4. Kapitel)

  Sie ist zuständig für das kurzfristige Bereitstellen von Programmen und Daten sowie für die Ausführung der Programme, also die Verarbeitung der Daten; dementsprechend enthält sie den zentralen Prozessor (evtl. auch mehrere) und den Haupt- bzw. Arbeitsspeicher.

- ***Ein/Ausgabesystem*** (Siehe 5. Kapitel)

  Es wickelt den Datenverkehr mit den Peripheriegeräten ab und beinhaltet dazu die E/A-Kanäle bzw. E/A-Prozessoren, evtl. noch vorgelagerte E/A-Steuereinheiten, die Übertragungseinrichtungen und ggf. in Prozeßnähe sog. Unterstationen. Somit weist es u.U. eine beachtliche Flächendeckung auf.

- ***Bedienungsperipherie***

  Sie dient der Kommunikation der Benutzer mit dem Rechner, also der Eingabe von Kommandos, Programmen, Beschreibungs- und Vorgabedaten, ebenso der Ausgabe von Protokollen, betrieblichen Hinweisen, Ergebnis- und Zustandsdaten.

- ***Speicherperipherie***

  Ihr obliegt die Aufbewahrung des gesamten Programm- und Datenmaterials, das im Hauptspeicher entweder aus Platzgründen momentan nicht unterzubringen ist oder zur Bearbeitung aktueller Vorgänge nicht benötigt wird.

- ***Verbundperipherie***

  Ihre Aufgabe ist die Ankopplung bzw. Integration des Prozeßrechners in ein lokales oder auch Fernverbundsystem (Kommunikationsnetz). Damit wird die Möglichkeit geschaffen, anstehende Aufgaben gemäß der jeweiligen Auslastungssituation auf mehrere Rechner zu verteilen, einzelne Ausfälle zu überbrücken, vorhandene Geräte, Programme und Daten effektiver zu nutzen oder den vorliegenden Automatisierungskomplex in eine übergeordnete Dispositionsebene einzubringen.

- ***Prozeßperipherie*** (Siehe 6. Kapitel)

  Sie übernimmt die als Charakteristikum hervorgehobene direkte Kopplung zwischen technischem Prozeß und Rechner; ihre Teileinheiten heißen daher *Prozeßkoppelelemente*. Somit verkörpert sie den einzig Prozeßrechner-spezifischen Teil der Geräteausstattung; die übrigen Hauptkomponenten finden sich auch bei anderen DV-Anlagen.

Wegen dieses Standardcharakters faßt man die Einrichtungen der Bedienungs-, Speicher- und Verbundperipherie üblicherweise zur Standardperipherie zusammen. Welche Gerätearten den einzelnen Kategorien angehören, ist der Tabelle 3-1 zu entnehmen. Die konkrete Konfiguration, vor allem die der Prozeßperipherie, ist immer auf das spezielle Automatisierungsproblem zugeschnitten.

Tabelle 3-1 Peripheriegeräte in Prozeßrechnersystemen (Beispiele)

Standardperipherie			Prozeßperipherie
Bedienungsperipherie	Speicherperipherie	Verbundperipherie	
Bedienungskonsole	Wechsel- und Festplattenspeicher	Netzknotenrechner	A/D- u. D/A-Wandler
Blattschreiber		Modem	De/Multiplexer
Bildschirmgerät	Diskettenspeicher	Netzanschlußterminal	Ziffernanzeige
Drucker	Magnetbandspeicher (*Streamer*)	ISDN-Anpaßeinheit	Tastaturen
Plotter		Kommunikationsprozessor	Signalformer
Belegleser	Kassettenspeicher		Verstärker, Filter
Magnetschriftleser	Bildspeicher (CD-ROM)		Impulsgeber/-zähler
Signaltongeber			Pegelwandler
Scanner	Opt. Archivspeicher		Datenpuffer

Zentraleinheit und E/A-System bilden gemeinsam den Prozeßrechner im engeren Sinne. Den Gesamtkomplex unter Einschluß der Peripherie bezeichnet man als Prozeßrechnersystem. Von größter Bedeutung für dessen Leistungsvermögen sind nicht nur die erwähnten Hauptkomponenten selbst, sondern auch die Art und Auslegung der Verbindungswege für Daten- und Steuersignale sowohl zwischen als auch innerhalb von ihnen, letztlich also die System- bzw. Komponentenschnittstellen. Besondere Aufmerksamkeit verdient hier die Organisation der Hauptspeicherschnittstelle, des Zusammenspiels von E/A-System und Peripherie sowie der Ankopplung der Prozeßgerätschaften.

Mit der Definition der Schnittstelle zwischen Prozeßperipherie und technologischer Ausrüstung des Prozesses ist zugleich die Abgrenzung des Prozeßrechners als Automatisierungsanlage gegen das zu automatisierende System vollzogen. Demnach gehört die Vielfalt der Meßfühler, Kontakte, Signalquellen, Schalter, Manipulationsorgane und Stelleinrichtungen zum Prozeß selbst, genauer: sie bilden dessen Instrumentierung und werden auch Prozeßelemente oder Prozeßglieder genannt. Im Bild 3-3 ist diese für die Konfigurationsplanung des Prozeßrechnersystems wesentliche Demarkation nochmals schematisch verdeutlicht.

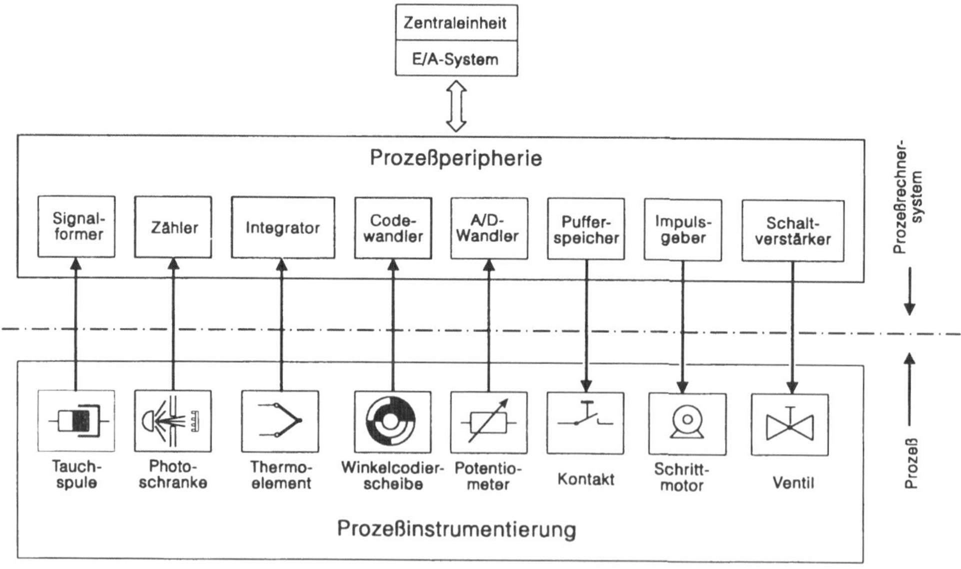

Bild 3-3 Systemschnittstelle zwischen Prozeß und Automatisierungskomplex

Die konstruktive Auslegung des Systems hat u.a. zwei wesentliche Faktoren zu berücksichtigen. Während der Lebensdauer eines Objektprozesses wachsen sein Umfang und mithin die Automatisierungsaufgaben oftmals stark an. Die Ausbaufähigkeit des Prozeßrechners muß konfigurative Erweiterungen sowohl bei Haupt- und Externspeicherkapazität als auch im E/A-System und bei den Prozeßkoppelelementen ohne gravierende Umbauten und längere Stillstandszeiten zulassen. Voraussetzung dafür ist ein modulares Systemkonzept mit einheitlichen, evtl. sogar standardisierten Schnittstellen. Der Idealfall wäre das bloße Einfügen von Baugruppen in freie Steckplätze. Außerdem müssen wenigstens die in Prozeßnähe installierten Hardwarekomponenten mechanisch und elektrisch sehr gewissenhaft gegen verschiedene Störeinwirkungen abgekapselt sein (vgl. Abschnitt 2.6). Zu diesem Zwecke werden sie in „dichten" Schränken oder Schutzmänteln untergebracht und bedarfsweise mit eigenem Kühlaggregat ausgestattet.

3.2 Funktionale Struktur

Bedeutsamer als die sinnfällige Konfiguration ist sowohl für das Erreichen des Automatisierungszieles als auch für die Arbeitsweise eines Prozeßrechners dessen funktionaler Aufbau. In diesem Zusammenhang interessieren primär die Aufgabenverteilung im System und daraus abgeleitet die organisatorischen Prinzipien des Zusammenwirkens zwischen der Geräte- und der Programmausstattung im globalen Rahmen, aber auch zwischen den einzelnen Komponenten auf beiden Seiten. Die einschlägigen, beim Architekturentwurf getroffenen Spezifikationen beeinflussen nicht nur ganz entscheidend die Leistungsfähigkeit und das Betriebsverhalten, sondern partiell auch die oben behandelte Konfiguration.

3.2.1. Aufgabenverteilung

Allgemein gesehen hat sich die Schnittstelle zwischen Hard- und Software im letzten Jahrzehnt weitgehend vereinheitlicht. Speziell bei Prozeßrechnern ist indes noch einiger Spielraum erhalten geblieben. Das gilt insbesondere für die Realisierung bzw. die Unterstützung mancher Betriebssystemfunktionen, von denen die Echtzeiteigenschaften und das Multitasking maßgeblich abhängen können, ebenso für die Implementierung eines E/A-Transfers sowie den Komfort bei der Reaktion auf Interruptanforderungen.

Das Strukturschema im Bild 3-4 soll veranschaulichen, welche wesentlichen Bestandteile ein Prozeßrechner nicht konfigurationsmäßig, sondern funktional einschließt und wie er in das Umfeld eines Automatisierungssystems eingebettet ist; die Abgrenzungen laut Abschnitt 3.1 sind dabei berücksichtigt. Sie geben zugleich Aufschluß über den Umfang der üblicherweise von der Herstellerfirma erbrachten Lieferleistungen, für die sie dann im Rahmen von Wartungsverpflichtungen auch die volle Verantwortung übernimmt. Außerhalb des markierten Bereiches ist der Betreiber selbst zuständig. Ihm stehen sowohl auf dem Geräte- als auch auf dem Programmsektor die Möglichkeiten der Eigenentwicklung und des Zukaufes wiederum vom Rechnerproduzenten oder von dritten Anbietern offen.

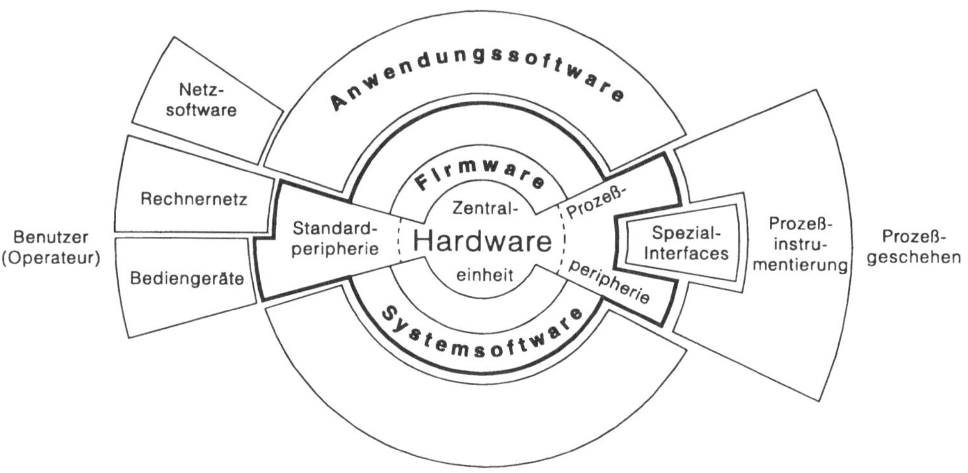

Bild 3-4 Funktionales Aufbauschema eines Automatisierungssystems
Dick umrandeter Bereich: Lieferumfang und Verantwortlichkeit des Rechnerherstellers
Restlicher Bereich: Verantwortlichkeit des Rechnerbetreibers mit Zukaufsmöglichkeiten von anderen Produzenten

Wie man sieht, kommt es allerdings zu Überschneidungen. Hauptsächlich in der Standardperipherie weicht man aus Kostengründen oft auf schnittstellenkompatible Geräte eigens darauf abzielender Wettbewerber aus, oder man schließt bereits vorhandene eigene an. In der Prozeßperipherie engagiert sich ein Teil der Rechnerhersteller weniger stark. So eröffnet sich – vor allem auch wegen der großen Bandbreite verschiedenartiger Koppelelemente – ein weites Feld für einschlägige Spezialisten. Erheblich begünstigt werden deren Chancen durch die immer mehr um sich greifenden standardisierten oder sogar genormten Geräteschnittstellen außerhalb des eigentlichen Prozeßrechners, evtl. auch schon im E/A-System. Damit reduzieren sich allmählich die Fälle, wo sich der Betreiber zur zeitaufwendigen und kostspieligen Entwicklung von Spezial-Interfaces gezwungen sieht.

Zusehends ergreifen auch Firmen, die der klassischen Prozeßinstrumentierungstechnik entstammen, die Gelegenheit, gemeinsam mit ihren Sensoren und Aktoren gleich die geeigneten Koppelelemente mitanzubieten. Hierzu leistet teilweise die Mikroelektronik wertvolle Hilfestellung. Sie ermöglicht vielfach die Integration einer Übertragungsschaltung, eines Signalformers, einer Steuerlogik oder eines Verstärkers zusammen mit dem zugehörigen Meßwertaufnehmer bzw. Leistungsschalter auf demselben Chip oder in einem winzigen Modul. Solche Kleinmodule sind gelegentlich in sogenannter Hybridbauweise realisiert, d. h. in einer Kombination aus integrierten und diskreten Bauelementen (auch unterschiedlicher Technologien!) unter Zuhilfenahme einer Dickfilmschaltungstechnik.

3.2.2 Softwarekomponenten

Nachdem die Hardwarestruktur in groben Zügen schon in der Konfiguration des Prozeßrechnersystems zum Ausdruck kam, sei der Blick jetzt auf die Gliederung der Software sowie auf den Beitrag ihrer wichtigsten Komponenten zur Gesamtfunktion gerichtet. Die Generalunterscheidung zwischen Anwendungs- und Systemsoftware wird im nächsten Abschnitt weiter verfolgt. Letztere bildet, wie Bild 3-4 erkennen läßt, mit dem Gerätekomplex speziell des Rechnerkernes eine untrennbare Einheit. Sie ist daher ebenso prozeßunabhängig wie die meisten Hardwarekomponenten und wird fast ausnahmslos vom Hersteller mitgeliefert, wobei sie einen erheblichen, aber nicht explizit ausgewiesenen Anteil am Gesamtkaufpreis einnimmt. Dagegen gestalten sich Anwenderprogramme für das Spektrum der Automatisierungsaufgaben notwendigerweise prozeßspezifisch; folglich sind sie – von einigen Standardpaketen abgesehen – durchweg unter der Regie des Betreibers zu erstellen.

Die Systemsoftware ist ein sehr komplexes Geflecht aus einer Vielzahl von Programmbausteinen, Unterprogrammen bzw. Prozeduren, Tabellen usw., die untereinander keineswegs rein hierarchisch strukturiert sind, sondern auch eine Fülle von Querverbindungen aufweisen, was ihre Überschaubarkeit beträchtlich erschwert. In der Regel schält man drei Hauptkomponenten heraus:

a) Betriebssystem oder Organisationsprogramm

Es verdient die weitaus größte Beachtung, weil es ganz überwiegend die Architektur und Leistungsfähigkeit von Prozeßrechnern prägt, indem es einige kennzeichnende Merkmale einbringt (siehe Kapitel 2) und sich somit recht klar von denen anderer Rechner abhebt. Im 7. Kapitel wird es deshalb ausführlicher betrachtet. Mitunter wird „Betriebssystem" begrifflich sogar als Synonym für die gesamte Systemsoftware verwendet [SCH 81a].

b) Programmier- oder Softwareproduktionssystem

Es umfaßt analog zu anderen Rechnerkategorien sämtliche für die Erstellung, Integration, Überprüfung und Pflege von Programmteilen erforderlichen Softwarehilfsmittel. Dazu gehören mindestens ein Editor, verschiedene Übersetzer, Binder, Lader sowie ein Programmrepertoire zur Fehlersuche (*debugging*) und zum Testen neu einzuführender Anwendungssoftware, evtl. auch (Echtzeit-) Simulatoren und Emulatoren.

c) *Hilfs- und Testprogramme*

Mit ihnen bezweckt man die Erleichterung der Bedienung, des Betriebes und Testens des Prozeßrechners, also allgemein eine Unterstützung des Benutzers; geläufig ist dafür auch die Bezeichnung *Dienstprogramme*. Insgesamt bieten sie sich als System von Funktionsbausteinen an und decken als solches ein weites inhomogenes Feld ab. Ähnlich dem Programmiersystem sind sie kaum als Prozeßrechner-spezifisch anzusehen.

Tabelle 3-2 bringt eine geraffte Übersicht über die den erwähnten Softwarebereichen zuzuordnenden Programmelemente.

Tabelle 3-2 Zusammenstellung wichtiger Softwarekomponenten

Anwendersoftware	**Systemsoftware**		
Routinen für	Betriebssystem	Programmiersystem	Hilfsprogramme
Datenerfassung Protokollierung Auswertung Zustands-überwachung Regelung Kurvenplotten Instrumentenmanipulation Datenkomprimierung Graphische Anzeigen	Ablauforganisation Interrupts Ein/Ausgabe Fehlerbehandlung Bedieneingriffe Taskwechsel Betriebsmittelverwaltung Dateiorganisation Zeitführung	Editor Compiler Assembler Interpreter Makrogenerator Binder Lader Debugger Traceprogramm	Inbetriebnahme und Anfahren Dateipflege Datenarchivierung Umcodierungen Echtzeitsimulation Test und Wartung von Automatisierungssystem und Prozeßanlage Programmbibliothek

3.2.3 Rolle der Firmware

Bild 3-4 weist einen Überlappungsbereich zwischen Hard- und Software aus. Er hat seit über zwei Jahrzehnten ständig an Bedeutung gewonnen und wurde deshalb mit einem eigenen Terminus belegt: *Firmware*. Je nach Blickwinkel versteht man darunter entweder programmierbare Varianten logischer Schaltungskomplexe oder in Hardware gegossene Programmteile (*software on silicon* [HaS 80]).

Tatsächlich ist die Firmware in beide Richtungen immer weiter vorgedrungen. Einerseits stellt sie eine Implementierung essentieller Softwarefunktionen dar, z.B. elementare und häufig zu durchlaufende Betriebssystemroutinen (oft auch nur Teile davon), andererseits ersetzt sie klassische Hardwareeinrichtungen, wie etwa fest verdrahtete Steuerwerke.

Bezweckt wird damit durchweg die Vereinigung spezifischer Vorzüge aus beiden Sektoren laut Bild 3-5. Von der Hardware wird die hohe Effizienz übernommen, die sich gleich in mehreren Faktoren niederschlägt: große Operationsgeschwindigkeit, Möglichkeiten der Operationsparallelität (gleichzeitige Ausführung mehrerer Einzelschritte), schnellerer Entwurfsvorgang, einfachere und kostengünstigere Realisierung. Die Softwareseite bringt ihre außerordentliche Flexibilität ein, d.h. die Möglichkeit sehr einfacher, rascher, gezielter und ggf. sogar nachträglicher Änderungen an den projektierten Steuerungsabläufen, und zwar entweder gänzlich ohne oder mit nur geringfügigen Eingriffen in den Schaltungsaufbau. Dazu gehören auch die relativ leichte Erweiterbarkeit um evtl. erst später benötigte Funktionen sowie die mittels Strukturierung erzielbare Übersichtlichkeit [BER 82].

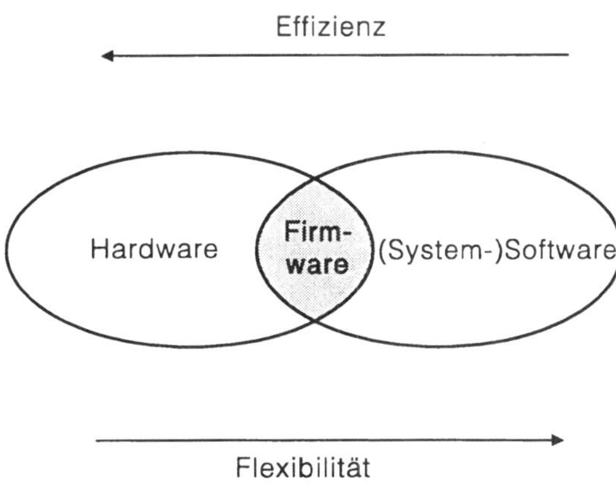

Bild 3-5
Firmware als eigenständige Systemebene

Als Erscheinungsform der Firmware gelten die *Mikroprogramme*, das sind Sequenzen von Mikrobefehlen zur Implementierung je eines bestimmten Arbeitszyklus unterhalb der Maschinenprogrammebene. (Typischerweise wird ein Maschinenbefehl durch ein Mikroprogramm interpretiert.) Die Gesamtheit der Mikrobefehle wird in einem schnellen Halbleiterspeicher abgelegt (je nach den Randbedingungen der Anwendung entweder von der Gattung Festwert- oder Schreib/Lesespeicher). Er bildet das Herzstück eines Mikroprogrammsteuerwerkes, dessen universelle Rohform das Bild 3-6 angibt.

In Gestalt von Binärwörtern werden die Maschinenbefehle sequentiell dem Mikroprogrammspeicher entnommen und in einem Register gepuffert. Sie enthalten als wichtigste Information einen Steuervektor; das ist eine geordnete Menge von einzelnen oder gruppenweise gebündelten Signalen zur direkten Einwirkung auf die Schaltkreise des Rechners, also zur Steuerung des Funktionsverhaltens der Hardware. Zusätzlich liefern sie u.U. Aussagen über die Fortsetzung des Mikroprogramms, etwa ein Verzweigungskommando und eine Sprungadresse. Beides wird zusammen mit der vorgegebenen Anfangsadresse und den als Rückmeldungen aus der gesteuerten Hardware eintreffenden Zustandssignalen, die letztlich als Verzweigungsbedingungen fungieren, zur Ermittlung der Adresse des nächsten Mikrobefehls verwendet. Dies geschieht in einem Adreßgenerator oder *Sequencer*, von dem aus die Folgeadresse in den Mikrobefehlszähler – gleichsam das Adreßregister des Speichers – gelangt.

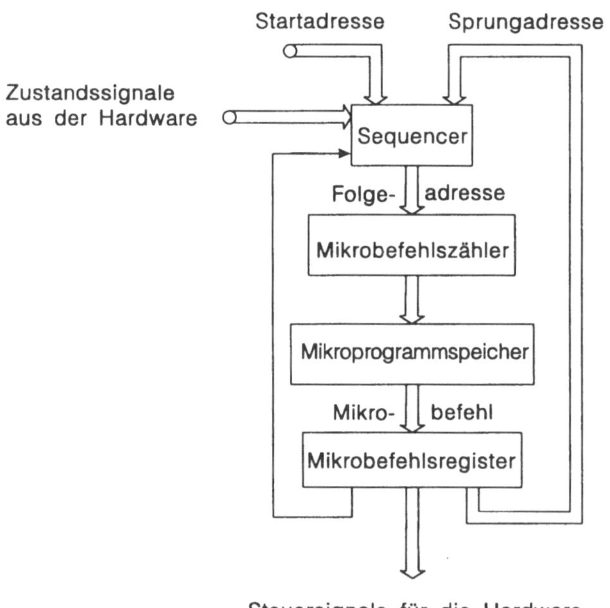

Bild 3-6 Prinzipstruktur eines Mikroprogrammsteuerwerkes

Derartige Firmwarekonstrukte residieren originär – und das gilt keineswegs nur für Prozeßrechner – vornehmlich in der Zentraleinheit, speziell im Zentral- sowie in den E/A-Prozessoren. Daneben tauchen sie immer häufiger in Peripherieeinheiten auf, die zur Erfüllung ihres Auftrages in irgendeiner Form mit Intelligenz, d.h. mit autonomer Programmsteuerung ausgestattet sein müssen. Die einschlägigen Gerätecontroller basieren dann großenteils auf diesem Konzept.

Ebenso werden aus den oben erläuterten Gründen auch Wartungs- und Fehlerdiagnoseabläufe vorteilhafterweise firmwaremäßig realisiert.

Hardware, Firmware und Systemsoftware, also der gesamte Lieferumfang des Prozeßrechners gemäß Bild 3-4, werden manchmal zu einem sog. *virtuellen Rechner* zusammengefaßt [MAR 76]. Dieses Gebilde bestimmt, da es bis zur Anwenderschnittstelle reicht, nach außen hin die Eigenschaften und das Verhalten des Prozeßrechnersystems. Als solches bietet es die Grundlage für eine anwendungsneutrale Leistungsbeurteilung.

3.3 Dualität von Anwendungs- und Systemsoftware

Die Schnittstelle zwischen dem anwendungs- und dem systemspezifischen Teil der Softwareausstattung darf nicht allein von der Lieferzuständigkeit bzw. Verantwortlichkeit her gezogen werden. Sie ist vielmehr – und sogar vorrangig – unter funktionalem Blickwinkel zu betrachten.

Anwendungsprogramme sind implementierte Lösungen von Automatisierungsaufgaben innerhalb eines bestimmten Prozeßgeschehens. Sie sind zwangsläufig auf diesen Prozeß ausgerichtet und müssen bei dortigen Änderungen oder Erweiterungen entsprechend angepaßt werden. Ihre Erstellung wird, weil hier der Prozeßrechner selbst im Mittelpunkt steht, nicht näher behandelt.

Formal läßt sich die Bearbeitung von Anwendungssoftware im Prozeßrechner ihrerseits wieder als Prozeß auffassen. Er umschließt das Laden, Starten, Unterbrechen, Fortsetzen und Beenden von Programmen (bzw. *Tasks*), aber auch die Einsatzsteuerung der dazu benötigten Betriebsmittel und die Verwaltung dieser *Tasks* samt ihrer zugehörigen Daten bzw. Dateien. Auch dieser äußerst umfassende, komplexe Prozeß bedarf zu seiner effizienten Gestaltung einer Automatisierung. Deren Organisation, also die Steuerung der vielschichtigen Arbeitsvorgänge innerhalb des Rechners obliegt der Systemsoftware (und zwar vornehmlich dem Betriebssystem). Während sie in technisch oder kommerziell orientierten Rechnern primär für einen ökonomisch optimalen Betriebsfluß, also einen höchstmöglichen Nutzungsgrad der Anlage zu sorgen hat (vgl. Abschnitt 2.2), geht es bei Prozeßrechnern um die Gewährleistung von Echtzeitverhalten und *Multitasking*. Infolgedessen ist hinsichtlich der Struktur, Funktionen und Prioritäten eine ganz andere Schwerpunktsetzung geboten.

Da die zu kontrollierenden Operationsabläufe im wesentlichen allgemeingültigen Gesetzmäßigkeiten unterliegen, nehmen sich die Kernelemente, die Grundstruktur und das Aufgabenspektrum der Systemsoftware in verschiedenen Rechnern weitgehend einheitlich aus. Andererseits sollen in ihre Auslegung auch spezielle Anforderungen eines technischen Prozesses einfließen können, z.B. Art und Anzahl anzuschließender Koppelelemente (Hardwarekonfiguration), Menge und Geschwindigkeit der auszutauschenden Daten, gewünschter Bedienungskomfort usw..

Um dennoch eine möglichst universelle Verwendbarkeit zu erreichen, zielt man bei der Spezifikation und Entwicklung der Systemprogramme auf eine hochgradige Modularisierung ab. Das bedeutet: Es werden eine Reihe standardisierter Programmbausteine mit sehr spezifischen Funktionen bereitgestellt, aus denen der Käufer eines Prozeßrechners die für ihn relevanten auswählen kann. Demnach ist die konkrete Gestalt auch der Systemsoftware in verschiedenen Rechnern (desselben Typs!) nicht zwangsläufig identisch, sondern eher auf die jeweiligen Bedürfnisse zugeschnitten, also in gewissem Umfange doch anwendungsabhängig [RÜB 83].

Die Komposition einzelner Programmodule aus einem vom Hersteller angebotenen Spektrum zu einem geschlossenen funktionsfähigen Gesamtgefüge bezeichnet man als *Systemgenerierung*. Sie wird erstmalig bei der Installation bzw. Inbetriebnahme des Rechners in Form von Bindedurchläufen vorgenommen und ist durchaus revidierbar. Später notwendige Ergänzungen, die entweder aus einer geänderten Gerätekonfiguration oder aus höheren Ansprüchen an den Leistungsumfang bzw. Komfort des Systems resultieren, lassen sich im Rahmen eines neuen Generierungsvorganges leicht berücksichtigen.

Erheblich tiefgreifender als das funktionale Nebeneinander von Anwendungs- und Systemsoftware sind deren vielfältige Wechselbeziehungen, die Kooperation, aber auch die Konkurrenz bezüglich ihrer Interpretation durch die Firm- und Hardwareebene. Diese echte Dualität erklärt sich aus dem Umstand, daß sich die Programme aus beiden Sektoren nach einem Zeitmultiplexmodus in die Benutzung der vorhandenen Ressourcen, insbesondere des Zentralprozessors, teilen müssen (vgl. Abschnitt 2.4). Steht nur ein einziger zur Verfügung, was noch immer als Regelfall gelten darf, so kann zu jedem Zeitpunkt nur eine Anwendungstask oder, alternativ hierzu, eine Systemtask ablaufen. Prozeßbezogene Funktionen wechseln sich in der Ausführung permanent ab mit organisatorischen Funktionen, die zum Anwendungsproblem selbst keinerlei Berührung aufweisen. Demzufolge unterscheidet man zwei prinzipielle Betriebszustände, in Graphenform illustriert durch Bild 3-7:

- *Anwendungszustand*: Bearbeitung von Anwenderprogrammen für aktuelle Automatisierungsaufgaben innerhalb des Objektprozesses,
- *Organisationszustand*: Bearbeitung von Systemprogrammen (typischerweise Betriebssystemroutinen) für Organisationsaufgaben innerhalb des Rechners.

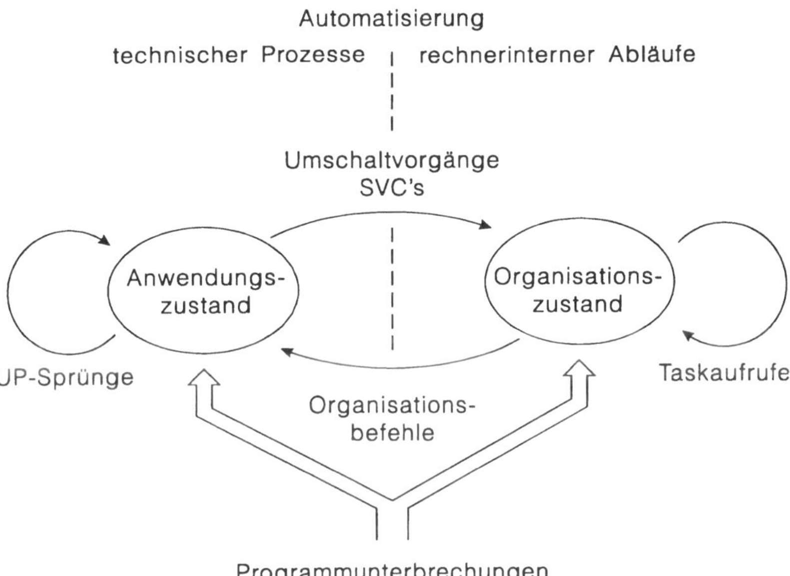

Bild 3-7 Wechselseitige Systemkontrolle durch Anwender- und Systemsoftware

Dieses grobe Schema wird im 7. Kapitel noch weiter differenziert werden. Je nach Prozeßsituation mit ihrem speziellen Profil des Aufgabenanfalles können evtl. bis etwa 50 Zustandswechsel pro Sekunde erforderlich werden. Deshalb kommt dem Durchführungsmodus und der Geschwindigkeit solcher Übergänge entscheidendes Gewicht für die Effizienz eines Prozeßrechners zu.

Ein Übergang ist in der Regel mit einem Taskwechsel (entsprechend den Kanten im Bild 3-7) verbunden, d.h. der Zentralprozessor wird der laufenden Task entzogen und einer anderen Task zugeteilt. Die Ursachen dafür wie auch die Realisierung können recht verschiedenartig sein. Speziell für das Verlassen des Anwendungszustandes existieren folgende Möglichkeiten:

a) Eine Task hat ihr natürliches Ende erreicht und erlischt.

b) Eine Task unterbricht sich selbst, indem sie entweder eine andere Anwender- oder eine Systemtask aufruft (*Softwareinterrupt*).

   Beispiele:

– Eine Task zur Berechnung von Stellgrößen für einen Regelkreis benötigt die Dienste einer Task zur Skalierung oder Mittelwertbildung bei eingelesenen Meßwerten.

- Eine Task veranlaßt einen E/A-Vorgang in einem Peripheriegerät; das geschieht grundsätzlich über eine Auftragsvergabe an das Betriebssystem, also gleichsam auf einem Umweg.

c) Eine Task wird durch einen Alarm unterbrochen, initiiert von einem Prozeßereignis mit höherer Priorität als sie die aktuelle Task besitzt (externer Hardwareinterrupt). Gleiches bewirken ein Ausfall der Energieversorgung sowie Bedienungseingriffe.

d) Anforderungen von Standardperipheriegeräten, das Ende eines voreingestellten Zeitintervalles oder eine erreichte Uhrzeit lösen eine Unterbrechung der laufenden Task aus (ebenfalls ein Hardwareinterrupt, allerdings ein interner). Hierher gehören auch Fehlermeldungen aus dem System.

Bei a) und b) wird der Übergang durch einen sog. *Supervisor Call* (SVC) vollzogen, also einen Aufruf der Betriebssystemkomponente Supervisor (siehe 7. Kapitel) durch eine Anwendertask. Dagegen bewerkstelligt in den Fällen c) und d) ein hardwaregesteuerter Programmsprung die quasi gewaltsame Verdrängung der Anwendertask durch eine Systemroutine.

Die umgekehrte Richtung (Wechsel vom Organisations- in den Anwendungszustand) wird stets aus der gleichen Situation heraus beschritten. Das Betriebssystem hat im Rahmen seiner Organisationsaufgaben zu ermitteln, welche Anwendertasks in welcher Weise weiterzubehandeln sind. Insbesondere wählt es gemäß einer Prioritätsskala diejenige Task aus, die als nächste vom Prozessor auszuführen ist. Deren Start bzw. Fortsetzung und damit den Übergang in den Anwendungsbetrieb realisiert es mit sog. Organisationsbefehlen; das sind privilegierte Maschineninstruktionen, deren Benutzung dem Anwendungsprogrammierer verwehrt ist.

Wie Bild 3-7 zeigt, impliziert ein Taskwechsel nicht generell auch einen Zustandsübergang. Innerhalb des Betriebssystems können sich analog zu Fall b) durchaus verschiedene Tasks gegenseitig aufrufen, ohne zwischenzeitlich einem Anwenderprogramm die Kontrolle über den Prozessor zu übertragen. Ebenso können Unterbrechungen aus dem Prozeß oder der Rechnerhardware Taskwechsel im Organisationszustand anstoßen und damit sogar dessen vorzeitiges oder verzögertes Verlassen bewirken. In ähnlicher Weise können sich Anwenderprogramme einander ablösen ohne Umweg über das Betriebssystem. Allerdings spricht man dann nicht von Taskwechsel, weil die Aufrufe von rein hierarchischer Art sind, also effektiv in Unterprogrammsprüngen und -rücksprüngen bestehen. Auch die gemeinsame Verwaltung legt es nahe, den Gesamtablauf als Task zu spezifizieren.

Das erwähnte Dualitätsproblem ist auch durch den Einsatz eines Mehrprozessorsystems nicht zu beseitigen. Selbst wenn zwecks Leistungssteigerung etwa vier zentrale Prozessoren zur Verfügung stehen, werden fast immer mehr Tasks zur gleichzeitigen Bearbeitung anliegen. Die Auswahl der dann vier höchstprioren, die notwendigen Taskwechsel und zusätzlich noch die Koordination der Prozessoren müssen wiederum von der Systemsoftware geleistet werden, so daß die Häufigkeit der Zustandsübergänge sogar anwachsen wird.

Ein relativ neuartiger Ansatz sieht die ausschließliche Reservierung eines Prozessors für Systemaufgaben vor. Er arbeitet also ständig im Organisationszustand und wird auch als Betriebssystem-Prozessor bezeichnet. Die Rentabilität dieses Konzeptes bezüglich Anwendungsprogrammdurchsatz und Reaktionsverhalten ist jedoch noch nicht hinreichend nachgewiesen. Eine sehr interessante, sogar in Mikroprozessoren praktizierte Alternative geht dahin, der Dualität beider Betriebszustände auf Architekturebene Rechnung zu tragen: einerseits durch privilegierte Befehle, die (hardwaregesichert!) nur im Organisationszustand ausführbar sind [INT 89, THI 92], andererseits durch Duplizierung bestimmter Funktionskomponenten, speziell Registersätze, was die Zustandsübergänge enorm beschleunigt.

4 Zentraleinheit

Als Zentraleinheit wird gemäß den Abgrenzungen in Abschnitt 3.1 der Rechnerkern aus zentralem(n) Prozessor(en), Hauptspeicher und Verbindungseinrichtungen verstanden, also unter Aussparung der physisch ebenfalls hier lokalisierten Kanalwerke. Er differiert bei Prozeßrechnern gegenüber anderen DV-Anlagen sowohl strukturell als auch funktional nur relativ geringfügig, wenngleich sein Aufgabenumfang um einige Spezifika erweitert ist, die das Echtzeitverhalten zu gewährleisten haben. Ansonsten gilt wie gewohnt: Der Hauptspeicher hält die wichtigsten Betriebssystemkomponenten sowie die lauffähigen bzw. aktuell benötigten Anwenderprogramme bereit einschließlich der dazu gehörigen Daten, Parameter, Tabellen usw.. Der (ggf. die) Prozessor(en) führen die einzelnen Programme aus, indem sie Daten verknüpfen, E/A-Operationen vornehmen oder veranlassen und in Abhängigkeit von bestimmten Größen logische Entscheidungen über den Programmablauf treffen.

Aufbau und Wirkungsweise von Zentraleinheiten allgemeiner Digitalrechner sind in der Literatur vielfach beschrieben worden. Wegen ihrer weitreichenden Übereinstimmung mit Prozeßrechnern braucht dies hier nicht wiederholt werden. Aus demselben Grund erübrigen sich Ausführungen über Befehlsstrukturen, gängige Befehlsvorräte, Adressierungsarten und sogar über die Technik der Befehlsinterpretation. Angeraten erscheint deshalb eine Konzentration auf einige wenige Phänomene, die für Prozeßrechner insofern typisch sind, als sie signifikante Abweichungen oder Ergänzungen im Vergleich zu anderen Rechnerkategorien darstellen.

4.1 Kommunikationsstrukturen

Für die Eigenschaften und Leistungsfähigkeit einer Zentraleinheit sind nicht nur Konzeption und Auslegung ihrer Komponenten ausschlaggebend, sondern gleichermaßen auch deren Möglichkeiten zur Kommunikation und Kooperation [GIL 93]. Zu klären ist also, welche Komponenten an welche anderen unter welchen Bedingungen in welchem Umfang nach welchen Vereinbarungen welche Art von Informationen übermitteln sollen. Davon ausgehend stellt sich die Frage nach Anzahl, Struktur und Nutzungstechniken der Verbindungswege zwischen Zentralprozessor, Hauptspeicher und den eher schon dem E/A-System zuzurechnenden E/A-Prozessoren bzw. -kanälen, wobei vorrangig die Speicherzugriffsberechtigung der übrigen Funktionseinheiten interessiert.

Die Festlegung einer Kommunikationsstruktur impliziert zwangsläufig eine Verbindungsstruktur, wenn auch keineswegs eindeutig. Für die Spezifikation ihrer Eigenschaften sind zahlreiche Einflußfaktoren zu beachten; unter ihnen gelten als wichtigste: der Charakter der Komponenten, deren räumliche Entfernungen untereinander, der zu erwartende Informationsdurchsatz, die Erweiterbarkeit (Modularität), die Folgen von Störungen bzw. Ausfällen und schließlich die Kosten sowohl der Leitungspfade selbst als auch der Schnittstellen an den Komponenten.

In älteren Rechnern war der Prozessor – es gab nur einen einzigen – die zentrale Schaltstation des gesamten Systems. Er besaß das Alleinzugriffsrecht zum Hauptspeicher, interpretierte alle Maschinenprogramme, und auch sämtliche E/A-Vorgänge für die Peripheriegeräte liefen über ihn. Letzteres wuchs sich gerade bei Prozeßrechnern, die ja einen außerordentlich extensiven E/A-Verkehr aufweisen, allmählich zur unerträglichen Belastung aus.

Man ist deshalb dazu übergegangen, den Anschlußeinrichtungen für die Peripherie (summarisch: E/A-System) eine eigenständige Zugangsmöglichkeit zum Hauptspeicher zu schaffen (Bild 4-1). Dazu wurden sie zum Teil mit Verarbeitungsfähigkeit und Programmsteuerung ausgestattet, effektiv also mit – wenn auch begrenzten – Prozessoreigenschaften. Folglich hießen sie alsbald *E/A-Prozessoren* als Pendant zu der jetzt *Zentralprozessor* genannten klassischen Universalverarbeitungseinheit aus Rechen- und Leitwerk. Dennoch blieb auch die allgemeinere Bezeichnung *E/A-Kanäle* weiterhin im Sprachgebrauch.

Als übersichtlichere und preisgünstigere Alternativlösung für den Zugangsweg zum Speicher am Zentralprozessor vorbei entwickelte sich daneben die Idee eines zentralen Bus; das ist ein System aus drei Leitungsbündeln mit der Funktion von Sammelschienen verschiedener Zweckbestimmung: Adreß-, Daten-, Steuerleitungen. An ihn läßt sich, wie Bild 4-2 zeigt, eine Vielzahl von Komponenten (allgemein: *Busteilnehmer* genannt) anschließen, sofern diese mit identischen Schnittstellen versehen sind. Wegweisend war hier der sogenannte Uni-

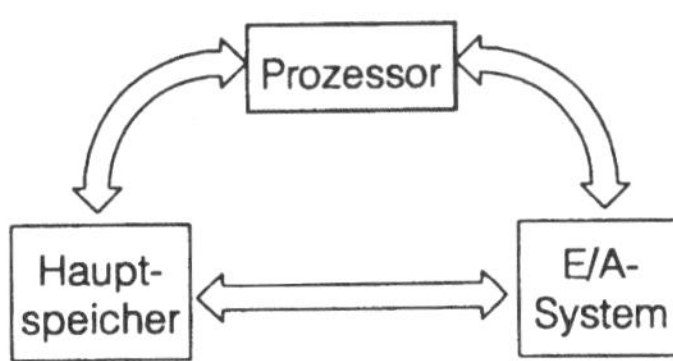

Bild 4-1
Individuelle Verbindungen zwischen den Hauptkomponenten

bus in der Rechnerserie PDP-11 [PaP 74]. Dadurch wird prinzipiell die Kommunikation jeder Einheit mit jeder anderen ermöglicht, was aber aus organisatorischen Gründen nicht zum Tragen kommt. Die Basisintention zentraler Busse besteht vielmehr im abwechselnden Datenaustausch (Zeitmultiplexmethode!) je eines Prozessors mit dem Speicher oder eines E/A- mit dem Zentralprozessor (ggf. auch zweier Zentralprozessoren in einem Mehrprozessorsystem).

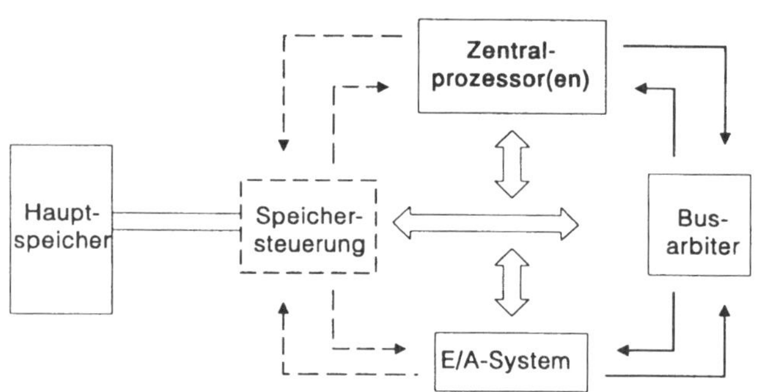

Bild 4-2
Zentraler Bus als gemeinsame Kommunikationsschiene

Offensichtlich bedarf es angesichts der oft simultan auftretenden Belegungswünsche einer präzisen Koordination. Diese Aufgabe erfüllt ein sogenannter *Busarbiter* – eine Funktionseinheit, die gar nicht selbst Busteilnehmer sein muß, sondern deren Anforderungen entgegennimmt und nach eingeprägtem – evtl. softwaremäßig änderbarem – Schema priorisiert. Als Ergebnis ihres Auswahlprozesses überträgt sie jeweils einem anfordernden Teilnehmer temporär die Master-Rolle, d.h. die Kontrollbefugnis für Buskommunikationen und insbesondere das Speicherzugriffsrecht. Bei einfacheren Organisationsformen, wo nicht Prozessoren miteinander, sondern jeder nur mit dem Hauptspeicher verkehren kann, genügt es, diesem eine Speichersteuerungseinrichtung (oder Vorrangwerk) vorzulagern; analog zum Busarbiter vergibt sie die verfügbaren Speicherzyklen an zugriffswillige Teilnehmer und weist ihnen damit auch den Bus zu.

In beiden Fällen muß sich die Funktionseinheit aufgrund der extrem hohen Geschwindigkeitsanforderungen auf eine Realisierung mit Hardwaremitteln abstützen; denn letztlich bestimmt die Anzahl der pro Zeiteinheit verfügbaren Buszyklen die Durchsatzleistung des Rechners ganz entscheidend mit. Sie darf daher nicht durch schwerfällige Zuteilungsmechanismen, die effektiv nur Verwaltungsaufwand darstellen, gedrosselt werden.

Beim erwähnten Unibus ging man so weit, auch Steuereinheiten von Peripheriegeräten als Busteilnehmer zuzulassen, mit dem Vorteil, daß man auf spezielle E/A-Befehle verzichten konnte. Der Zentralprozessor wickelt E/A-Operationen mit denselben Befehlen ab wie Speicherreferenzen und hat dafür auch das gleiche breite Spektrum zur Verfügung; die Unterscheidung zwischen Speicher und Peripheriesteuerung trifft er allein über die Adresse. Nachteilig ist hingegen, daß wegen der durchweg geringeren Arbeitsgeschwindigkeit der E/A-Anschlußeinheiten entweder die Durchsatzrate des Bus bzw. die potentielle Anzahl von Speicherzyklen nur unzureichend genutzt wird oder die Bedienungsprogramme im Zentralprozessor häufig gewechselt werden müssen. Beides resultiert in Leistungseinbußen der Zentraleinheit.

Andere prominente Beispiele für einen zentralen Bus mit einer Art Standardcharakter bilden der Multibus I und Multibus II (System aus mehreren verschiedenen Bussen) von Intel sowie der VME-Bus (Versa Module Europe) als Verbundspezifikation von Motorola, Mostek, Philips, Thomson [MOT 85, ZEL 86]. Die unteren Rechnerklassen von Baugruppen- bis zu Minirechnern werden durch solche Bussysteme eindeutig beherrscht, weil hier die einfache Erweiterbarkeit und die Zukaufsmöglichkeit von Drittanbietern im Vordergrund stehen. Oberhalb davon dominieren die herstellerspezifischen (proprietären) Lösungen.

Generell läßt sich feststellen, daß sich gemäß den oben genannten Kriterien der zentrale Bus für das Anforderungsprofil im Rechnerkern als günstigste Verbindungsstruktur erwiesen hat und deshalb exklusiv zum Tragen kommt; er wird hier auch als *Systembus* bezeichnet. Dagegen bieten sich für den peripheren Bereich mit dessen anders gearteter Kommunikationsstruktur durchaus bemerkenswerte Alternativen an (siehe Abschnitt 5.4).

Die Grenzen dieses Konzepttypus treten zutage, wo das peripherieseitige Datenaufkommen einen Schwellenwert erreicht, ab dem die Arbeit des Zentralprozessors spürbar behindert wird (Anschluß vieler E/A-Prozessoren mit hoher Übertragungsleistung), oder wo mehrere Zentralprozessoren parallel verschiedene Tasks ausführen sollen (Phänomen der Nebenläufgkeit). Hier erweist sich nicht nur der Bus als leistungsmindernder Engpaß, sondern auch der ganzheitliche Konstruktionscharakter des Hauptspeichers. Dem begegnet man durch Aufteilung des Speichers in p gleichartige Module sowie durch Installation von ebenfalls p unabhängigen Bussystemen; übliche Werte sind: $p = 2 / 4 / 8$. Wenn nun gemäß Bild 4-3 die Zentral- und E/A-Prozessoren jeweils mit allen Bussen verbunden sind, können augenscheinlich bis zu p Einheiten simultan über je einen Bus zu einem Speichermodul zugreifen und einen Datentransfer durchführen. Freilich müssen für jeden Bus und Speichermodul die Zugriffswünsche durch ein eigenes Vorrangwerk koordiniert werden.

Das dargestellte Geflecht von Kommunikationssträngen heißt seiner geometrischen Gestalt wegen Kreuzschienenverteiler. Er ist vom Leistungsvermögen her unübertroffen und bietet relativ hohen Schutz gegen Ausfallfolgen, aber er impliziert auch ein Maximum an Aufwand. Bei m Zentral- und n E/A-Prozessoren ergäben sich insgesamt $(m + n)^* p$ Koppelpunkte, die bei je ca. 50–100 Busleitungen immense Kosten verursachen können. Allerdings ist es durchweg nicht notwendig, jede Komponente auch an jeden Bus anzuschalten. Es genügt vielmehr, speziell die E/A-Prozessoren je auf nur einen Speichermodul zugreifen zu lassen. Dadurch reduziert sich die Anzahl der Koppelpunkte beachtlich, ohne daß im System effektiv nutzbare Übertragungskapazität in nennenswertem Maße verloren geht. Dies ist um so wichtiger, je komplexer die Anwendung und je dringlicher demzufolge die quasi oder sogar echt simultane Bearbeitung mehrerer Teilaufgaben ist.

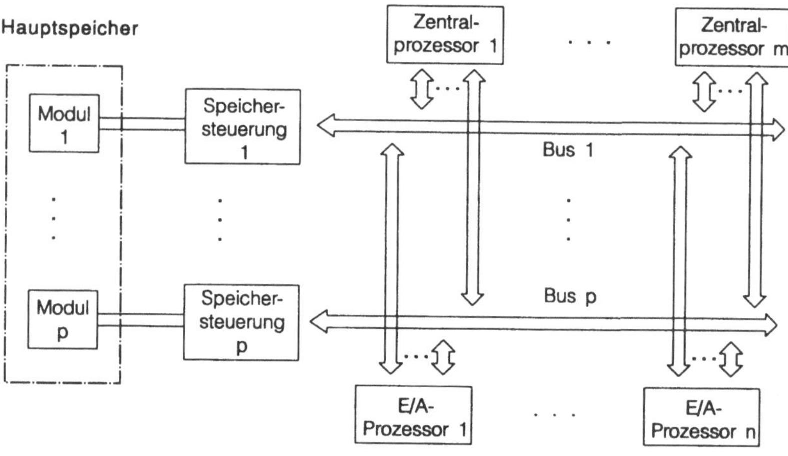

Bild 4-3 Kreuzschienenverteiler (Mehrfach-Bussystem)

Weniger kostspielige und daher praktikablere Lösungen verzichten auf den Universalcharakter eines zentralen Bus und verwenden statt dessen je einen Speicher- und E/A-Bus. Am letzteren sind in der Version von Bild 4-4 alle E/A-Kanäle zusammengefaßt. Für einen Teil von ihnen wird die Verbindung zum Speicherbus und damit zum Hauptspeicher über den Zentralprozessor hergestellt, für die anderen über eine DMA-(*Direct Memory Access*)-Einheit (vgl. Abschnitt 5.2). Diese Komponente ist imstande, Speicheroperationen mit hoher Geschwindigkeit, unabhängig und in Konkurrenz zum Zentralprozessor zu veranlassen. Als Ergänzung oder sogar als Bestandteil selbständig arbeitender Kanäle beschleunigt sie den peripheren Datenverkehr bzw. erlaubt ein vielfach größeres Anschlußvolumen. Außer ihr und dem durch sie entlasteten Zentralprozesor befindet sich am Speicherbus nur noch der Hauptspeicher selbst. Für ihn kann zwecks Steigerung der Zugriffsdichte ein modularer Aufbau beibehalten werden (Simultanbetrieb unabhängiger Module mittels Verschränkung der Speicherzyklen).

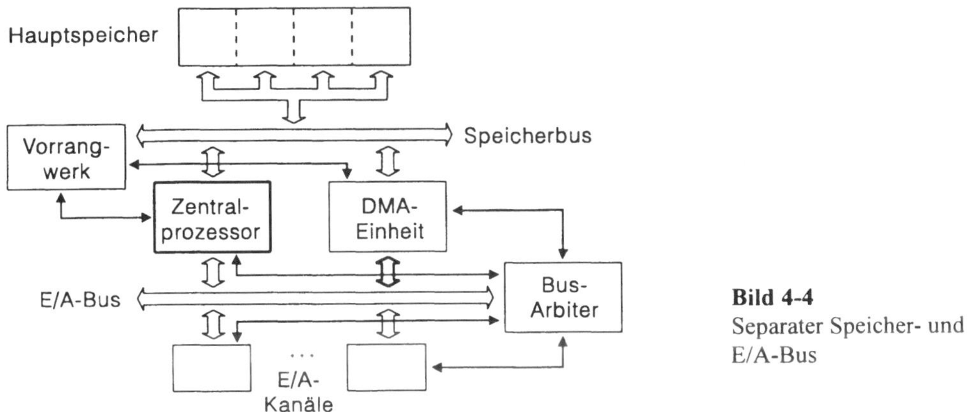

Bild 4-4
Separater Speicher- und E/A-Bus

Im Falle einer Überlastung der DMA-Einheit durch zu viele Kanäle mit zu hohen Datenaufkommen kann das System um weitere DMA-Controller ergänzt werden, die dann jeweils einen eigenen E/A-Bus bedienen. Mit ihnen wird jedoch der Zentralprozessor aus Aufwandsgründen nicht verbunden sein.

Um den verschiedenen Kategorien von E/A-Kanälen und Peripheriegeräten im Sinne einer maximalen Effizienz Rechnung zu tragen, bietet sich die Einführung zweier separater E/A-Busse an, wie es Bild 4-5 verdeutlicht. Den Kanälen bzw. E/A-Prozessoren für die Bedienung schneller Geräte (hohes Datenaufkommen) wird über je eine eigene oder über eine konzentrierte DMA-Einheit direkter Zugang zum Speicherbus und Hauptspeicher eingeräumt. Die Ähnlichkeiten der Transferraten und Kommunikationsprozeduren rechtfertigen die Installation eines darauf abgestimmten E/A-Bus 2. Langsame Geräte bzw. ihre zugehörigen Kanäle brauchen dieses Privileg nicht. Sie können deshalb entlang eines leistungsschwächeren E/A-Bus 1 angeordnet sein, von wo aus der Speicherbus allein über den Zentralprozessor zugänglich ist.

Typische Merkmale von Datenpfaden in der Zentraleinheit sind ihre hohe Übertragungskapazität und – fast als Vorbedingung dazu – ihre relativ kleine räumliche Ausdehnung. Je differenzierter die Kommunikationsstruktur gewählt wird, desto mehr Berücksichtigung können individuelle Erfordernisse finden. So drängt es sich auf, den Speicherbus besonders kurz, breit und schnell auszulegen, die E/A-Busse dagegen nur 16 Bit breit, aber länger und aus Kostengründen ggf. mit abgestuften Geschwindigkeiten. Letztlich entspricht es einer Weiterführung dieses Gedankens, Peripherie-Steuereinheiten nicht direkt, sondern über Kanäle an die E/A-Busse anzuschließen und dazwischen Datenpfade mit abermals anderem Leistungsprofil vorzusehen, die evtl. wiederum Busse sein können.

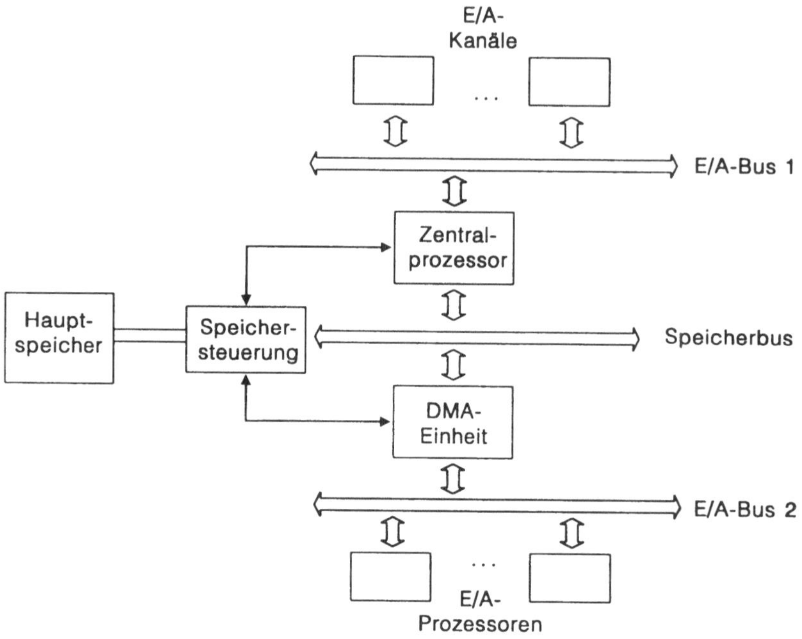

Bild 4-5 Speicherbus und zwei verschiedene E/A-Busse

4.2 Besonderheiten des Zentralprozessors

Bezüglich des Hauptspeichers sind zwischen Prozeß- und Universalrechner praktisch keine Unterschiede festzustellen, evtl. mit folgender Ausnahme: Zur Sicherung besonders wichtiger Daten und Programmteile gegen Ausfall der Energiezufuhr werden bei Prozeßrechnern manchmal in einem begrenzten Adreßbereich die hochintegrierten, aber flüchtigen Halbleiterspeicher durch eigene Batterien gepuffert. Alternativ dazu findet man auch die Ersetzung durch einen speziellen, allerdings sehr aufwendigen Typus von Halbleiterspeicher, bei dem der Inhalt jeder Bitzelle bei Energieausfall automatisch in eine Art beschreibbare ROM-Zelle gerettet und bei Spannungswiederkehr zurücktransferiert wird. In einzelnen besonders sensiblen Fällen werden sogar noch – nichtflüchtige! – Magnetkernspeicher verwendet.

Demgegenüber zeichnen die Zentralprozessoren von Prozeßrechnern doch einige Spezifika aus, um die geforderten Architekturmerkmale erfüllen zu können; indessen wurden manche davon dank ihrer Vorzüge auch auf andere Rechner übernommen. So gelten spezielle Rechenwerke, sei es zur Beschleunigung gleitkommaarithmetischer Operationen (Coprozessoren) oder zur parallelen Ausführung von Adreßrechnungen, längst als Allgemeingut.

A) Mehrfache Registersätze

Jedes in Bearbeitung befindliche Programm (Task) benötigt einen gewissen Kontext. Darunter versteht man die Gesamtheit von Angaben und Parametern, die zu jedem Zeitpunkt seinen aktuellen Zustand charakterisieren. Er umfaßt primär: die Adresse des nächsten Maschinenbefehls, in den Prozessor geholte Operanden oder Operandenadressen, angefallene Zwischenergebnisse, *Flag-Bits* zur Kennzeichnung solcher Ergebnisse oder Zählwerte, Prozessorstatus, Prioritätskennung der *Task*, Zeiger auf relevante Tabellen und insbesondere auf den *Stack*. Über die Speicherung von Unterprogrammparametern und Rücksprungadressen hinaus erleichtert das Anlegen Task-individueller Stacks wesentlich die Realisierung rekursiver Algorithmen und wiedereintrittsfähiger Programme. Letzteres ist gerade in der Prozeßrechentechnik sehr wichtig, weil hier aufgrund aktuell anfallender Aufgaben oft mehrere Tasks über demselben Programm gestartet werden müssen, die sich auch bei zeitlicher Überlappung nicht gegenseitig stören dürfen.

Den erwähnten Kontext beschreibt ein *Task Control Block* (TCB) oder ein *Program Status Word* (PSW), auch Taskleitblock oder Tasksteuerwort genannt [WER 84]. Nur für die gerade auszuführende Task wird er ganz oder mit seinen wichtigsten Teilen in den Rechen- bzw. Leitwerkregistern des Zentralprozessors gehalten, für alle anderen dagegen in eigenen Hauptspeicherbereichen. Das bedeutet: Er muß, wenn eine laufende Task unterbrochen wird, in den Hauptspeicher zurückgebracht (gerettet) werden, um Platz zu schaffen für das Laden des jetzt benötigten TCB (siehe Bild 4-6). Zu jedem Taskwechsel im Prozessor gehört also eine sogenannte *Kontextumschaltung*.

Von deren Geschwindigkeit wird wegen der üblicherweise hohen Taskwechselfrequenz die Durchsatzleistung und speziell die Reaktionszeit eines Prozeßrechners maßgeblich abhängen. Der Zeitbedarf für die Umschaltung läßt sich durch Befehle verringern, die dank ihrer Mächtigkeit den Inhalt eines ganzen Registersatzes gebündelt zum Hauptspeicher oder umgekehrt zu transferieren vermögen. Über diese Möglichkeit verfügen bereits Standard-Mikroprozessoren wie der 80386. Noch günstigere Verhältnisse ergeben sich, wenn es gelingt, diese Operationen wenigstens teilweise zu vermeiden. Sie wären überflüssig, falls es für jede Task einen separaten Registersatz im Prozessor gäbe, was aus Aufwandsgründen natürlich illusorisch ist.

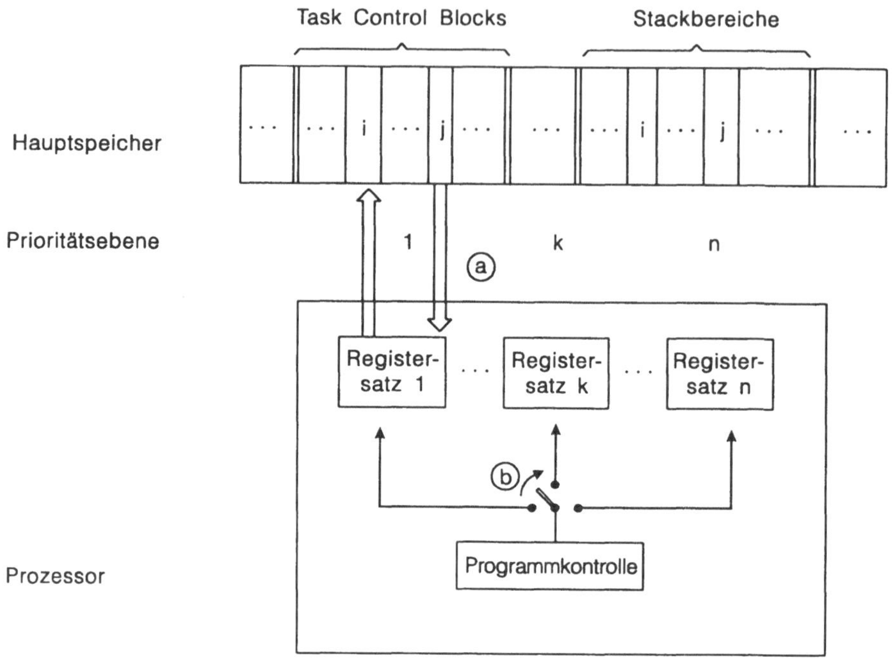

Bild 4-6 Taskwechsel durch
a) Austausch der Task Control Blocks zwischen Arbeitsregistern und Hauptspeicher
b) Umschalten auf anderen Registersatz

Ein praktikabler Kompromiß ist indes bereits die Installation von n Registersätzen, etwa mit $n = 2 / 4 / 8 / 16$, wobei speziell für den Organisations- und Anwendungszustand des Rechners verschiedene Sätze vorgesehen sein können. Zweckmäßigerweise wird man jeder Prioritätsebene (vgl. Abschnitt 2.5) einen Registersatz zuordnen [PaP 74]. In diesem Falle verlangt ein Taskwechsel mit Ebenenübergang allein ein Umschalten zwischen zwei Registersätzen, was mit einem einzigen (privilegierten!) Maschinenbefehl, also evtl. in weniger als 1 µs zu bewältigen ist (Bild 4-6). Lediglich bei Übergängen innerhalb derselben Prioritätsebene ist weiterhin ein relativ zeitraubender Austausch zweier TCB's (PSW's) zwischen Prozessor und Hauptspeicher vorzunehmen. Bei geschickter anwendungsorientierter Ebenenzuweisung der Tasks läßt sich somit eine im Durchschnitt kurze Kontextwechseldauer und folglich eine sehr rasche Rechnerreaktion auf Prozeßereignisse erzielen.

B) Privilegierte Befehle

Sie wurden im Abschnitt 3.3 eingeführt als Befehle, die der Benutzung durch den Systemprogrammierer vorbehalten und daher nur im Organisationszustand des Rechners ausführbar sind. Als solche sind sie noch keineswegs Prozeßrechner-typisch; denn auch anderweitig obliegen bestimmte Aufgaben – vor allem aus Sicherheits- und Rationalitätsgründen – ausschließlich dem Betriebssystem. So werden privilegierten Befehlen wichtige Einzelaktionen im Rahmen des Systemanlaufes, der Koordination von Aufträgen, der Betriebsmittelvergabe, Dateiverwaltung (speziell: Einträge und Entnahmen in Systemtabellen), Einleitung und Steuerung von E/A-Vorgängen, Taskwechsel, Fehlerbehandlungen usw. übertragen [INT 89].

Bei Prozeßrechnern werden sie darüber hinaus für spezifische Aktionen benötigt, wie etwa Umschalten der Programmkontrolle auf anderen Registersatz, Änderung der Prioritäten, Initialisierung von Schutzmaßnahmen, Absetzen von Warteaufträgen, Einstellen von Zeitintervallen. Für alle diese Dienste stehen entweder originäre Maschinenbefehle zur Verfügung, die im Anwendungsrepertoire nicht enthalten sind, oder eigens darauf abgestimmte Makroanweisungen.

C) Schutzeinrichtungen

Der Begriff subsumiert ein ganzes Bündel an hard- und softwaretechnischen Vorkehrungen, die den besonders hohen Anforderungen an die Betriebssicherheit und Fehlerfreiheit der Prozeßrechner gerecht werden sollen. Sie richten sich schwerpunktmäßig gegen folgende Fehlerarten:

a) Ausfall der Netzspannung

Angesichts der Empfindlichkeit vieler Objektprozesse ist eine spontane Unterbrechung der Energiezufuhr nicht tolerierbar. Zur Überbrückung von Störungen im Versorgungsnetz ist deshalb entweder ein Notstromaggregat zu installieren oder eine Batteriepufferung, die zumindest so lange einen ordnungsgemäßen Betrieb aufrechterhält, bis das System kontrolliert heruntergefahren ist. Dabei löst ein Absinken der Spannung im Netzgerät unter einen Schwellenwert einen Interrupt höchster Priorität aus. Das dadurch aktivierte Service-Programm rettet den aktuellen Bearbeitungsstatus im Prozessor sowie die wichtigsten Datenbereiche im Hauptspeicher durch Auslagerung auf einen nichtflüchtigen Speicher (EEPROM als überschreibbarer Festwertspeicher bzw. magnetischer Kern- oder Plattenspeicher). Sodann überführt es den Rechner nach ausgeklügelter Prozedur in einen anwendungsspezifisch definierten Sicherheitszustand.

Ein anderes Programm sorgt nach Wiederkehr der Sollspannungswerte für einen regulären Wiederanlauf des Systems, bei dem alle Register- und Speicherinhalte restauriert werden und der ursprüngliche Zustand exakt rekonstruiert wird.

b) Befehlscodefehler

Um den Charakter der privilegierten Befehle zu wahren, muß im Anwendungszustand des Rechners jede Instruktion anhand ihres OP-Codes geprüft werden, ob sie überhaupt ausgeführt werden darf. Desgleichen werden in beiden Betriebsmodi alle OP-Codes daraufhin untersucht, ob sie dem definierten Vorrat entstammen. Erkannte Regelverletzungen – etwa als Folge von Übersetzungsfehlern oder Manipulationen – resultieren im Abbruch der Task und in einer Fehlermeldung an das Betriebssystem.

c) Adreßfehler

Da den einzelnen Tasks generell verschiedene Unteradreßräume im Hauptspeicher zugeordnet sind, besteht vor allem bei noch nicht voll ausgetesteten Programmen die Gefahr, daß sie in fremde Bereiche hineingreifen und dort andere Programm- oder Datenteile zerstören. Ähnlich fatal wären Zugriffe auf Adreßzonen, die grundsätzlich für Überschreiben oder für Lesen durch unbefugte Anwender gesperrt sein sollen. In beiden Fällen greift man zu Mitteln des Speicherschutzes.

Entweder wird jede vorgelegte Adresse kontrolliert, ob sie zwischen vereinbarten Grenzen liegt, oder kleinere Speichersegmente werden mit je einigen Schutzbits ausgestattet, deren Belegung eine Aussage über die zulässigen Zugriffsarten liefert. Ebenfalls durch Vergleich aktueller Adressen mit zuvor eingestellten Eckwerten läßt sich vermeiden, daß der einer Task zugewiesene Stackbereich überschritten oder daß auf Speicherplätze zugegriffen wird, die – wegen Verzichtes auf vollständige Bestückung des Adreßraumes mit Speicherbausteinen – physikalisch gar nicht implementiert sind.

d) Datenfehler

Bei verketteten arithmetischen Transformationen kann es zu einer Überschreitung des spezifizierten Wertebereiches kommen, oder es werden gar unzulässige Operationen ausgeführt, wie etwa Division durch Null. Weiterhin können bei den Rechenschritten oder während der Speicherungsdauer einzelne Bits eines Wortes verfälscht werden. Als Gegenmaßnahme werden alle Informationen byteweise mit einem Paritätsbit abgesichert, was eine einfache Fehlererkennung gestattet. Vielfach wird sogar die Redundanz pro Speicherwort so vergrößert, daß eine selbsttätige Korrektur von Einzelbitfehlern mit reinen Hardwaremitteln möglich ist (Hamming-Codes).

e) Zeitüberschreitung

Eine Reihe kritischer Funktionen – vor allem im E/A-Bereich – vermag bei Eintritt einer Störung durchaus einen Systemstillstand zu provozieren, etwa wenn eine erwartete Reaktion ausbleibt oder ein Programm in einer Endlosschleife hängen bleibt. Häufig läßt sich allerdings deren maximale Ausführungsdauer relativ gut abschätzen. So bietet es sich an, diese Funktionen daraufhin zu kontrollieren, ob sie innerhalb einer vorgegebenen Zeitspanne abgeschlossen sind. Der Negativfall wird durch einen sog. Time-out-Alarm kenntlich gemacht, aus dem man mit Gewißheit auf einen Fehler schließen kann.

In allen diesen geschilderten Fehlersituationen wird schnellstmöglich die laufende Task verlassen und mit einer entsprechenden Meldung das Betriebssystem aufgerufen.

Über diese Besonderheiten hinaus werden an die Struktur und Organisation des Zentralprozessors qualitativ keine speziellen Anforderungen gestellt; denn die Echtzeitfähigkeit (schritthaltende Verarbeitung) wird fast ausschließlich durch das Betriebssystem eingebracht. Notwendig ist allein eine Unterbrechbarkeit der aktuellen Task durch eintreffende Interrupt-Signale (hardwaretechnischer Eingriff!) – vorzugsweise über separate Eingänge für maskierbare und nicht maskierbare Interrupts –, was aber schon bei Standardprozessoren längst realisiert ist.

Was den technologischen Aufbau des Prozessorkerns betrifft, so findet man in den oberen Leistungsklassen vorwiegend Mehr-Chip-Lösungen auf der Basis von ASIC-Bauelementen vor. Unterhalb der Minirechnerklasse, wo große Stückzahlen und zugleich hoher Kostendruck vorherrschen, greift man dagegen zu einem der zahlreich verfügbaren Standard-Mikroprozessor-Typen. Die einschlägige Szene wird seit einem knappen Jahrzehnt zunehmend durch die Gattung der sogen. *RISC-Prozessoren* (Reduced Instruction Set Computer) bereichert, die einen deutlichen Kontrapunkt zu den *CISC-Prozessoren* (Complex Instruction Set Computer) setzen sollten.

Die Diskussion um das Für und Wider dieser beiden Entwicklungslinien ist mittlerweile in ruhigere Bahnen eingeschwenkt und aus der Sicht von Prozeßrechnern auch relativ wenig relevant. Die Zielsetzungen, wie höchstmögliche Verarbeitungskapazität (Durchsatzleistung) oder weitreichende Betriebssystem-Unterstützung, sind in beiden Fällen identisch, jedoch werden sie methodisch sehr unterschiedlich angegangen.

Beim CISC-Ansatz stattete man den Assemblerbefehlsvorrat mit relativ vielen (bis etwa 300) und teilweise sehr komplexen (mitunter exotischen) Befehlen aus. Damit konnte man Konstrukte aus höheren Programmiersprachen auf eine nahezu minimale Anzahl von Maschineninstruktionen abbilden und folglich den Objektcode sehr kompakt halten. Demgegenüber versuchte man beim RISC-Konzept, die Maschinenbefehlsformate möglichst einheitlich und kurz zu gestalten als Vorbedingung für eine sehr rasche und eventuell direkte Interpretierbarkeit der Befehle durch die Logikschaltungen, wobei die Mikroprogrammebene erheblich zusammenschrumpft. Als Konsequenz kommt man mit weniger Taktperioden pro Befehlszyklus aus, die zudem noch kürzer dimensioniert werden können (höhere Arbeitsfrequenz). Zu diesem Zweck muß man allerdings auf die komplexeren Instruktionen verzichten, darunter auf die meisten mit einer Speicherreferenz, und deren Funktionalität ggf. mit einer Sequenz aus mehreren der verbliebenen einfachen Anweisungen nachbilden. Weil der Taskfortschritt eine spürbare Beschleunigung erfährt, wenn in möglichst vielen Fällen Operanden nicht erst aus dem Speicher geholt werden müssen, sondern schon in internen Arbeitsregistern bereitstehen, wird deren Anzahl großzügig bemessen (von 32 bis über 100) [SaS 92]. Angesichts dieser konzeptionellen Maßnahmen stellt die namensgebende Reduktion des Befehlsvorrates eher ein Nebenprodukt als ein Instrument dar; die substantielle „Entrümpelung" des Repertoires ist viel wesentlicher.

Die Überlegenheit der einen oder anderen Entwicklungsstrategie ist trotz großer Anstrengungen beiderseits bislang noch nicht nachgewiesen und evtl. auch schwer nachweisbar, wenngleich Benchmark- oder vergleichbare Tests den RISC-Prozessoren für eine Reihe von Anwendungsklassen (insbesondere rechenintensive!) die besseren Ergebnisse bescheinigen. Diese Ungewißheit manifestiert sich nicht zuletzt in der Zweigleisigkeit, mit der manche Hersteller ihr Mikroprozessor-Geschäft betreiben. So forciert Intel sowohl die CISC-Linie mit 80X86 und Pentium als auch den RISC-Zweig mit i860 und i960, desgleichen Motorola mit den Familien 680X0 bzw. 88100. Der Markt nimmt solche Doppelangebote durchaus innovativ auf. So ist beispielsweise eine VME-Bus-gerechte Prozessorsteckkarte erhältlich, die für die Anwendungsaufgaben mit einem i860 bestückt ist und zusätzlich einen 68030 beinhaltet. Letzterer ist ausschließlich als Betriebssystem-Prozessor eingesetzt und dabei auch für die Kommunikation mit der Peripherie zuständig.

Aus dem Blickwinkel der Prozeßrechner-Anforderungen könnten RISC-Prozessoren wegen des schnelleren Taskwechsels und der resultierenden kürzeren Reaktionszeit, aber auch wegen des geringeren Chipflächenbedarfes und der so gegebenen Integrationsmöglichkeit von reichlich Peripherieeinheiten allmählich die Führung übernehmen; klare Präferenzen zeichnen sich jedoch bislang nicht ab. Andererseits steht wohl zu erwarten, daß sich die beiden Organisationsformen mit der Zeit wieder aufeinander zu bewegen und dabei ihre originären Vorzüge weitgehend verschmelzen werden.

4.3 Unterbrechungssystem

Die Bedeutung einer hocheffizienten Abwicklung von Programmunterbrechungen mit der Möglichkeit, die gerade laufende Task durch eine andere abzulösen, war speziell für Prozeßrechner bereits im 2. Kapitel hervorgehoben worden. Deshalb muß das grundsätzlich auch sonst vorhandene Unterbrechungssystem hier auf größeres Leistungsvermögen angelegt, differenzierter ausgebaut und mit höherem Stellenwert versehen sein.

4.3.1. Unterbrechungsarten

Fast alle Unterbrechungen führen zur direkten Aktivierung des Betriebssystems und folglich zum Übergang in den Organisationszustand (Abschnitt 3.3). Gleichwohl erweisen sich die Durchführungsmodi sowie die dabei involvierten Systemkomponenten, vor allem das Ausmaß der Hardwareunterstützung, keineswegs als einheitlich. Sie sind nicht nur von einem Rechnermodell zum anderen recht verschieden, sondern auch wesentlich auf Ursprung und Typus des unterbrechenden Ereignisses ausgerichtet. Zweckmäßigerweise unterscheidet man folgende Unterbrechungsarten (Tabelle 4-1):

Tabelle 4-1 Ursachen für eine Taskunterbrechung

<table>
<tr><th colspan="4">Software-Interrupts (SVC's)
(synchron zur aktuellen Task)</th></tr>
<tr><th colspan="2">Programmierte</th><th colspan="2">Fehlerbedingte</th></tr>
<tr><td colspan="2">Aufruf von Anwendertasks
Reguläres Taskende
Anforderung von Betriebssystemdiensten (Warteaufträge, E/A-Aufträge, Zeitvorgaben)</td><td colspan="2">Befehlscodefehler
Adreßfehler
Datenfehler</td></tr>
<tr><th colspan="4">Hardware-Interrupts
(asynchron zur aktuellen Task)</th></tr>
<tr><th rowspan="2">Interne</th><th colspan="3">Externe</th></tr>
<tr><th>Betriebsbedingte</th><th>Bedienerseitige</th><th>Prozeßseitige</th></tr>
<tr><td>Eintretende Uhrzeit
Wartezeitablauf
Störungen/Defekte an Betriebsmitteln
Fertigmeldungen von Peripheriegeräten</td><td>Energieausfall und -wiederkehr</td><td>Kommandos
Wertevorgaben
Sonstige Eingriffe</td><td>Alarme
(Anforderungen und Meldungen aus der Prozeßperipherie)</td></tr>
</table>

A) Software-Interrupts

Sie gehen charakteristischerweise von der laufenden Task aus, sind also synchron zu ihr, und resultieren entweder aus der beabsichtigten Wirkung oder der fehlerhaften Interpretation des aktuellen Maschinenbefehls.

a) Programmierte

Sie werden vom Anwender gezielt herbeigeführt und beziehen sich auf das Ende dieser Task, den Aufruf einer anderen Task, die Einleitung oder Anforderung sonstiger Betriebssystemdienste, wie etwa die Erteilung von Warteaufträgen, Zeitvorgaben, Einleitung von E/A-Vorgängen usw..

b) Fehlerbedingte

Sie heißen mitunter auch *Exceptions* und werden durch Ansprechen der im Abschnitt 4.2 erwähnten Schutzeinrichtungen gegen Befehlscode-, Adreß- und Datenfehler generiert.

Hier wird bedarfsweise noch unterschieden zwischen

- *Traps*, die erst nach Abschluß der verursachenden Instruktion wirksam werden (z.B. Paritätsfehler);
- *Faults*, die unmittelbar bei Erkennung, also inmitten eines Befehlszyklus zum Abbruch führen (z.B. versuchte Privilegsverletzung); die Ausführung der davon betroffenen Befehle ist nach Beseitigung des Fehlers bzw. seiner Ursache zu wiederholen.

Einschlägiges Realisierungsinstrument ist jeweils ein Systemaufruf (*Supervisor Call*). Falls Hardwareeinrichtungen bei der anschließenden Behandlung mitwirken sollen, werden sie erst von dort aktiviert.

B) Hardware-Interrupts

Sie werden von anderen Aktivitäten als der laufenden Task verursacht und verhalten sich demnach prinzipiell asynchron zu ihr. Kennzeichnend ist, daß sie mit hardwaretechnischen Mitteln ausgelöst oder zumindest erfaßt und dem Betriebssystem zugetragen werden. Das auslösende Ereignis kann sowohl im Innern des Rechners als auch in dessen Umgebung, insbesondere im Objektprozeß, stattfinden.

a) Rechnerinterne

Zu ihnen rechnet man die terminlich genau fixierten Ursachen, wie Eintritt einer bestimmten Uhrzeit oder Ablauf einer Wartezeit. Außerdem gehören alle gerätetechnischen Störungen oder Defekte in der Zentraleinheit, im E/A-System und in der Peripherie dazu, ebenso Fertigmeldungen, mit denen Kanäle den Abschluß eines kompletten E/A-Auftrages anzeigen.

Hingegen führen Anforderungen von Standardperipheriegeräten nur in manchen Fällen zu Unterbrechungen, etwa wenn sie von zentralgesteuerten Kanälen vorgebracht werden (siehe Abschnitt 5.2) und demnach vom Zentralprozessor zu behandeln sind. Die meisten werden von autonomen

Kanälen oder E/A-Prozessoren abgefangen und in zeitlicher Überlappung mit den Aktivitäten des Zentralprozessors selbständig bearbeitet.

Externe Interrupts erwachsen aus recht verschiedenen Quellen:

b) *Betriebsbedingte*
Als gravierendster Unterbrechungsgrund überhaupt sind Ausfälle der Energieversorgung anzusehen, sofern sie durch Sicherheitsvorkehrungen nicht beherrscht werden und daher den Betrieb lahmzulegen drohen. Auch die Spannungswiederkehr löst eine Unterbrechung aus, um einen kontrollierten Anlaufvorgang starten zu können.

c) *Bedienerseitige*
Hierunter fallen Eingriffe durch den Benutzer bzw. Operateur, sei es in Form von Steuerungskommandos oder von Vorgaben mit Datencharakter, wie etwa Sollwerte, Führungsgrößen oder Regelungsparameter.

d) *Prozeßseitige*
Anforderungen und Meldungen verschiedenster Art und Herkunft aus dem Prozeß als dem zu steuernden Objekt werden pauschal als Alarme betitelt, auch wenn sie nicht unmittelbar auf Gefahrenzustände hinweisen. Vielmehr signalisieren sie in der Regel das Bereitstehen eines Meßwertes, den Bereichsübergang einer Prozeßgröße, den Zustandswechsel eines Schalters, den Vollzug eines Stellbefehls, einen Zählimpuls, einen gefüllten oder entleerten Datenpuffer, eine Empfangsquittung u.v.a.m.

Offenbar sind solche Alarme zusammen mit den Zeitereignissen und gegenseitigen Taskaufrufen die eigentlich Prozeßrechner-spezifischen Unterbrechungsarten. Zwar aktivieren sie ebenso wie die übrigen Ursachen die zuständigen Betriebssystemkomponenten, aber sie nehmen oft nur deren Vermittlungsfunktion in Anspruch. Effektiv ist dies lediglich ein Umweg zum Start des teilweise individuell auf eine Unterbrechung zugeschnittenen Behandlungsprogramms (vgl. Abschnitt 2.2).

Soft- und Hardware-Interrupts, ganz besonders aber Prozeßalarme, können situationsbedingt u.U. sehr gehäuft auftreten, sei es gleichzeitig oder in so dichter Folge, daß die Behandlung des laufenden beim Erscheinen des nächsten noch nicht abgeschlossen ist. Es entsteht also eine Konkurrenz unter den Unterbrechungsereignissen, die i.a. mittels eines Prioritätsschemas geregelt wird. Im Abschnitt 2.5 wurde ausgeführt, daß jedes Ereignis einen Rang zugewiesen erhält – bei Alarmen vom Anwender, bei den übrigen Interrupts vom Systemarchitekten – , der seiner relativen Wichtigkeit im Gesamtrahmen entspricht. Die daraus hervorgehende Staffelung der Unterbrechungsursachen liefert eine Prioritätsskala für die Reihenfolge ihrer Bearbeitung im Konfliktfall. Höchste Dringlichkeit genießen auf der Hardwareseite Spannungsausfälle, weil sie den Betrieb als ganzes gefährden, und auf der Softwareseite Unregelmäßigkeiten in der Befehlsinterpretation.

4.3.2. Unterbrechungsablauf

Da der Prozeßrechner auf einschlägige Ereignisse nicht immer unverzüglich reagieren kann, sondern ihre Behandlung evtl. zugunsten anderer zurückstellen muß, ist es sinnvoll, zu unterscheiden zwischen einer effektiven Programmunterbrechung und einem von irgendeiner Quelle ausgelösten Unterbrechungsverlangen (*Interrupt Request*). Während sich softwareseitig erzeugte Anforderungen – fast definitionsgemäß – direkt durchsetzen, müssen die hardwarebedingten zuerst angemeldet und dann in einem oftmals komplizierten Prüf- und Auswahlprozeß analysiert, geordnet und bewilligt werden.

Kardinalproblem jeder Unterbrechung ist die Sicherung des aktuellen Verarbeitungsstatus der zu verlassenden Task, so daß sie nach Beendigung einer zwischengeschobenen höherprioren Aufgabe unter denselben Bedingungen fortgeführt werden kann, als hätte keine Unterbrechung stattgefunden.

Die wesentlichen Schritte eines solchen Vorganges sind im Ablaufdiagramm von Bild 4-7 dargestellt. Wenn ein Unterbrechungsverlangen als Signalgröße erscheint, wird zunächst seine aktuelle Zulässigkeit geprüft. Darüber kann softwaremäßig mittels einer Binärstelle innerhalb eines Maskenwortes verfügt werden, das gleichsam als ein dem Rechnerkern vorgeschaltetes Filter fungiert. Ein sogenanntes *Unterbrechungswerk* registriert die Anforderung und quittiert sie an das auslösende Gerät bzw. Programm, kurz: die Interrupt-Quelle. Eine effektive Unterbrechung verbindet sich damit nicht automatisch; denn die laufende Task ist häufig so zeitkritisch oder in ihren Funktionen so sensitiv für das Gesamtsystem, daß sie nicht verzögert bzw. ausgesetzt werden darf. Für diesen Fall existiert eine *Unterbrechungssperre* mit der Wirkung einer Globalmaske. Sie wird stets vor Eintritt in einen kritischen Programmabschnitt per Software gesetzt und nach dessen Verlassen gelöscht. So wird sie auch als erste Maßnahme gesetzt, nachdem die Anforderung ins Prozessor-Leitwerk durchgedrungen ist.

Falls aus der Art der Interrupt-Request-Meldung deren Quelle bzw. Ursache noch nicht ersichtlich ist, muß sie explizit identifiziert werden. Dazu bedarf es der Suspendierung der laufenden Task nach Abschluß des aktuellen Maschinenbefehls sowie der Rettung ihres Status, d.h. Transfer der einschlägigen Registerinhalte in den Hauptspeicher bzw. Umschalten des Registersatzes. Danach wird durch Laden des Befehlszählers mit der Anfangsadresse zu einer Systemroutine gesprungen, die eine unspezifizierte Anforderung genau analysiert und neben deren Ursprung auch ihre Priorität feststellt. Daraufhin bzw. aus der im Request evtl. bereits mitgelieferten Kennung läßt sich systemseitig über den Verarbeitungsfortgang entscheiden.

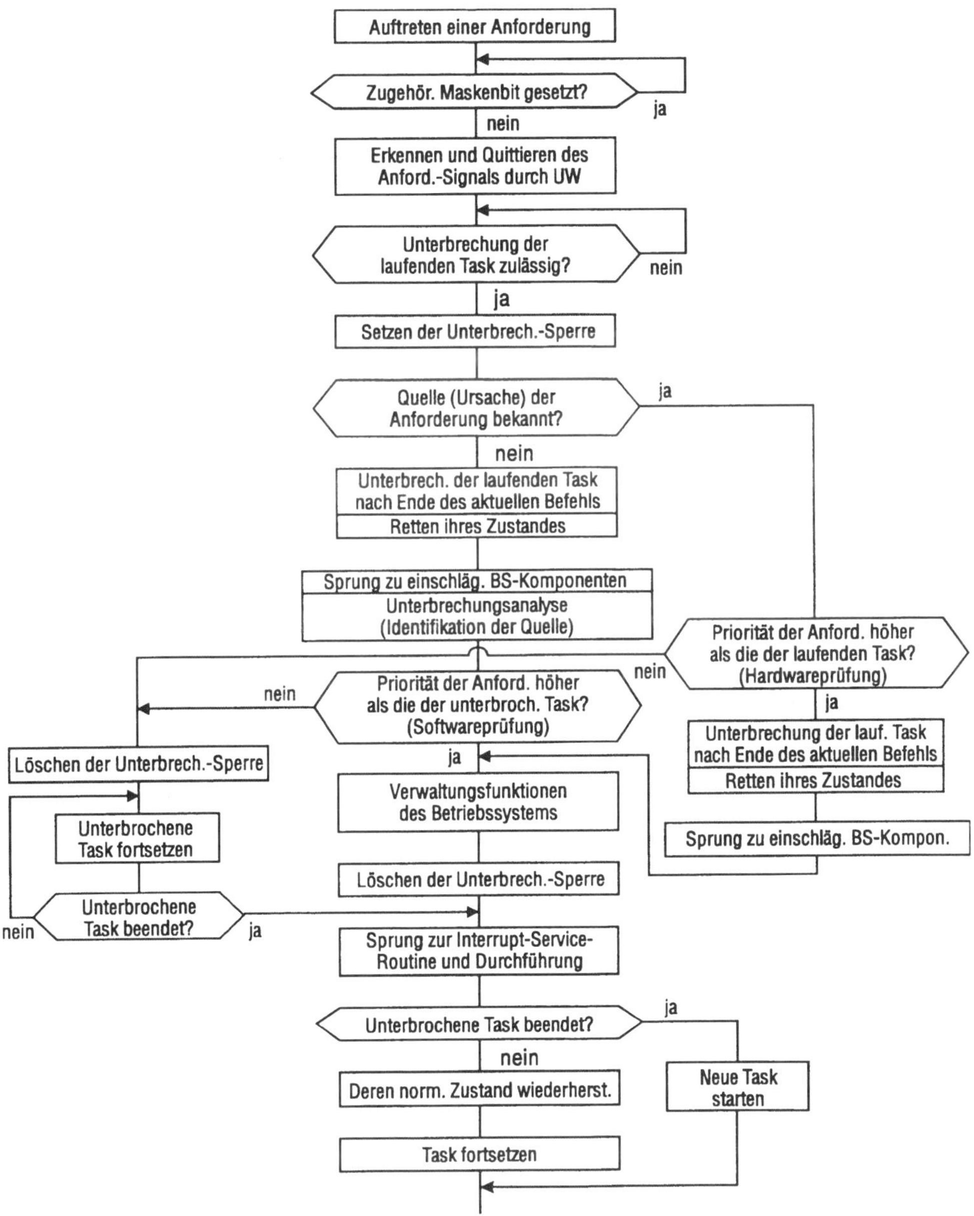

Bild 4-7 Logischer Ablauf einer Programmunterbrechung

Je nach Interrupt-Organisation des Prozeßrechners wird entweder mit Software- oder mit Hardwaremitteln geprüft, ob die Dringlichkeit der Anforderung eine vorgezogene Bearbeitung rechtfertigt. Besitzt die gerade unterbrochene bzw. noch laufende Task mindestens gleich hohe Priorität, so wird sie – ggf. nach

Rekonstruktion ihres letzten Status – fortgesetzt, und die verlangte Reaktion auf den Interrupt wird zurückgestellt. Andernfalls übernimmt die zuständige Service-Routine die Systemkontrolle. Sie kann ihrerseits wiederum die Auftrags-, Task- und Betriebsmittelverwaltung in Aktion treten lassen, um den Übergang zu einer geeigneten Bearbeitungstask zu initiieren (vgl. Abschnitt 7.4.3).

Erst mit entsprechendem Aufschub wird die ursprüngliche Task weitergeführt oder, wenn sie abgeschlossen war, eine neue gestartet (Bild 4-7). Vor Verlassen des Organisationszustandes, also vor Wiederaufnahme der unterbrochenen bzw. vor Eintritt in die zwischengeschobene Task, wird zwecks Zulassung weiterer Anforderungen die Unterbrechungssperre wieder aufgehoben.

Die Steuerung dieses im Detail recht komplexen Gesamtablaufes vollzieht sich in engster Kooperation der betroffenen Betriebssystemkomponenten mit spezifischen Hardwareeinrichtungen – dem erwähnten Unterbrechungswerk. Die Grenzziehung zwischen beiden, die gemeinsam das Unterbrechungssystem bilden, ist keineswegs einheitlich, sondern ein typisches Architekturmerkmal und wirkt damit auch leistungsbestimmend. Ganz grob gilt: Je mehr Funktionen der Hardware übertragen werden, desto rascher können Anforderungen erfaßt und Unterbrechungen durchgeführt werden, d.h. desto kürzer wird die Reaktionszeit t_R. Daß die allgemeine Tendenz genau in diese Richtung weist, ist angesichts permanent fallender Hardware- und steigender Softwarekosten fast selbstverständlich.

4.3.3 Unterbrechungswerke

Konsequenterweise findet man, was schon das Diagramm in Bild 4-7 andeutet, recht verschiedene Konzepte von Unterbrechungssystemen vor, und jedes bietet noch eine Fülle von Implementierungsmöglichkeiten. Dementsprechend unterschiedlich kann das Unterbrechungswerk strukturiert sein.

Die wohl simpelste Form ist in Bild 4-8 skizziert. Sie basiert auf der Zusammenfassung sämtlicher hardwareseitigen Unterbrechungswünsche auf einer Signalleitung zu einem Sammel-Interrupt-Request (SIR), der unverzüglich in einem Interrupt-Request-Flip Flop (IR-FF) gespeichert wird. Dessen Ausgangsgröße löst, falls die Unterbrechungssperre in Gestalt des Interrupt-Sperr-Flip Flops (IS-FF) durch ein Interrupt-Enable-Signal (IE) gelöscht ist, einen System-Interrupt (SI) aus. Er kommt im Prozessor-Leitwerk nur nach Vollendung eines Befehlsinterpretationszyklus zur Geltung, unterbricht an dieser Stelle die laufende Task und ruft die Unterbrechungsverwaltung im Organisationsprogramm des Betriebssystems auf, die ihrerseits nicht unterbrochen werden darf. Diese Forderung wird hardwareseitig durch Setzen des IS-Flip Flops mittels eines Interrupt-Disable-Impuls (ID) erfüllt.

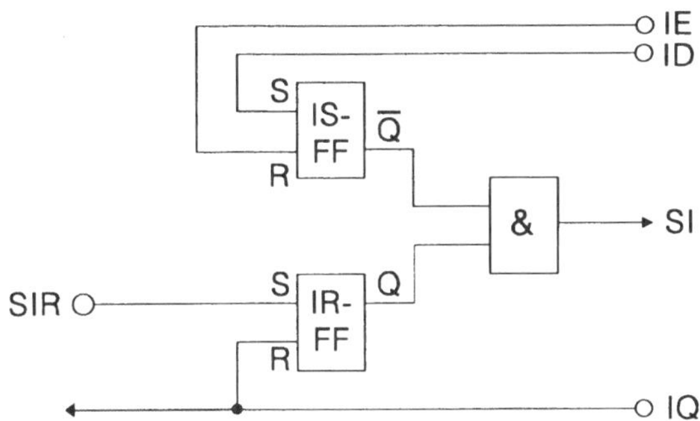

Bild 4-8 Einfaches Unterbrechungswerk nach dem Sammel-Interrupt-Konzept

Von hier aus werden durch sukzessive Statusabfrage (Polling-Prozedur) aller potentiellen Verursacher die Quelle und Priorität des Unterbrechungsverlangens ermittelt (Interrupt-Analyse). Je nach Prüfungsergebnis wird die Anforderung in eine Warteschlange eingereiht, oder ihr wird dadurch stattgegeben, daß die zugehörige Service-Routine aktiviert wird. Für letzteren Fall sind die Zeitverhältnisse im Bild 4-9 – nicht maßstäblich! – dargestellt. Unabhängig davon wird das IR-Flip Flop rückgesetzt und über eine weitere Sammelleitung ein Interrupt-Quittungssignal (IQ) an die Interrupt-Quelle ausgesandt, was diese mit der Deaktivierung von SIR beantwortet. Schließlich sind vor Verlassen des Verwaltungsprogrammes das IS-Flip Flop mittels IE zu löschen und die Quittung IQ abzuschalten.

Offensichtlich vermag das System bei dieser Art von Interrupt-Organisation, wie sie fast nur in einfacheren Mikrorechnern verwendet wird, nur recht langsam und unflexibel zu reagieren. Besonders nachteilig ist die Tatsache, daß hochrangige Tasks auch durch weniger wichtige Requests für die Dauer des Analysevorganges (evtl. mehrere Millisekunden lang) unterbrochen und damit empfindlich verschleppt werden können.

Als bedeutend leistungsfähiger erweisen sich Unterbrechungswerke auf der Grundlage vektorisierter Interrupt-Konzepte. Bei der Erweiterungsvariante von Bild 4-10 werden im Extremfall alle Anforderungen sternförmig zu einem Interrupt-Request-Register (IRR) geführt. Durch korrespondierende Bits in einem softwaretechnisch manipulierbaren Maskenregister (IMR) können sie individuell zugelassen oder gesperrt werden. Die Maske dient dabei dem Programmierer als Instrument zur dynamisch änderbaren Prioritätszuweisung [KLO 77]. Aus den unmaskierten Requests wird wiederum ein SIR als Eingangsgröße für den beizubehaltenden Schaltungsteil laut Bild 4-8 generiert. Zugleich selektiert ein Prioritäts-Codierer die gemäß vordefinierter Rangfolge höchstpriore Anforderung und übergibt deren Kennung dem Leitwerk in Gestalt eines Codewortes. Es wird als

Interrupt-Kennung (IK) bezeichnet, weil es Ursache und Priorität eindeutig identifiziert und damit auch auf das zuständige Bedienungsprogramm hinweist. Vor dessen Beginn wird es außerdem zur individuellen Quittierung und Löschung der Anforderung im IRR benötigt.

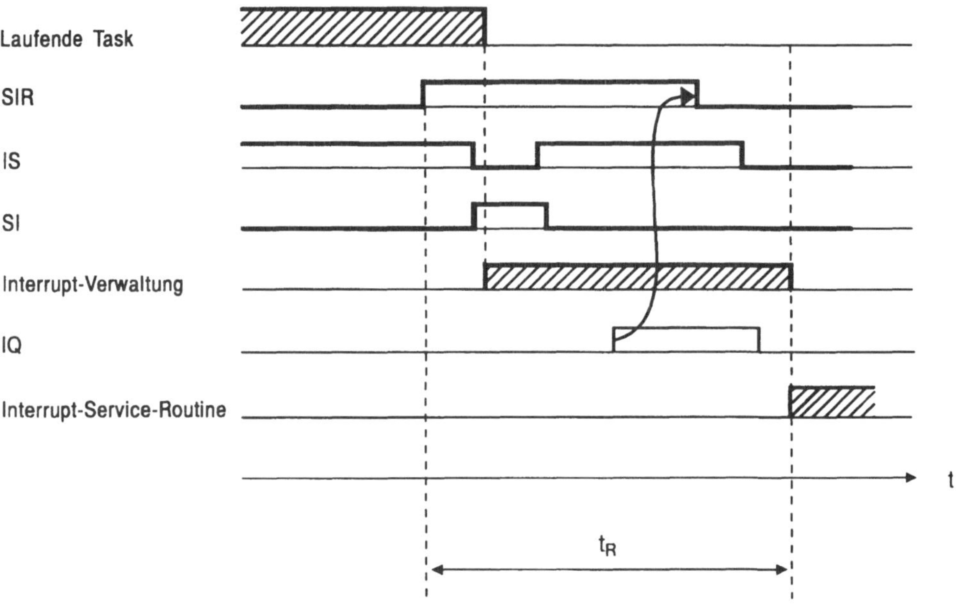

Bild 4-9 Zeitdiagramm einer Programmunterbrechung

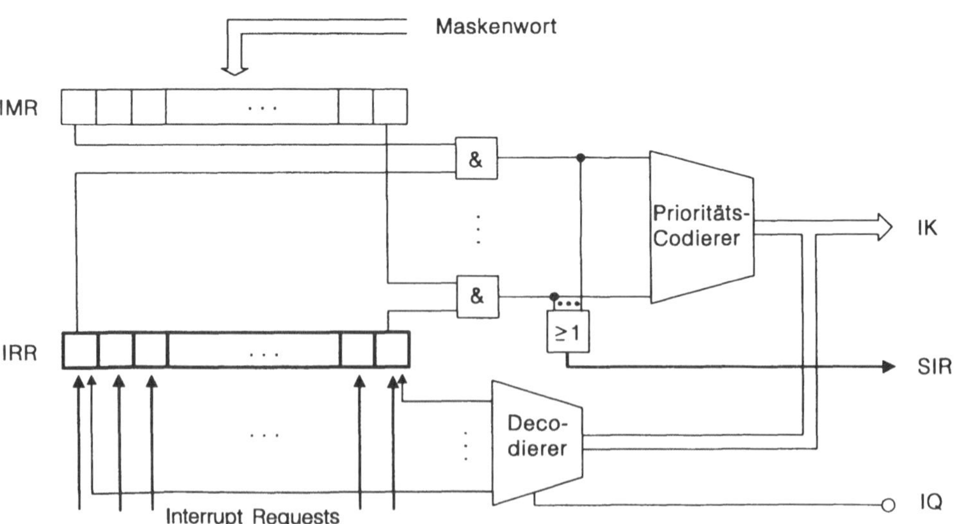

Bild 4-10 Unterbrechungswerk für ein vektorisiertes Interrupt-Konzept

Eine Alternativmethode der IK-Erzeugung geht aus Bild 4-11 hervor. Sie kommt mit wesentlich geringerem Leitungsaufwand aus, weil sie die Interrupt-Quellen durch eine Busstruktur verbindet. Die einzelnen Request-Signale werden auf einer Sammelleitung zum SIR vereinigt. Das Quittungssignal IQ gelangt nur zum ersten Glied einer Kette, wird von dort evtl. zum nächsten weitergeleitet usf. Haben mehrere Geräte eine Anforderung gestellt, so sendet dasjenige, das als erstes IQ wahrnimmt, seinen Identifikationscode als IK ans Unterbrechungswerk; zugleich sperrt es IQ für die restlichen Geräte, um die Eindeutigkeit von IK zu sichern. Für IK können separate Busleitungen vorgesehen sein, oder der E/A- bzw. Systemdatenbus wird dafür mitbenutzt, wie z.B. beim Unibus der PDP 11 [DEC 87].

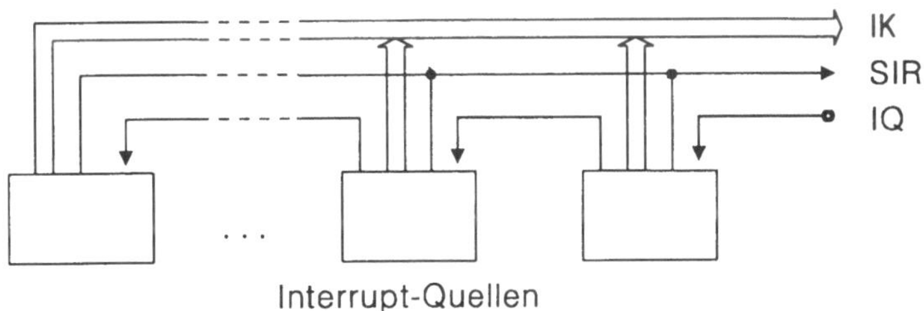

Bild 4-11 Vereinfachte Identifikation der Interrupt-Quellen

Die Rangfolge der Unterbrechungswünsche ist hier offenbar durch die topographische Anordnung der Quellen bzw. durch deren konkrete Verkettungskonfiguration festgelegt. Je früher eine Funktionseinheit IQ erhält, desto höher ist ihre Priorität, was durchaus nicht immer mit den Erfordernissen des technischen Prozesses in Einklang stehen muß. Dem Vorteil einer leichten Erweiterbarkeit um zusätzliche Interrupt-Quellen steht die langsamere Analyseprozedur gegenüber. So muß die individuelle Anforderungsmaskierung softwaremäßig über Tabellen realisiert werden, es sei denn, man nimmt sie direkt am Entstehungsort vor, was wiederum mit größerem Übertragungsaufwand verbunden ist.

An dieser Stelle ist der keineswegs einheitlich verwendete Begriff des *Interrupt-Vektors* einzuführen. Vielfach wird er synonym zur erwähnten Interrupt-Kennung IK gebraucht, d.h. im Sinne einer eher hardwaretechnischen (Adreß-) Identifikation der Quelle. Häufiger liegt ihm allerdings die aus Softwaresicht geprägte Auffassung als Anfangsadresse des der aktuellen Unterbrechungsursache zugedachten Interrupt-Behandlungsprogrammes zugrunde. Nach diesem Verständnis bilden alle einschlägigen Anfangsadressen die Einträge einer an definierter Position im Hauptspeicher abgelegten Interrupt-Vektor-Tabelle.

Substantiell gehört es zu den wichtigsten Aufgaben eines Unterbrechungssystems, aus dem extern angelieferten IK-Code die Startadresse der zuständigen Service-Routine eindeutig zu gewinnen. Von der jeweiligen Semantik ausgehend bieten sich dazu verschiedene Techniken an. Die Interrupt-Kennung kann so spezifiziert sein, daß sie

- bereits selbst die Anfangsadresse der zugeordneten Service-Routine, also den Interrupt-Vektor darstellt, was programmtechnisch einem direkten Sprung gleichkommt; nur in Kleinstsystemen gebräuchlich;
- einen Einsprung in die Interrupt-Vektor-Tabelle bezeichnet, also jenen Speicherplatz, der die benötigte Anfangsadresse enthält (indirekter Sprung); keine entscheidend größere Flexibilität;
- mittels weniger Abbildungsschritte in die Anfangsadresse transformierbar ist (errechneter Sprung); das eröffnet völlige Zuordnungsfreiheit nicht nur auf der Softwareseite, sondern auch beim Anschluß der Interrupt-Quellen an das Unterbrechungswerk.

In abstrakter Betrachtungsweise erscheinen Interrupt-Kennung bzw. Interrupt-Vektor durchweg als Datentyp mit dem Charakter eines Zeigers auf eine zur Unterbrechungsursache korrespondierende Service-Routine bzw. hierüber auch auf den Kontext einer Task (TCB). Mit ihrer Verwendung bezweckt man einen möglichst raschen Übergang von der aktuellen auf diese vordringliche Task bzw. Service-Routine und damit eine kurze Reaktionszeit des Rechners auf relevante Ereignisse. In dieser Zeigerfunktion ist der konkrete Wert der Interrupt-Kennung gemäß Bild 4-10 das Ergebnis einer vorangegangenen Entscheidung: aus der Menge der simultan anliegenden Interrupt Requests denjenigen mit der höchsten Dringlichkeit zu bestimmen. Ein simples Beispiel für den Effekt dieser Strategie lieferte Bild 2-6.

Angesichts der oft mehreren hundert Interrupt-Quellen in einem Prozeßrechnersystem wäre es unzweckmäßig, jeder einzelnen eine spezifische unterbrechungsrelevante Priorität zuzuteilen. Da eine per Interrupt aktivierte Service-Routine i.a. selbst wieder unterbrechbar ist, könnten allein schon innerhalb des Anwendungszustandes situationsbedingt derart viele Taskwechsel anfallen, daß die Effizienz ernsthaft gefährdet wäre. Der Rechner würde evtl. über seiner Beschäftigung mit der Unterbrechungsverwaltung wichtige und zeitkritische Prozeßlenkungsaufgaben vernachlässigen. Man gliedert daher die Gesamtheit der Unterbrechungswünsche in eine überschaubare Menge von n Prioritätsklassen oder -ebenen (vgl. Abschnitt 2.5). Zugleich vereinbart man, daß eine laufende Task nur durch Anforderungen aus höheren Ebenen verdrängt werden darf.

Ein darauf abgestelltes Unterbrechungswerk zeigt Bild 4-12. Darin findet sich die Anordnung von Bild 4-10 n-fach (je einmal pro Ebene) wieder, um eine individuelle Maskierung sowie die Selektion des höchstprioren Request auch innerhalb einer Ebene zuzulassen. Im Interrupt-Ebenen-Register (IER) werden somit nur die ebenenspezifischen Sammelanforderungen gespeichert, aus denen sich dann der SIR rekrutiert. Die Interrupt-Kennung IK umfaßt zum Zwecke der Selbstidentifikation jetzt zwei Komponenten: die Ebenennummer (EN) der höchstprioren unmaskierten Interrupt-Quelle sowie deren Adreßkennung (AK) innerhalb dieser Ebene.

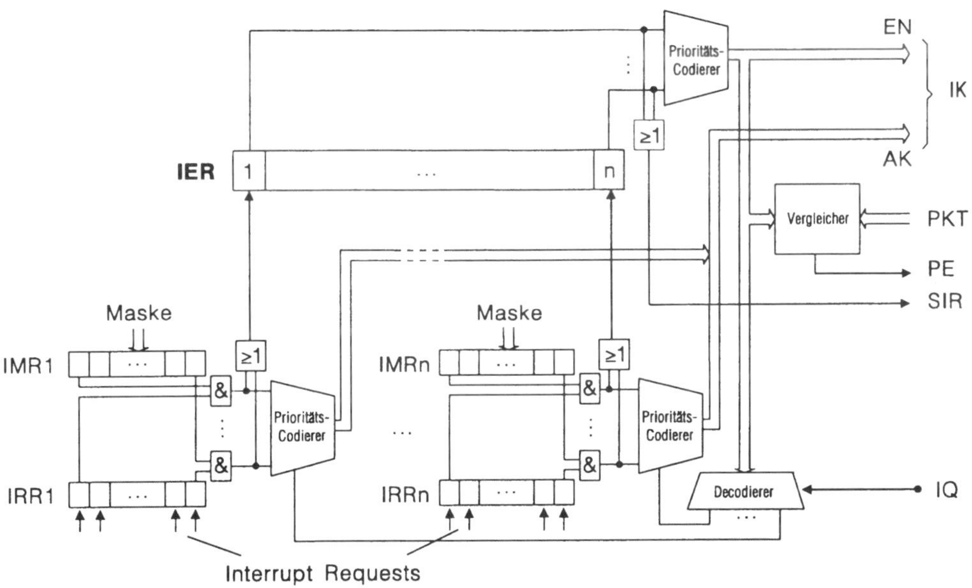

Bild 4-12 Unterbrechungswerk für mehrere Prioritätsebenen

Laut Bild 4-12 läßt sich die Entscheidung, ob ein Unterbrechungsverlangen unter Prioritätsaspekten bewilligt werden soll, ebenfalls in das Unterbrechungswerk, also in den Hardwaresektor, verlagern und somit beschleunigen. Dazu muß lediglich die Prioritätskennung der laufenden Task (PKT) – ein Element aus ihrem TCB – mit der Ebenennummer (EN) aus IK verglichen werden. Das Ergebnissignal PE (Prioritätsentscheid) löst ggf. zusammen mit SIR einen System-Interrupt und damit ggf. einen Taskwechsel aus. Derartige Unterbrechungswerke fangen die Vielzahl der aus Prioritätsgründen momentan nicht bearbeitbaren Anforderungen quasi im Vorfeld ab und entlasten die Betriebssoftware erheblich. Ihr verbleiben als Aufgaben noch die Maskenvorgabe, die Tilgung erledigter Anforderungen in den Interrupt-Request-Registern (IRR), die Verwaltung der Unterbrechungssperre sowie der Vollzug der Kontextumschaltungen (Konservieren bzw. Wiederherstellen des Taskstatus).

Die im Unterbrechungswerk implementierten *n* Prioritätsebenen sind i.a. nicht die einzigen des Systems; oft existieren noch weitere n Ebenen. Sie treten hier nicht in Erscheinung, weil sie der Verwendung für Software-Interrupts vorbehalten sind bzw. der Gewichtung der einzelnen Schichten im Betriebssystem dienen (siehe 7. Kapitel).

Eine zweite Erweiterung betrifft Ereignisse bzw. Zustände, denen ob ihrer Bedeutung für das gesamte Automatisierungssystem nicht nur allerhöchste Priorität zukommt, sondern deren Bearbeitung auch nicht durch eine aktivierte Unterbrechungssperre verzögert werden darf. Ihre Request-Signale dürfen demnach nicht maskierbar sein, sondern müssen unverzüglich, d.h. am Ende des aktuellen Maschinenbefehlszyklus eine Unterbrechung auslösen (Non Maskable Interrupt). Das läuft faktisch auf die Ergänzung des Unterbrechungswerkes nach Bild 4-12 durch ein zweites hinaus, etwa gemäß Bild 4-8, jedoch ohne IS-Flip-Flop. Das Konzept des Sammel-Interrupt-Request ist hier insofern tolerierbar, als die Anzahl angeschlossener Interrupt-Quellen sehr niedrig liegt – oft sogar beschränkt auf die Power-Fail-Meldung des Netzgerätes – und sich eine zeitraubende Interrupt-Analyse deshalb erübrigt.

Funktional verkörpert das Unterbrechungswerk eine eigenständige, d.h. vom Zentralprozessor unabhängige Systemkomponente. Dem könnte die hardwaretechnische Realisierung durchaus folgen, sofern sie berücksichtigt, daß im Hinblick auf die Intensität und zu fordernde Geschwindigkeit der Kooperation eine enge räumliche Nachbarschaft zum Prozessor unbedingt geboten ist. Im Zeitalter der Höchstintegration drängt sich dann eine konstruktive Eingliederung in den Prozessorchip geradezu auf. Bei einfachen Unterbrechungswerken ist sie daher auch seit langem selbstverständlich. Bei solchen nach Bild 4-10 wird sie angesichts der beschränkt verfügbaren Gehäuseanschlüsse mit wachsender Anzahl von Request-Eingangsleitungen problematisch. Eine Struktur gemäß Bild 4-12 ist nicht mehr integrierbar.

Zur Überwindung dieses Dilemmas hat man sich schon frühzeitig entschlossen, einen Schaltungskomplex in der Art von Bild 4-10 als separaten IC-Baustein zu etablieren – üblicherweise unter der Bezeichnung *Interrupt-Controller* auf dem Markt. Bild 4-12 machte deutlich, daß sich bei Parallelbetrieb von *n* solchen Elementen sehr viele Interrupt-Quellen anbinden lassen.

Auf dieser Basis ist im Bild 4-13 ein hierarchisches Unterbrechungswerk aus zwei Kaskadenstufen skizziert, und zwar unter Maßgabe einer praktikablen Partitionierung. Die untere Ebene ist mit *n* Interrupt-Controllern bestückt, die entweder durch *n* identische Standardschaltkreise realisiert werden oder in einem einzigen ASIC-Bauelement – jeweils auf der Prozessor-Platine plaziert. Die erste Lösung gestattet eine modulare Erweiterbarkeit, die zweite einen deutlich kompakteren Aufbau. Die aus einem weiteren Interrupt-Controller bestehende obere Stufe wird hingegen zweckmäßigerweise auf den Prozessorchip verlagert. Die konkrete Auslegung hat darauf zu achten, daß die Schnittstelle dazwischen eine noch beherrschbare Leitungsanzahl aufweist.

Konsequenterweise fällt im Prozessor auch die Entscheidung, ob die aktuelle Task durch den anstehenden höchstprioren Interrupt Request unterbrochen werden darf. Zu diesem Zwecke wird dessen Ebenennummer (EN) mit der Prioritätskennung der laufenden Task (PKT) aus deren Task Control Block verglichen. Dabei wird

$$PE = 1 \qquad \text{unter der Bedingung} \qquad EN > PKT$$

Nur in diesem Falle verursacht der System-Interrupt SI eine Taskunterbrechung nach Abschluß des gegenwärtigen Maschinenbefehlszyklus. Die dafür zuständige – firmwaremäßig realisierte – Ablaufsteuerung verwaltet darüber hinaus das Setzen und Aufheben der Unterbrechungssperre sowie das Quittieren einer erfaßten – nicht notwendigerweise auch bewilligten – Unterbrechungsanforderung; dazu gehören das Löschen des IR-Flip Flops und das Abschalten der Request-Signale entweder in der unteren Kaskadenstufe oder bei den Interrupt-Quellen selbst.

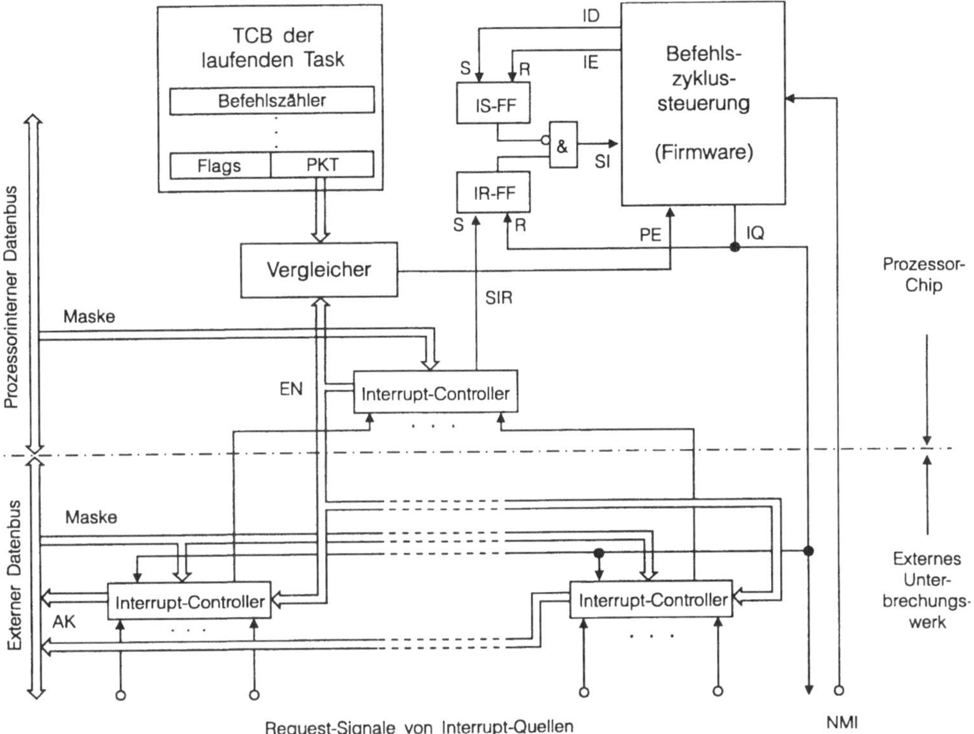

Bild 4-13 Realisierungsgerechte Partitionierung eines Unterbrechungswerkes

Bild 4-13 präsentiert insoweit eine etwas komprimierte Zusammenfassung aus den Bildern 4-8 und 4-12 bei gleichen Bezeichnungen wie dort. Es zeigt weiterhin, daß die einzelnen Interrupt-Controller-Einheiten über den prozessorinternen bzw. einen externen Datenbus mit einer Unterbrechungsmaske geladen werden können, um bedarfsweise bestimmte Anforderungen auszufiltern. Auf diesem Wege gelangt auch die in der unteren Stufe gebildete Adreßkennung (AK) in den Prozessorkern. Beide Datenbusse werden meist unmittelbar ineinander übergehen. Schließlich entnimmt man dem Bild 4-13, daß eine nicht maskierbare Interrupt-Anforderung (NMI) unter Umgehung des eigentlichen Unterbrechungswerkes dieselbe Wirkung hervorzurufen vermag wie das SI-Signal in Verbindung mit PE.

4.4 Echtzeituhr

Die enge Bindung der rechnerinternen Vorgänge an das Geschehen im technischen Prozeß, also der typische Echtzeitcharakter des Prozeßrechnerbetriebes, verlangt die Herstellung eines direkten Zusammenhanges zwischen einzelnen Aktivitäten und der real ablaufenden Zeit. Zu diesem Zweck sind als Anhängsel des Zentralprozessors – obgleich ihm nicht notwendigerweise funktional zugehörig – eine oder mehrere Uhren in Form von Impulszählern bzw. Registern installiert. Sie liefern dem Betriebssystem die Zeitbasis für die termingerechte Erledigung der anstehenden Aufgaben. Ihr diesbezügliches Anwendungsspektrum ist recht breit und umfaßt die

a) Bereitstellung der aktuellen Uhrzeit (meist einschließlich Datum)
   - zwecks Ausgabe in Verbindung mit Mitteilungen an das Bedienpersonal, mit Protokollen, Störfallanalysen und sonstigen Dokumenten;
   - als Vergleichsgröße für die Startzeitpunkte absolut terminierter Aufträge; man spricht hier von Weckaufrufen für Tasks, die entweder periodisch, unregelmäßig oder nur einmalig initiiert werden sollen.

b) Realisierung von Wartezeiten für den Fall, daß eine Task in bestimmtem Zeitabstand nach Eintritt eines Ereignisses bzw. Zustandes gestartet oder fortgesetzt werden soll. Durch ständiges Neuaufsetzen derselben Wartezeit in fester Periode lassen sich zyklische Weckaufrufe für Tasks herbeiführen.

c) Überwachung von Zeitüberschreitungen gemäß Abschnitt 4.2 (*watchdog*-Funktion). Beispielsweise muß nach Ausgabe eines Stellbefehles innerhalb eines vorgegebenen Intervalls die Vollzugsmeldung eintreffen. Ferner kann die Laufzeit von Tasks kontrolliert werden, ebenso die Betriebsbereitschaft von Peripheriegeräten oder Prozeßinstrumenten, die in manchen Fällen durch periodisch ausgesandte Signale dokumentiert wird.

Diesen verschiedenartigen Anforderungen entsprechend verfügen Prozeßrechner über zwei unterschiedliche Zeitregistrierungsmodi: einen absoluten und einen relativen, und folglich auch über zwei Varianten von Echtzeituhren:

- *Absolutzeitgeber* zur Bestimmung der Uhrzeit nach Sekunden, Minuten, Stunden. Er wird für alle Zeiterfassungsprobleme sowie die Erzeugung von Weckimpulsen zu definierten Fixzeitpunkten benötigt.
- *Relativ- oder Differenzzeitgeber* für Überwachungsaufgaben und die Einhaltung von Wartezeiten. Sie werden durch Laden eines Zählers mit geeignetem Anfangswert initialisiert und dann mit einer solchen Frequenz dekrementiert, daß bei Erreichen der Nullstellung das gewünschte Zeitintervall abgelaufen ist.

Die Implementierung der Uhrenfunktionen kann rein gerätetechnisch oder als Kombination von Hard- und Softwaremitteln gelöst sein. Bild 4-14 zeigt das Funktionsschema eines Absolutzeitgebers in Hardware-Version. Die Frequenz f_0 eines verfügbaren Grundtaktes wird in einem vorgeschalteten Teiler so untersetzt, daß der Sekundenzähler exakt in Sekundenabständen inkrementiert wird. Dessen Überlaufimpuls dient zur Taktung des Minutenzählers usw.. Tag, Monat und Jahr sind meist auch über Bedienereingriff verstellbar.

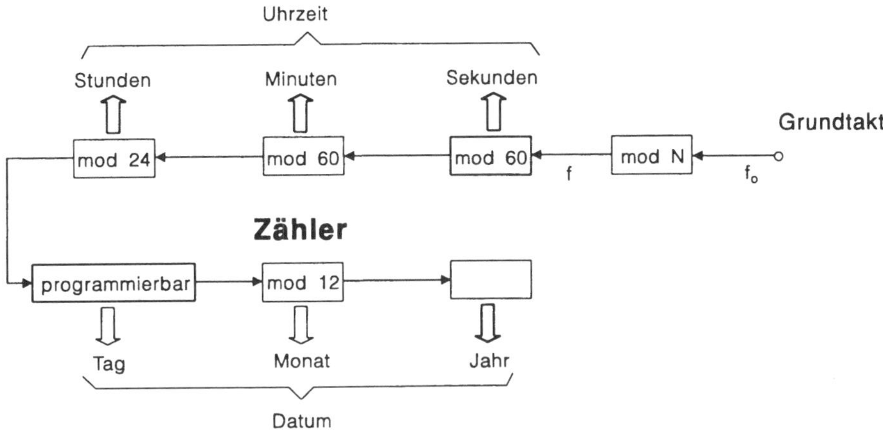

Bild 4-14 Absolutzeitgeber (Hardware-Lösung)

Die so in mehreren Stufen gewonnenen Einzelangaben können bedarfsweise direkt den Registern entnommen werden. Durch Vergleich der Zählerstände mit softwaremäßig vorgegebenen Sollwerten lassen sich zu gewünschten Zeitpunkten Weckaufrufe auslösen. Sie haben generell den Charakter von Alarmen, d.h. sie werden wie Unterbrechungsanforderungen aus dem Prozeß behandelt. Damit die Uhrzeit stets sicher zur Verfügung steht, muß die Geberanordnung gegen Netzausfälle geschützt sein; sie wird deshalb batteriegepuffert betrieben.

Die Softwarelösung des Absolutzeitgebers ist gekennzeichnet durch die Verwendung eines oder mehrerer Arbeitsspeicherplätze als Uhrzeitregister sowie durch die Existenz eines Uhrenprogramms, das die Registerinhalte in den erforderlichen Intervallen aktualisiert. Dazu muß es regelmäßig (etwa in Sekundenabständen) aktiviert werden. Die entsprechenden Weckaufrufe liefert eine Frequenzteilerschaltung (Zähler) oder ein Differenzzeitgeber (auch *Timer* genannt).

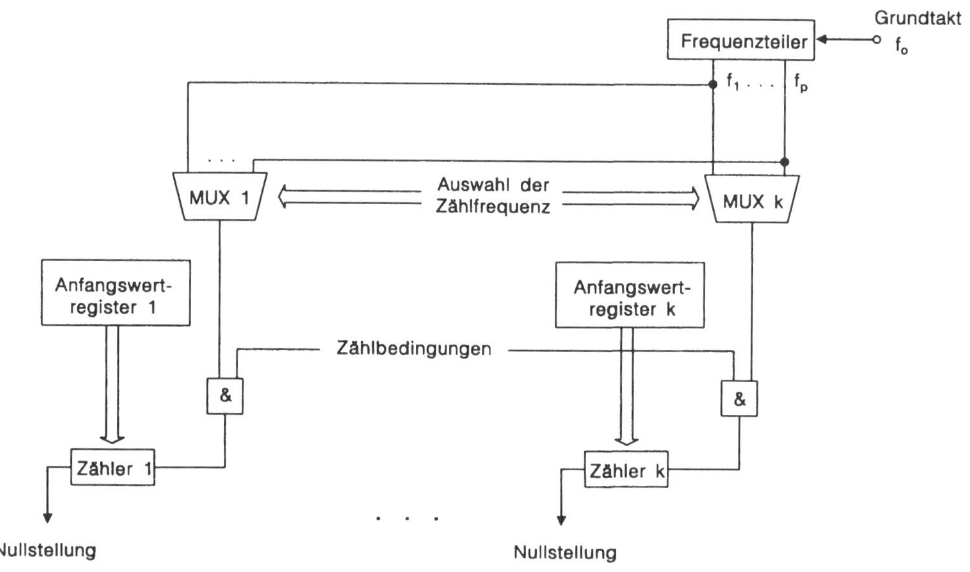

Bild 4-15 Mehrfach-Differenzzeitgeber (Timer)

Ein solcher kann grundsätzlich gleichfalls als Kombination aus Speicherplatz und Verwaltungsprogramm realisiert sein. Allerdings eignet sich diese Methode wegen hoher Prozessorbelastung und abnehmender Genauigkeit nicht für kleinere Wartezeiten (ca. unterhalb 1 s). Hier empfiehlt sich eine Hardware-Lösung, wie sie im Bild 4-15 für k Geber skizziert ist, weil häufig mehrere Zeitvorgaben simultan benötigt werden.

Aus einem Grundtakt werden in mehreren sequentiellen Teilerstufen bis zu p Zeittakte mit verschiedener Frequenz abgeleitet. Je einer davon läßt sich über Multiplexer individuell für die k Zähleinrichtungen auswählen, wird dort aber nur dann wirksam, wenn die Freigabebedingung für den Zählvorgang erfüllt ist. In diesem Falle sorgt jeder eintreffende Impuls für eine Dekrementierung des

In diesem Falle sorgt jeder eintreffende Impuls für eine Dekrementierung des vorab auf einen Anfangswert eingestellten Zählerinhaltes. Der Nullzustand löst ein Anzeigesignal aus, dem wiederum Alarmcharakter (Interrupt) zukommt. Die von einem Geber (Nr. j) gebildete Differenzzeit Δt bestimmt sich somit als Produkt aus der Anzahl A der zu durchlaufenden Zählschritte (Anfangswert) und der Periodendauer T bzw. Frequenz f des ausgewählten Zähltaktes (Nr. i):

$$\Delta t_{\mathrm{j}} = A_{\mathrm{j}} \cdot T_{\mathrm{i}} = A_{\mathrm{j}} \frac{1}{f_{\mathrm{i}}}$$

Beide Parameter sind softwaremäßig zu spezifizieren. Die mit diesem Verfahren überstreichbare Zeitskala erstreckt sich vom Mikrosekunden- bis in den Stundenbereich. Eine spezielle Variante des Differenzzeitgebers ist der zyklische Betrieb. Hier wird der Zähler unmittelbar nach Eintritt der Nullstellung erneut mit dem Anfangswert aus einem Vorgaberegister geladen, so daß er Weckimpulse in periodischem Rhythmus erzeugt.

Bei Anwendungen für Zeitüberschreitungskontrollen dient die Anordnung als sogenannter *Watchdog-Timer*. Er produziert nur dann einen Alarm, wenn innerhalb des programmierten Intervalls das erwartete Ereignis (z.B. Rückmeldung eines Gerätes oder Ende einer Task) nicht eintritt, weil man daraus auf eine Fehlersituation schließen muß. Im Normalfall wird dagegen der Zählvorgang vorzeitig gestoppt, indem das Ereignis die Zählbedingung (Bild 4-15) ungültig macht.

Für Herkunft und Beschaffenheit des in den Bildern 4-14 und 4-15 erscheinenden Grundtaktes gibt es zwei Möglichkeiten:

a) Er wird aus der 50 Hz-Netzfrequenz gewonnen. Die feinstmögliche Zeitauflösung liefert dann 20 ms-Intervalle. Für zahlreiche Anwendungen reicht dies aus, insbesondere für hard- und softwaremäßig realisierte Absolutzeitgeber (Grundtakt als Weckimpulsfolge). Häufig werden jedoch weitaus kürzere Zeitspannen und/oder höhere Genauigkeiten gefordert, etwa für häufige Abfragen sensitiver Prozeßgrößen oder für präzis einzustellende Wartezeiten.

b) Der Grundtakt wird dann in einem quarzgesteuerten Taktgenerator erzeugt. Damit ist ein Frequenzspektrum bis in den MHz-Bereich erschließbar, so daß sich kleinste Zeiteinheiten unterhalb 1 μs erzielen lassen.

In Abhängigkeit von der Grundtaktfrequenz f_0 und der gewünschten Zählfrequenz f ist das Untersetzungsverhältnis $N = f/f_0$ des vorgelagerten Teilers zu bestimmen. Z.B. müßte für die Anordnung von Bild 4-14 bei Betrieb mit Netzfrequenz N = 50 gewählt werden.

5 Ein/Ausgabesystem

5.1 Bedeutung und Aufgaben

Als Oberbegriff kennzeichnet „E/A-System“ ein Gebilde, das nur in logisch-funktionaler Hinsicht eine kompakte Einheit darstellt, dagegen physisch weit ausgedehnt und vielfältig strukturiert ist. Darunter subsumiert man die Gesamtheit derjenigen Betriebsmittel, die für den Informationsaustausch zwischen Zentraleinheit und Standard- sowie Prozeßperipherie zuständig sind. Sie erstrecken sich hardwareseitig von den bautechnisch in der Zentraleinheit untergebrachten E/A-Kanälen bis zu den Anschlußstellen der meist weit außerhalb (oft mehrere hundert Meter entfernt) installierten Prozeßkoppelelemente. Einen schematischen Überblick gibt Bild 5-1.

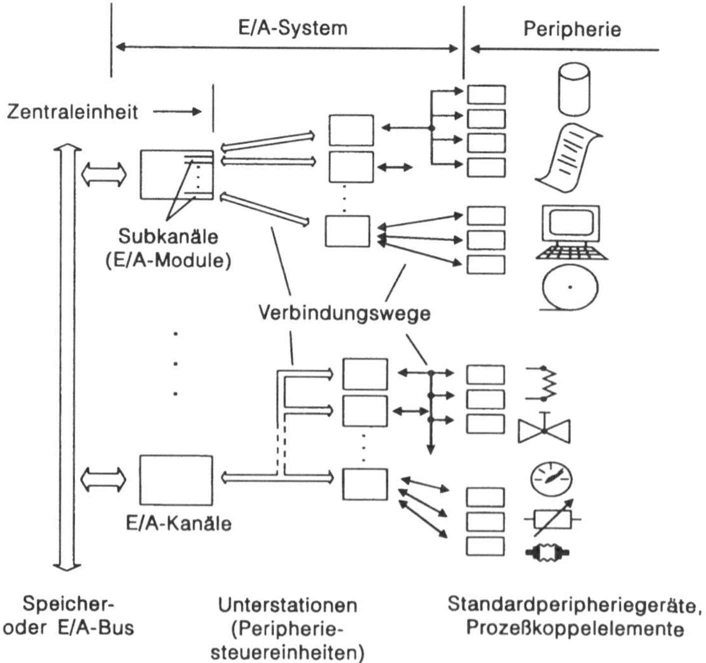

Bild 5-1 Einordnung und Grobstruktur des Ein/Ausgabesystems

Eine gewisse Überlappung mit der Zentraleinheit ist wegen der direkten Kommunikation der Kanäle mit Zentralprozessor(en) und Hauptspeicher durchaus zwangsläufig. Aber gerade die Tatsache, daß es bis in die unmittelbare Prozeßnähe reicht, verschafft dem E/A-System eine eigenständige Bedeutung. Sie wird speziell bei Prozeßrechnern durch folgende Fakten noch potenziert:

– Die angeschlossenen Peripheriegeräte bilden ein ungleich umfangreicheres und differenzierteres Spektrum als bei anderen Rechnern.
– Aus der direkten Prozeßankopplung und dem geforderten Echtzeitverhalten resultiert eine wesentlich größere Rate von E/A-Vorgängen, die zudem noch teilweise zeitkritisch sind.

Der Beitrag des E/A-Systems zum Leistungsvermögen des gesamten Prozeßrechners kann daher kaum überschätzt werden. Als dementsprechend vielfältig erweisen sich seine Aufgaben:

– *Übertragungssteuerung*

  Je nach Ausstattung wickelt es die Transportvorgänge mehr oder weniger selbständig ab, und zwar auf der Basis von Protokollen, die für die einzelnen Übertragungsstrecken teils soft- und teils firmwaremäßig implementiert sind.

– *Verteilung und Bündelung der Informationsflüsse*

  Bild 5-1 läßt erkennen, daß sich Datenausgaben in mehreren Etappen mit je einer Entflechtung vollziehen, bis das gewünschte Prozeßglied erreicht ist. Umgekehrt müssen sich Datenströme von den zahlreichen Eingabequellen zunehmend verdichten, um letztlich gemeinsam in den Hauptspeicher einmünden zu können.

– *Datenpufferung*

  Die Operationsgeschwindigkeiten von Zentraleinheit und Peripherie differieren zum Teil um mehrere Größenordnungen. Eine Anpassung in Form von Zwischenspeicherung kleinerer Datenmengen sorgt dafür, daß einerseits Wartezeiten und andererseits Überforderungen bzw. Informationsverluste vermieden werden.

– *Umformatierung und Sicherung der Daten*

  Die Datendarstellungen in Zentraleinheit und Peripherie sind in der Regel recht unterschiedlich. Das E/A-System führt deshalb die Umsetzung sowohl zwischen den vereinbarten Codes als auch zwischen den Formaten durch, einschließlich des Packens bzw. Entpackens. Außerdem überwacht es die Übertragungspakete auf die genormte Länge sowie auf Paritätsfehler und korrigiert mitunter sogar fehlerhafte Bits.

– *Interrupt-Unterstützung*

Entsprechende Eingangssignale aus der Peripherie müssen schnellstmöglich erfaßt und – ggf. mit Kennung versehen – an das Programmunterbrechungswerk in der Zentraleinheit weitergeleitet werden.

– *Datenaufbereitung bzw. -vorverarbeitung*

Je umfangreicher sich der gesamte Automatisierungskomplex und damit auch das E/A-System darstellen, desto weniger praktikabel erscheint es, jeden einzelnen Meßwert in Rohform zur Zentraleinheit zu übertragen und dort zu verarbeiten. Eine merkliche Reduktion der Datenflut läßt sich erzielen, wenn relativ einfache, aber häufig benötigte Auswerteoperationen bereits nahe am Entstehungsort der Daten abgewickelt werden, z.B. Gewichtungen, Normierungen, Extrem- und Durchschnittswerteermittlungen, Gradientenrechnungen, logische Verknüpfungen und Klassifikationen.

Über Begriffsinhalt und Funktionsumfang eines E/A-Kanales herrscht in der Literatur keine Einigkeit. Zum Teil werden darunter lediglich Übertragungsleitungen einschließlich ihrer Steuerschaltungen verstanden. Anderweitig sind damit einzeln adressierbare Einschübe in einem E/A-Prozessor als unmittelbare Kommunikationspartner je einer Unterstation (Steuereinheit) gemeint. Hier soll im folgenden das gesamte laut Bild 5-1 an den Speicher- bzw. einen E/A-Bus angeschlossene Betriebsmittel, das im Sonderfall auch ein E/A-Prozessor sein kann, als Kanal gelten. Es ist, falls es mehrere Unterstationen in Gestalt von Gerätesteuerungen (Device Controller) parallel bedient, nach dieser Seite in entsprechend viele Subkanäle gegliedert, die ihrerseits zum Teil wieder E/A-Module oder Interface-Einheiten genannt werden.

5.2 Kanalarten

E/A-Kanäle (früher auch: E/A-Werke) sind als elementare Systemkomponenten ebenso wie die Zentraleinheit nichts Prozeßrechner-typisches und werden deshalb nur übersichtsartig betrachtet. Sie bilden absolut eigenständige Funktionseinrichtungen und sind zur Erfüllung ihrer Aufgaben mit mehr oder weniger Verarbeitungsintelligenz ausgerüstet. Gemäß Bild 5-1 hat jeder Kanal meist eine ganze Gruppe peripherer Geräte zu bedienen. Deren Verschiedenartigkeit manifestiert sich u.a. im Schnittstellenverhalten, in der Arbeitsgeschwindigkeit, im Übertragungsmodus und im Umfang der Übertragungseinheiten. Auf der Ebene der Unterstationen ist die vorherrschende Breitbandigkeit nur partiell aufzufangen. So ergibt sich technisch und ökonomisch die Notwendigkeit, zumindest unterschiedliche Geräteklassen auch spezifisch, d.h. mit darauf angepaßten Kanälen zu betreiben.

E/A-Kanäle können also nicht absolut standardisierte Betriebsmittel sein, sondern werden je nach Typus der angeschlossenen Geräte differenzierte Eigenschaften und Funktionsausprägungen aufweisen. Folgende grundsätzliche Fragen stellen sich, die zugleich wesentliche Beurteilungskriterien für die gesamte E/A-Organisation liefern:

- Welche Arten bzw. Kategorien von E/A-Kanälen gibt es?
- Welche Funktionen obliegen ihnen im einzelnen?
- Wie sind sie ins Gesamtsystem integriert, insbesondere welche Kommunikationsmöglichkeiten existieren zur Zentraleinheit?

Von hier aus bietet sich eine Klassifikation der Kanäle nach dem Grad ihrer Selbständigkeit (und somit Leistungsfähigkeit) an, nach der Anzahl und dem Datenaufkommen der anschließbaren Geräte sowie nach der Organisation des Datenverkehrs mit ihnen.

5.2.1 Zentralgesteuerte und autonome Kanäle

Diese Abgrenzung wird vorgenommen mit Blickrichtung auf die Bedeutung der Kanäle für die Struktur des Rechnerkerns und der hier gültigen Kooperationstechniken. Als weichenstellend für die Konzeption eines E/A-Kanals erweist sich die Entscheidung, ob ihm innerhalb der Zentraleinheit eine ähnliche Rolle wie dem Zentralprozessor zugestanden wird oder ob er nur als dessen „in Richtung Peripherie verlängerter Arm" zu fungieren hat. Dies läuft auf das Problem hinaus, ob bzw. in welchem Umfange er als selbständig agierendes Betriebsmittel hervortreten soll. Eine Selbständigkeit äußert sich in zwei Teilaspekten:

- Unterliegen die – stets programmgesteuerten! – Funktionsabläufe im Kanal einer Eigen- oder einer Fremdkontrolle?
- Besitzt der Kanal ein direktes Zugriffsrecht zum Hauptspeicher, oder sind Umwege einzuschlagen (vgl. Abschnitt 4.1)?

Aus dieser Sicht ergeben sich zwei fundamentale Klassen von E/A-Kanälen mit unterschiedlichen Verwendungsmöglichkeiten.

A) Zentralgesteuerte Kanäle

Die Programme zur Abwicklung der E/A-Vorgänge residieren als Komponenten des Betriebssystems im Hauptspeicher und werden vom Zentralprozessor interpretiert. Sie bewirken gemäß der Hierarchie von Bild 5-1 die Adressierung des Kanals und ggf. Subkanals, der Unterstation sowie des Peripheriegerätes und erteilen dem Kanal mittels eines Funktionscodes entsprechende Steueranweisungen. Der Zentralprozessor transferiert die Daten wortweise zwischen Hauptspeicher und Kanal über seine internen Arbeitsregister. Dadurch wird er stark belastet, weil jede Wort-Ein/Ausgabe eine eigene kleine Befehlssequenz erfordert. Bei Ausnutzung der maximalen Übertragungskapazität von ca. 200 KB/s bleibt daher nur noch relativ wenig Zeit für die quasisimultane Bearbeitung anderer Tasks (siehe Bild 5-2a).

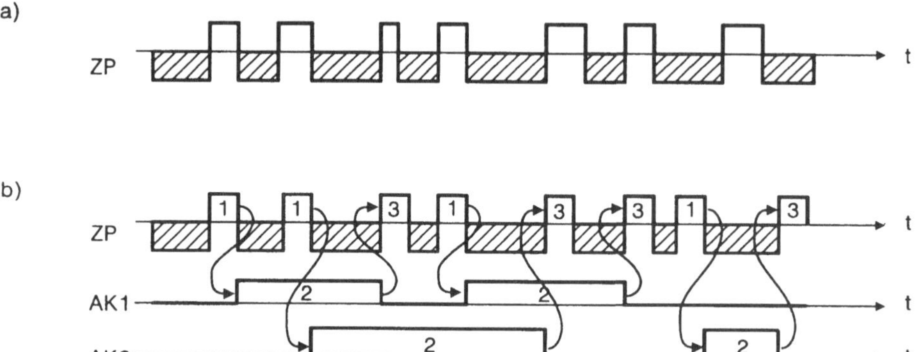

Bild 5-2 Aufteilung der verfügbaren Prozessorzeit auf die Bearbeitung

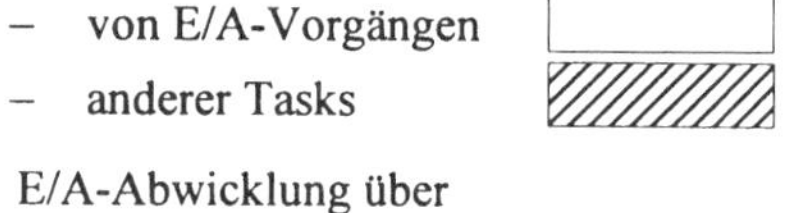

– von E/A-Vorgängen

– anderer Tasks

E/A-Abwicklung über

a) zentralgesteuerte Kanäle

b) autonome Kanäle

ZP: Zentralprozessor

AK: Autonomer Kanal

1: Einleitungs-, 2: Transfer-, 3: Beendigungs- } Phase eines E/A-Vorganges

Der zentralgesteuerte Kanal arbeitet demnach unter der Regie des Zentralprozessors. Dabei konzentriert er sich auf die Ausführung der im Funktionscode spezifizierten Operationen, in deren Verlauf er die logische Verbindung zu einer Unterstation herstellt, mit ihr ein Datenwort austauscht und die notwendigen Kontrollen vornimmt. Hiermit erspart er dem Zentralprozessor Wartezeiten, die sonst als Folge der kleineren Arbeitsgeschwindigkeit im E/A-System auftreten würden, und verschafft ihm so den Freiraum für andere Aktivitäten. Als gravierender Nachteil verbleibt die hohe Inanspruchnahme des Zentralprozessors für eine Vielzahl von Übertragungsvorgängen mit relativ geringer Nutzleistung. Besonders ungünstig schlägt dabei zu Buche, daß jeder Einzelworttransfer von den Peripheriegeräten mittels Unterbrechungsanforderung angeregt wird und somit evtl. zwei Taskwechsel impliziert.

Für die Systemintegration zentralgesteuerter Kanäle besteht die Möglichkeit, sie nach Unibus-Konzept an den Zentralbus anzuschließen (Bild 4-2). Sämtliche Speicherreferenzbefehle wären dann auf sie anwendbar. Weitere Vorteile hätte das kaum, nachdem ihnen ein selbständiger Speicherzugriff verwehrt ist; vielmehr würden sie andere Kanäle bzw. Prozessoren bei deren Verkehr mit dem Hauptspeicher behindern. Es erscheint daher effektiver, sie gemäß den Bildern 4-4 und 4-5 an einem separaten E/A-Bus zusammenzufassen und diesen über den Zentralprozessor an den Speicherbus anzukoppeln. Freilich muß dann das Repertoire des Rechners eigene E/A-Befehle zu ihrer Aktivierung bereithalten.

Das skizzierte Leistungsprofil prädestiniert derartige Kanäle für die Bedienung eher langsamer Peripheriegeräte, also solcher, die mit höchstens einigen 100 bis 1000 E/A-Schritten pro Sekunde auskommen und folglich mit einzelnen Datenwörtern als Transportmengeneinheit zu befriedigen sind.

B) Autonome Kanäle

Sie basieren auf der Idee, den Zentralprozessor weitestmöglich von E/A-Operationen zu entlasten, indem sie deren Durchführung in die eigene Kontrollhoheit übernehmen. Zur Erlangung der dazu notwendigen Selbständigkeit werden sie hard- und firmwaretechnisch entsprechend komfortabel ausgestattet und erhalten insbesondere das Privileg des direkten Hauptspeicherzugriffes – deshalb auch: DMA-Kanäle. Ihre Funktionskomplexität wird u.U. mit echten – wenn auch nicht universellen – Prozessorfähigkeiten angereichert, so daß der Terminus *E/A-Prozessor* ggf. voll gerechtfertigt ist. Bild 5-3 zeigt ein einschlägiges Blockschema.

Charakteristisch für autonome Kanäle ist die Existenz von Kanalprogrammen, die spezifisch auf die Arbeitsweise eines Kanals sowie seiner angeschlossenen Peripheriegeräte zugeschnitten sind. Sie können im Hauptspeicher abgelegt sein und vom Kanal befehlsweise abgeholt und interpretiert werden. Eine andere Möglichkeit besteht in ihrer Implementation als Mikroprogramme innerhalb des Kanals. In diesem Falle genügt die Deponierung geeigneter Aufrufe – etwa nach Art von Makroanweisungen – einschließlich der zugehörigen Parameterwerte im Hauptspeicher.

Unter diesen Voraussetzungen erhalten die E/A-Prozeduren eine typische Ablaufstruktur, die sich grob in drei Phasen gliedert:

1) *Auftragserteilung* (Aufsetzen des Kanals)

   Das Betriebssystem spezifiziert den E/A-Auftrag an den Kanal, indem es ihm vom Zentralprozessor aus die relevanten Parameter (Peripherieadresse,

Datenanfangsadresse im Speicher, Länge der Übertragungseinheit, Transportrichtung usw.) übergibt oder ihn veranlaßt, sie sich unter vorgegebener Adresse selbst aus dem Hauptspeicher zu holen. Danach lädt es die Anfangsadresse des zuständigen Kanalprogramms in den Befehlszähler und initiiert damit dessen Ausführung durch den Kanal.

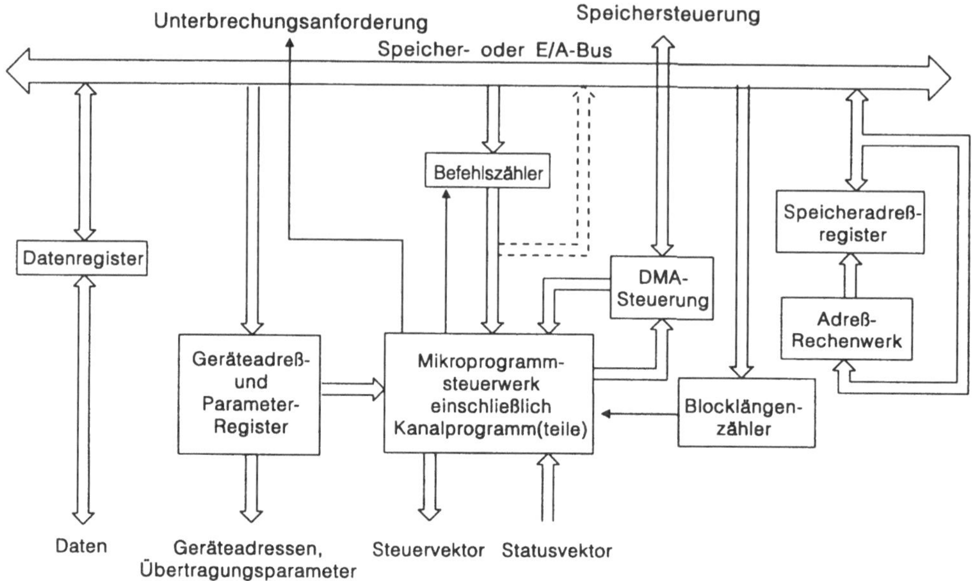

Bild 5-3 Prinzipaufbau eines autonomen E/A-Kanales

2) *Datentransfer* (Kanalprogrammablauf)

   Ab hier kooperiert der Kanal über seine DMA-Steuerung mit dem Hauptspeicher nach Prozessormodus, also völlig autonom. Für jedes zu transferierende Datenwort führt er eine Schreib- bzw. Leseoperation am Speicher durch, empfängt bzw. sendet über sein Datenregister oder einen ganzen E/A-Puffer das Wort von/zur Peripherie, aktualisiert über das Adreßrechenwerk die Speicheradresse sowie die Restwortanzahl im Blocklängenregister. Sobald diese den Wert „Null“ erreicht hat, stoppt er den Datenverkehr.

3) *Logische Abtrennung des Kanals* (Fertigmeldung)

   Der Kanal löst seine Verbindung sowohl zum Bus als auch zur Unterstation und meldet mittels Unterbrechungsanforderung den Abschluß des E/A-Auftrages. Damit veranlaßt er das Betriebssystem zur Erteilung eines Folgeauftrages und/oder zur Fortsetzung der Task, die auf das Ende des Vorganges gewartet hat.

Die Phasen 1 und 3 ab der Fertigmeldung laufen unter Kontrolle des Zentralprozessors ab – entweder über den gemeinsamen Bus oder einen eigenen zentralgesteuerten Kanal; sie stellen eine relativ hohe zeitliche Grundlast dar. Dagegen kann sich der eigentliche Datenaustausch mit sehr großer Geschwindigkeit vollziehen. In dieser Phase 2 arbeitet der Kanal in eigener Verantwortung, d.h. durchweg unabhängig vom Zentralprozessor und sogar simultan zu dessen Aktivitäten. Während nämlich der periphere Datenstrom an ihm vorbeigelenkt wird, kann der Zentralprozessor laut Bild 5-2b andere Tasks ausführen. Die dadurch erzielte echte Parallelität von Programminterpretationen steigert die Durchsatzleistung des Rechners beträchtlich, zumal mehrere autonome Kanäle zugleich tätig sein können.

Offensichtlich gilt aber diese Schlußfolgerung nur unter der Voraussetzung, daß die Phasen 2 deutlich länger dauern als die Phasen 1 und 3 (im Bild 5-2b übertrieben breit gezeichnet!) und somit die Nutzarbeit den Verwaltungsaufwand klar überwiegt. Deshalb ist als Transportmengeneinheit generell ein Datenblock aus einigen 100 bis 1000 Wörtern zu wählen. Dies wiederum impliziert, daß nur mittel- bis sehr schnelle Peripheriegeräte, also solche mit entsprechend hohem Datenaufkommen, wirtschaftlich sinnvoll von autonomen Kanälen zu bedienen sind. Neben Externspeicher und Vernetzungseinrichtungen gehören dazu einige Prozeßglieder oder -koppelelemente, z.B. spezielle Meßwertaufnehmer, evtl. mit nachgeschaltetem A/D-Wandler. Von der Übertragungskapazität her ergeben sich keine Schwierigkeiten. Sie reicht bis ca. 5 MB/s, liegt also um mehr als eine Größenordnung über der von zentralgesteuerten Kanälen. Begrenzt wird sie nicht durch die Dauer der Befehlsverarbeitung, sondern theoretisch allein durch die Zykluszeit des Hauptspeichers bzw. durch die Maximalzahl an Operationszyklen, die der Speicher pro Zeiteinheit zur Verfügung stellen kann (z.B. 5 Mio. Stück/s bei einer Zykluszeit von 200 ns). Allerdings müssen sich dieses Kontingent alle autonomen Kanäle sowie der Zentralprozessor untereinander aufteilen.

So entstehen zwangsläufig Busbelegungskonflikte, weil auch bei Parallelität mehrerer Prozessoren und Kanäle die Hauptspeicherzugriffe im Zeitmultiplexmodus ablaufen müssen. Sie werden vom Vorrangwerk bzw. Busarbiter (vgl. Abschnitt 4.1) grundsätzlich zuungunsten des Zentralprozessors geschlichtet, d.h. im Kollisionsfalle wird gemäß Bild 5-4 dem DMA-Kanal erlaubt, dem Prozessor einen Speicherzyklus gleichsam zu stehlen und damit dessen Taskbearbeitung entsprechend zu verzögern. Hieraus erklärt sich die gleichfalls geläufige Bezeichnung *Cycle-Steal*-Kanäle.

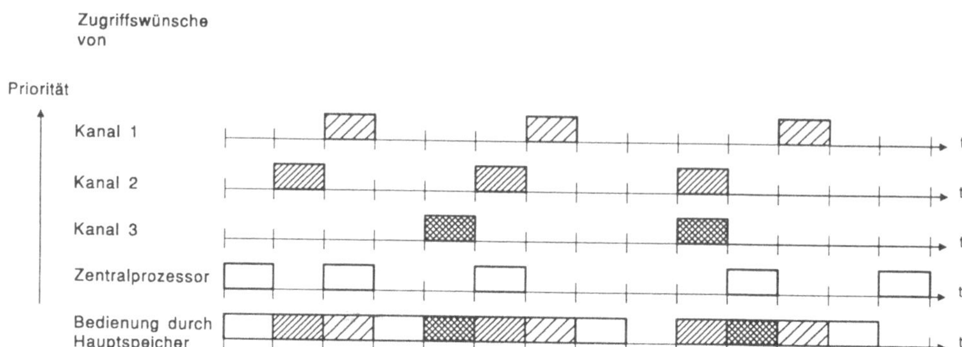

Bild 5-4 Vergabe von Speicherzyklen bei konkurrierenden Zugriffswünschen

Deren Koordination untereinander wird wieder durch ein Prioritätsschema geregelt. Im Beispiel von Bild 5-4 besitzen offenbar Kanal 1 die höchste und der Zentralprozessor die niedrigste Priorität. In ihm liegt die zeitliche Dehnung eines Programmlaufes bei durchschnittlichem Datenaufkommen in den Kanälen bei nur wenigen Prozenten und ist durchweg tolerierbar.

Für die Integration der autonomen Kanäle in die Zentraleinheit kommen sowohl der direkte Anschluß an einen Universalbus laut Bild 4-2 in Betracht als auch die Zusammenfassung an einem separaten E/A-Bus (Bilder 4-4 und 4-5). Wie man dort sieht, liegt es dann nahe, die Kontrollfunktionen der Kanäle aufzuteilen. Deren DMA-Steuerungen werden in einer speziellen Einheit konzentriert, die die Verbindung zwischen Speicher- und E/A-Bus herstellt und die Speicheroperationen übernimmt. Den Rumpfkanälen verbleibt die Interpretation der Kanalprogramme samt Bedienung der Peripherie.

Aus Sicht eines Prozeßrechners sind die beiden Kanalarten durchaus ambivalent zu beurteilen. Zentralgesteuerte Kanäle beschäftigen den Prozessor nicht sehr häufig, dann jedoch angesichts der geringen Nettoübertragungsleistung unangemessen stark. Autonome Kanäle arbeiten nebenläufig (konkurrent) zum Prozessor, treten aber gerade dadurch auch in Wettbewerb mit ihm bezüglich der Zuteilung von Hauptspeicherzyklen. Daraus ergeben sich u.U. signifikante Laufzeitverzögerungen für die aktuelle Task, was sehr schwerwiegend sein kann, wenn diese – etwa durch einen Interrupt aktiviert – eine zeitkritische Aufgabe behandelt. Somit resultiert ein gewisser Zielkonflikt aus dem Umstand, daß DMA-Kanäle eine hochgradige Ausnutzung der Ressourcen unterstützen sollen (Dauerleistung!), während Prozeßrechner definitionsgemäß eher auf kurzzeitige Spitzenleistungen getrimmt sein müssen.

5.2.2 Multiplex- und Selektorkanäle

Diese zweite Differenzierung innerhalb der E/A-Kanäle ist peripherieorientiert; sie zielt ab auf die Art und Anzahl der angeschlossenen Einheiten sowie auf den Bedienungsmodus. Dabei kommt es primär darauf an, ob und in welchem Umfang ein Kanal zu mehreren Geräten gleichzeitig eine logische Verbindung zu unterhalten vermag. Die einschlägigen Steuerprogramme könnten ggf. ebenso wie die Datentransfers natürlich nicht echt parallel, sondern nur zeitlich verschränkt ablaufen. Unter diesem Aspekt findet man drei Kanalversionen mit wiederum spezifischen Einsatzbereichen vor:

A) *Wortmultiplexkanäle*

An sie ist direkt oder über Unterstationen typischerweise eine größere Anzahl (oft bis zu 256) relativ langsamer Geräte vornehmlich aus der Bedien- und Prozeßperipherie angeschlossen (Tastaturen, Drucker, Anzeigen bzw. Meßwertgeber, Stelleinrichtungen, Umformer usw.). Der Datenaustausch mit ihnen vollzieht sich dem Terminus entsprechend im Wortmodus, wobei ein Wort oft identisch ist mit Zeichen oder Byte. Das bedeutet: Die physische Verbindungsdauer Δt zwischen Kanal und Gerät bzw. Unterstation ist für eine einzige Wortübertragung dimensioniert. Danach wird auf einen anderen Subkanal umgeschaltet und somit über eine andere Unterstation ein anderes Gerät bedient.

Dessen ungeachtet besteht die logische Verbindung zu den übrigen aktiven Geräten (Unterstationen) weiter fort. Ermöglicht wird das durch eine zeitüberlappte Interpretation aller beteiligten E/A-Programme im Kanal bzw. Zentralprozessor. Die Geräte benötigen zur Bereitstellung bzw. Auswertung des aktuellen Wortes ein Vielfaches der Übertragungszeit Δt. Sie können nicht nur alle ausgelastet sein, sondern sogar echte Simultanarbeit leisten, während sie sich in der Rolle als Kommunikationspartner des Kanals ständig abwechseln.

Im Bild 5-5 sind die Verhältnisse näherungsweise skizziert. In Eingaberichtung werden die verschiedenen Datenflüsse im Kanal gebündelt und über denselben Datenpfad im Zeitmultiplexverfahren (dichte Packung der Zeitscheiben) an die Zentraleinheit weitergeleitet. Umgekehrt wird bei Ausgabebetrieb der kompakte Datenstrom aus dem Speicher im Kanal entflochten. Ein Wechsel der Flußrichtung zwischen je zwei Intervallen Δt ist durchaus zulässig. In den Unterstationen kann eine weitere Aufspaltung bzw. Bündelung stattfinden, um Kanalkapazität und Datenaufkommen der Geräte noch besser aneinander anzupassen.

Es liegt unmittelbar auf der Hand, daß Wortmultiplexkanäle angesichts dieser Aufgabenstellung und Funktionsweise zentralgesteuert betrieben werden. Sie brauchen keinen eigenen Speicherzugriff, weil das Volumen der E/A-Operationen mit nur je einem Worttransfer in einem Rahmen bleibt, der vom Zentralprozessor noch beherrschbar ist.

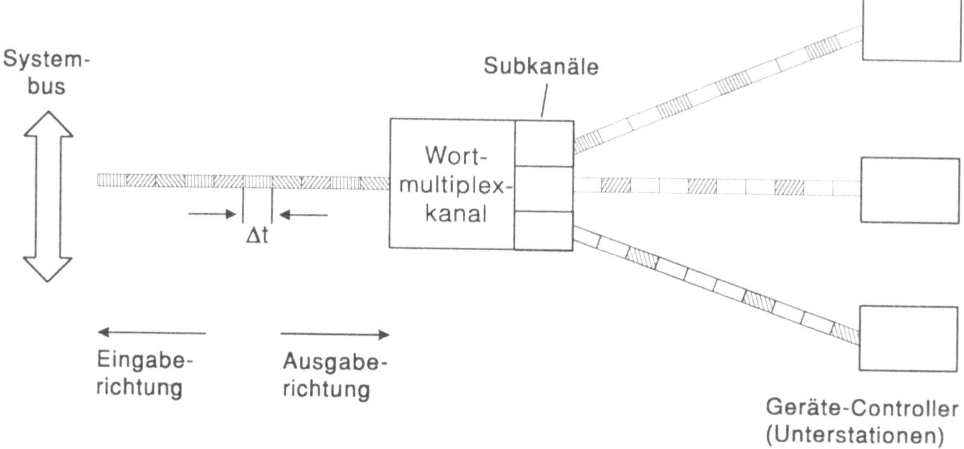

Bild 5-5 Datentransfer über einen E/A-Kanal im Wortmodus

B) *Blockmultiplexkanäle*

Der Name drückt aus, daß während einer physischen Verbindung zwischen Kanal und Peripheriegerät der Blockübertragungsmodus angewandt wird; d.h. durch Aneinanderreihung von m Zeitscheiben Δt werden bei einer E/A-Operation alle m Wörter eines Datenblocks lückenlos transferiert. Weiterhin kann jedoch bei verzahnter Ausführung mehrerer Kanalprogramme über verschiedene Subkanäle gleichzeitig eine logische Verbindung zu mehreren Unterstationen und damit Geräten existieren, so daß auch hier Parallelarbeit im Anschlußbereich eines Kanals zustande kommt.

Eine Verzweigung in den Unterstationen ist dagegen nicht mehr vorgesehen, weil ein zusammengehöriger Block sicher nicht auf mehrere Geräte verteilt werden darf. Bild 5-6 veranschaulicht den Zusammenhang. Äußerlich besteht der Unterschied zu Bild 5-5 allein im Blocklängenfaktor m, der je nach Gerätetyp durchaus variieren kann. Auch hier darf sich zwischen je zwei Übertragungsintervallen die Transportrichtung umkehren, da die zugehörigen Blöcke verschiedenen E/A-Operationen entstammen.

Offensichtlich ist diese Betriebsweise auf die Bedienung schneller Geräte zugeschnitten, wie sie für die Speicher-, Übertragungs- und vereinzelt auch die Prozeßperipherie charakteristisch sind. Folgerichtig müssen Blockmultiplexkanäle, um die verlangten Datenraten zu gewährleisten, stets als autonome Kanäle ausgelegt sein. Sie arbeiten besonders effizient, wenn es gelingt, mehrere E/A-Aufträge so zu überlagern, daß die Transferphase eines Subkanals mit den Aufsetz- oder Abtrennungsphasen anderer Subkanäle zusammenfällt. Dann lassen sich auch Wartezeiten, wie sie etwa bei Positionierbewegungen und Suchvorgängen in Externspeichern entstehen, ausfüllen und die Kanalkapazitäten hochgradig nutzen.

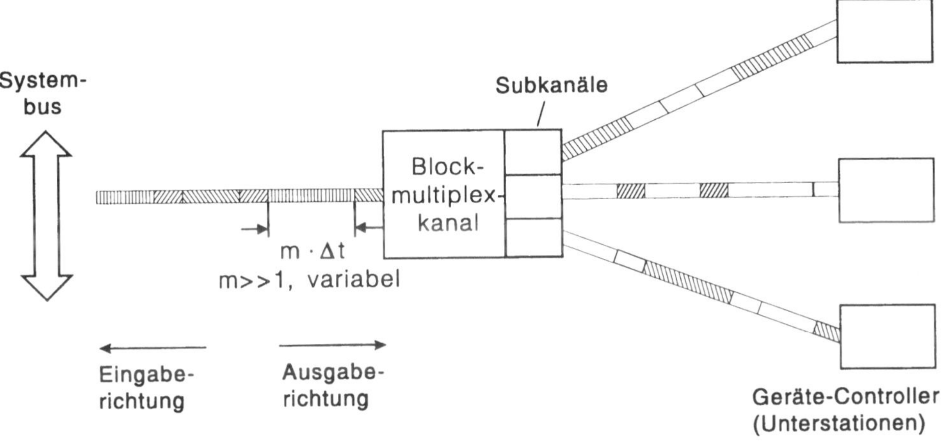

Bild 5-6 Datentransfer über einen E/A-Kanal im Blockmodus

C) *Selektorkanäle*

Sie praktizieren eine noch konsequentere Form des blockorientierten Datenverkehrs, für die der Begriff *Burstmodus* eingeführt wurde. Er besagt, daß E/A-Aufträge als kontinuierliche Einheiten und die einschlägigen Kanalprogramme relativ zueinander streng sequentiell abgewickelt werden. Innerhalb eines Kanals gibt es keine Überlappungen und somit keine logische Simultanverbindung zu mehreren Geräten, weil stets nur ein einziger ausgewählter Subkanal aktiv ist; so erklärt sich die Typenbezeichnung. Eine Auffächerung bzw. Verdichtung der Datenflüsse findet also weder im Kanal noch in den Unterstationen statt. Parallelarbeit ist nur unter Geräten möglich, die verschiedenen Kanälen zugeordnet sind.

Daraus folgt zweierlei: Auch Selektorkanäle müssen autonome Kanäle oder E/A-Prozessoren mit direktem Speicherzugriffsrecht sein. Sinnvoll ist allein der Anschluß schneller Peripherieeinheiten, die überdies nicht nur kleine Blöcke, sondern mitunter auch längere kontinuierliche Datenströme übernehmen und abgeben sollen. Ein solcher *streaming mode* wird z.B. bei der Datensicherung von Platten- auf Bandspeicher verwendet.

Im Bild 5-7 wird das durch die Vervielfachung der Blocklänge und der dafür benötigten Transferzeit $m * \Delta t$ um den wiederum variablen Faktor k zum Ausdruck gebracht. Zugleich tritt hier ein qualitativer Unterschied zu den ersten beiden Fällen zutage. Wegen der Einleitungs- und Beendigungsphase im Rahmen eines E/A-Auftrages kommt es zwischen den einzelnen Übertragungsphasen zu Pausen, weil die programm- und gerätebedingten Leerlaufzeiten nicht anderweitig zu verwerten sind. Bei sonst ähnlichem Leistungsvermögen – technologische Fortschritte haben den früher existierenden Vorsprung beinahe vollständig zusammenschrumpfen lassen – sind Selektorkanäle offenbar unflexibler als Blockmultiplexkanäle. Deshalb werden sie allmählich von jenen weitgehend abgelöst und finden ihren Einsatz überwiegend bei Vorliegen spezieller Randbedingungen.

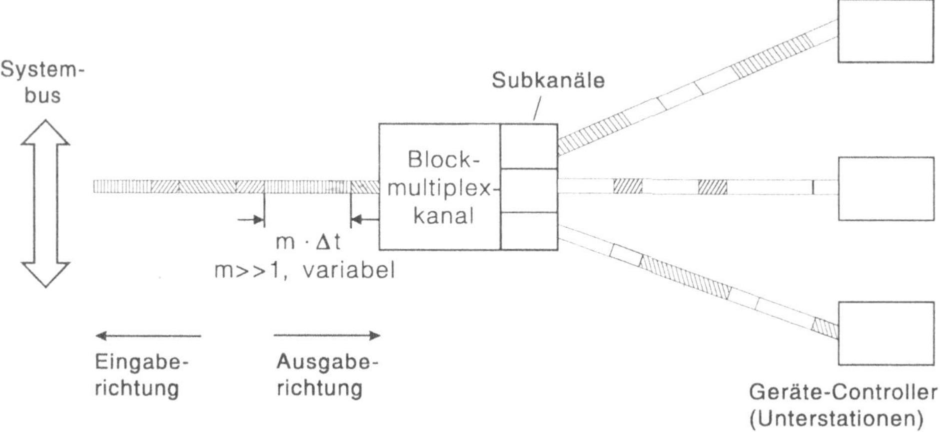

Bild 5-7 Datentransfer über einen E/A-Kanal im Burstmodus

In einem zusammenfassenden Vergleich zu den Bildern 5-5 bis 5-7 läßt sich feststellen: Sollen zwischen Zentraleinheit und einem Peripheriegerät insgesamt $k * m$ Datenwörter ausgetauscht werden, so geschieht das über

- Selektorkanäle in einem einzigen unterbrechungsfreien E/A-Vorgang mit $k * m$ fortlaufenden Einzelschritten;
- Blockmultiplexkanäle in k kompakten Blöcken, die je m Wörter umfassen und intermittierend übertragen werden;
- Wortmultiplexkanäle in $k * m$ einschrittigen und scheinbar zusammenhanglosen E/A-Operationen, die je eines eigenen Anstoßes bedürfen; häufig wird allerdings der Sonderfall $k = m = 1$ eintreten.

Eine exemplarische Konfiguration aus den diskutierten Kanaltypen weist Bild 5-8 aus. Daraus geht hervor, welche Kanäle befähigt sind, Speicherzugriffe anzufordern, und daß sämtliche Zugriffswünsche – auch die des Zentralprozessors – von einer separaten Instanz auf der Basis eines Prioritätsschemas gemäß Bild 5-2b koordiniert werden. Im vorliegenden Falle wird angenommen, daß die DMA-Controller zur Abwicklung des blockorientierten E/A-Verkehrs zwischen Speicher und Peripherie individuell in alle autonomen Kanäle integriert sind. Damit wird eine Alternative zur Struktur von Bild 4-5 aufgezeigt, wo die entsprechenden Funktionen für mehrere Kanäle bzw. E/A-Prozessoren in einer gemeinsamen DMA-Steuereinheit konzentriert sind.

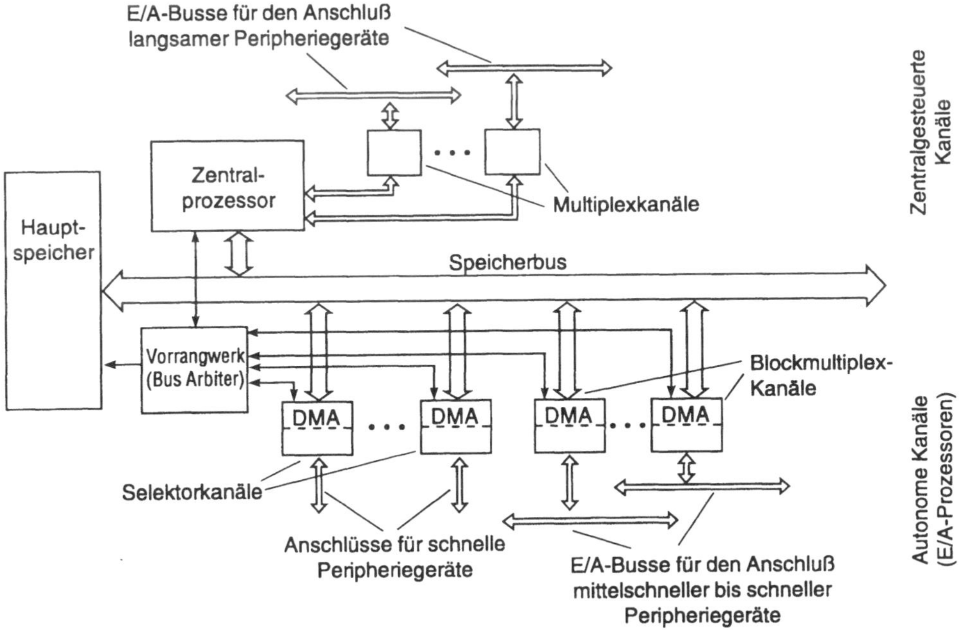

Bild 5-8 Busorientierte Ankopplung verschiedener E/A-Kanaltypen in der Zentraleinheit

5.3 Ein/Ausgabestrukturen

Die Struktur des E/A-Systems wird nicht allein durch die Konsistenz und Anzahl seiner Komponenten geprägt, sondern ebenso durch die Art der Verbindung und seines Zusammenwirkens einerseits mit der Zentraleinheit und andererseits mit der Peripherie. Die organisatorischen Möglichkeiten der Einbindung in die Zentraleinheit, insbesondere der Kommunikation mit Prozessor und Hauptspeicher wurden im Abschnitt 4.1 diskutiert:

- Separate Zugangswege zu beiden Betriebsmitteln (Bild 4-1);
- zentraler Bus als universeller Verkehrsstrang über eine einheitliche Schnittstelle (Bild 4-2);
- mehrere Zentralbusse zwecks Zulassung eines Simultanbetriebes mehrerer Kanäle mit verschiedenen Speichermoduln (Bild 4-3);
- eigener E/A-Bus, der über Zentralprozessor und/oder DMA-Einheit an den Speicherbus gekoppelt ist (Bild 4-4);
- zwei E/A-Busse für einen getrennten Anschluß langsamer bzw. schneller Peripheriegeräte über Zentral- bzw. E/A-Prozessoren (Bild 4-5).

5.3.1 Verkehrswege zur Peripherie

Die peripherieseitige Verbindung bietet noch differenziertere Strukturierungsformen und ist bei Prozeßrechnersystemen aus zwei Gründen besonders relevant: Zwischen Zentraleinheit und Peripherie sind größere räumliche Entfernungen zu überbrücken – oft bis in den km-Bereich (z.B. in Walzwerken, Chemieanlagen oder Automobilfertigungsstraßen), und das Spektrum gerade an Prozeßkoppelelementen ist nicht nur quantitativ wesentlich breiter, sondern weist auch vielfältigere Eigenschaften und Schnittstellen auf. Einer sorgfältigen Konzeption und Auslegung dieser Informationswege kommt daher mit Blick auf die weitläufigen Prozeßlenkungsaufgaben des Systems ein außerordentlich hoher Stellenwert zu.

Die dabei zu berücksichtigenden systemtechnischen und ökonomischen Anforderungen gestalten sich teilweise konträr. Zu den wichtigsten Elementen eines einschlägigen Kriterienkataloges gehören [LAU 89]:

- ausreichend hohe Übertragungsleistung (einschließlich gewisser Kapazitätsreserven),
- verzögerungsarme Weitergabe von Interrupt Requests (Fertigmeldungen, Alarme),
- Offenheit für nachträgliche Erweiterung beim Systemausbau,
- Verwendbarkeit von Komponenten mit standardisierten oder gar normierten Schnittstellen,
- zumindest eingeschränkte Betriebsfähigkeit des Systems beim Ausfall einzelner Komponenten,
- Aufwand für Kabel und deren Verlegung.

Je nach Gewichtung sowie den spezifischen Randbedingungen des Objektprozesses bietet sich für die Projektierung des Wegegeflechtes eine Reihe von

Möglichkeiten an. Die im Bild 5-1 angedeuteten Varianten besitzen lediglich exemplarischen Charakter. Allgemein unterscheidet man bei der topographischen Verbindung der E/A-Kanäle mit den Unterstationen oder Peripheriesteuereinheiten fünf Grundstrukturen, die im Bild 5-9 zusammengestellt sind:

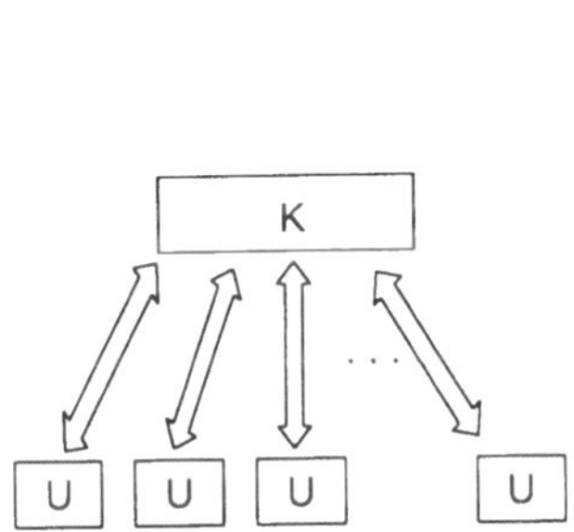

a) Sternstruktur

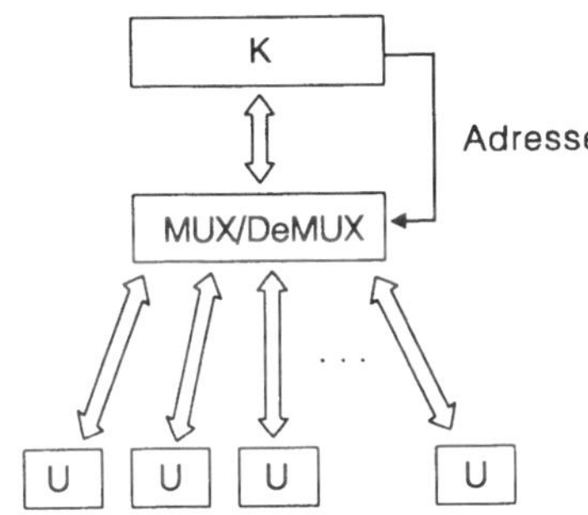

b) Fächerstruktur

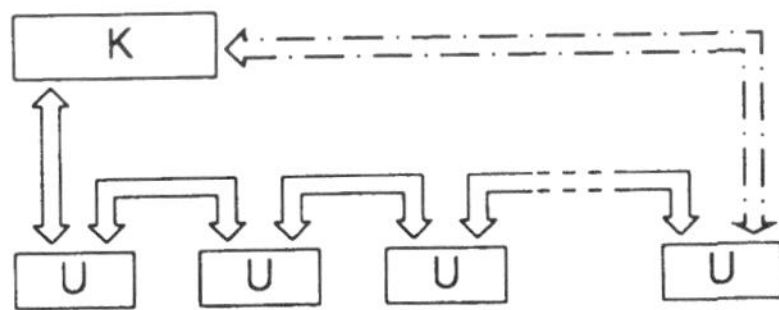

c) Kettenstruktur

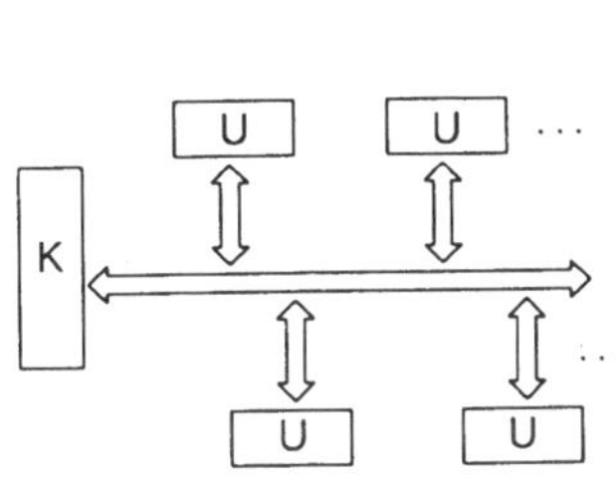

d) Linienbusstruktur

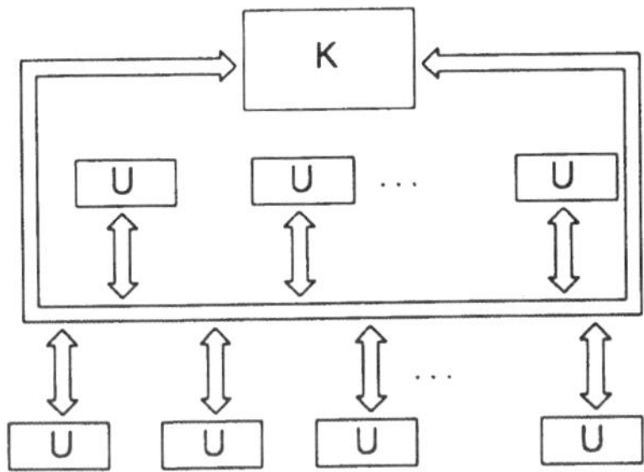

e) Ringbusstruktur

Bild 5-9 Topographische Grundstrukturen für den Datenverkehr im E/A-System

K: E/A-Kanal

<==>: Datenwege

U: Unterstation

a) *Sternstruktur*

Die Unterstationen sind mit dem betreffenden E/A-Kanal über individuelle Stichleitungen verbunden, wozu auch je ein eigener Subkanal gehört (Bild 5-9a). Über deren konstruktiv bedingte Maximalzahl hinaus ist keine Systemerweiterung möglich. Die Verkabelung erfordert einen beträchtlichen Aufwand, der allenfalls bei kurzen Distanzen (also kaum für die Prozeßperipherie) gerechtfertigt ist. Als Vorteil verbleibt die höhere Betriebssicherheit; denn der Ausfall einer Unterstation oder eines Leitungsstranges beläßt die übrigen funktionsfähig.

b) *Fächerstruktur*

Der Übertragungsweg verläuft als Einzelstrang vom Kanal zu einem Verteiler, der die Rolle eines Multiplexers und Demultiplexers ausübt, und verzweigt erst dort sternförmig zu den Unterstationen. Deren Selektion leistet eine Adreßvorgabe an den Verteiler (Bild 5-9b). Da es sich hier offenbar um eine Variante der Sternstruktur handelt, wird auch die Beurteilung ähnlich ausfallen. Immerhin kommt eine Verwendung für die Prozeßperipherie dort in Betracht, wo Unterstationen in enger Nachbarschaft zueinander, aber in größerer Entfernung von der Zentraleinheit angeordnet sind.

c) *Kettenstruktur*

Vom Kanal geht nur ein einziger Informationsstrang aus, der sich durch sämtliche Unterstationen hindurchzieht; sie sind damit wie Perlen an einer Kette aufgereiht und logisch in Serie geschaltet. Aktiviert werden sie bei Koinzidenz ihrer eingeprägten Stationsnummer mit einer ausgesandten Adresse.

Die Kette kann offen bleiben oder mittels Rückführung zum Kanal geschlossen werden; dafür existiert auch die Bezeichnung *daisy chain* (Bild 5-9c). Einer erheblich ökonomischeren Leitungsführung und einer einfachen Erweiterbarkeit steht hier das erhöhte Ausfallrisiko gegenüber. Daneben ist der Übertragungsvorgang sowohl komplizierter als auch langsamer, weil jede Unterstation prüfen muß, ob sie eine Nachricht behält oder an die nächste weiterreicht.

d) *Linienbusstruktur*

An den einzigen vom Kanal ausgehenden Kommunikationspfad sind alle Unterstationen gleichberechtigt angeschlossen, also logisch parallel geschaltet (Bild 5-9d). Versteht man den Kanal zugleich als Busarbiter, so herrscht Analogie zu den in der Zentraleinheit betrachteten Bussen.

e) *Ringbusstruktur*

Sie bildet gleichsam eine Kreuzung aus Ketten- und Linienbusstruktur. Einerseits bleibt die Parallelitätsbeziehung der Unterstationen insofern gewahrt, als sie Informationen des Kanals gleichzeitig erhalten und prüfen (Bild 5-9e). Andererseits ist die doppelte Anbindung an den Kanal hinsichtlich der Zuverlässigkeit vorteilhaft zu verwerten. Bei einem Bruch des Buskabels entstehen näherungsweise zwei Linienbusse, über die evtl. alle Unterstationen weiterversorgt werden können.

Beide Busstrukturen zeichnen sich aus durch hohe modulare Erweiterungsfähigkeit und relativ niedrige Verkabelungskosten. Sie eignen sich deshalb für Konfigurationen, wo Unterstationen nicht nur vom E/A-Kanal, sondern auch voneinander weiter entfernt sind, wie es bei ausgedehnten Automatisierungsanlagen häufig zutrifft. Mit den Fächerstrukturen sind sie stärker verwandt als es der Anschein erwarten läßt. Während dort ein De-/Multiplexer als zentrale Komponente installiert ist, wird er hier auf alle Anschlußeinheiten verteilt, so daß Busse als dezentrale Multiplexeinrichtungen gelten können [FÄR 92]. Das erweist sich u.a. am Selektionsmodus. Die Adresse liegt am Multiplexer – bei Bussen folglich an allen Teilnehmern – an, löst aber nur in einem einzigen die gewünschte Aktion aus. Eine prinzipielle Schwäche von Bussen liegt darin, daß ihre Gesamtfunktion schon durch eine elektrische Störung in einem Teilnehmer lahmgelegt werden kann, falls keine einschlägigen Redundanzmaßnahmen getroffen sind.

Typischerweise werden sich im Entscheidungsfalle für die eine oder andere der aufgezeigten Grundstrukturen gewisse Präferenzen einstellen. Daraus folgt aber keineswegs die Festlegung auf eine einzige Struktur für das gesamte Automatisierungssystem. Topographische Gegebenheiten sowie Art und Anzahl der zu bedienenden Geräte in verschiedenen Einzugsgebieten können nahelegen, für die Anschlüsse von Peripherieeinheiten an ihre E/A-Kanäle, also auf derselben hierarchischen Systemebene, durchaus verschiedene Verbindungsstrukturen vorzusehen. Bild 5-1 läßt diese Kombinationsfreiheit bereits erkennen.

5.3.2 Unterstationen

Die den E/A-Kanälen als nächste Hierarchieebene unterlagerten Unterstationen haben die Aufgabe, angesichts der Vielzahl von Peripheriegeräten die Kanäle vor Überfrachtung zu schützen, indem sie die Menge ihrer Anschlußeinheiten begrenzen. Bei ihnen handelt es sich in der Standardperipherie entweder um Betriebsmittel, die in sich Interface- und Steuerungsfunktionen vereinigen, wie sie von den angeschlossenen (meist gleichartigen!) Geräten gemeinsam benötigt werden, oder um Übertragungseinrichtungen bzw. Netzknoten zur Herstellung einer Rechnerkopplung in einem Verbundsystem.

In der Prozeßperipherie spielen Unterstationen die Rolle von *Konzentratoren*, die jeweils eine Gesamtheit aus räumlich nicht weit verstreuten Meß- und Stellgliedern, Bedien- und Anzeigevorrichtungen über die zugehörigen Koppelelemente versorgen und speziell die Informationsflüsse in Eingaberichtung bündeln und in Ausgaberichtung aufspreizen. Hardwaretechnisch hat man sich darunter Einschubrahmen oder ganze Schränke vorzustellen, in die die Steuerelektronik der einzelnen Koppelelemente – evtl. ergänzt um einschlägige Signalwandler – in Form von Leiterplatten eingesteckt werden. Sie sind i.a. auch firm- und/oder softwaremäßig ausgerüstet, etwa derart, daß ein Mikroprozessorsystem den Datenaustausch sowohl mit dem Kanal als auch mit den Endgeräten abwickelt und die vielfältigen Teilabläufe koordiniert.

Erweitert man das Aufgabenspektrum durch Einbeziehung von Funktionen der Meßdatenvorverarbeitung, der Regelung oder gar des Benutzerdialogs, so bedarf es nicht nur einer angemessenen Prozessor- und Speicherausstattung einschließlich eigener Programme, sondern auch entsprechender Bedienperipherie (Bildschirm, Drucker, Tastatur, Eingabetableau, Scanner u.a.). Auf diese Weise kann die Unterstation selbst die Qualität eines Prozeßrechners – wenn auch mit beschränktem Funktionsvolumen – annehmen, z.B. in der Realisierungsform eines Baugruppensystems. Je stärker ihr Ausbau in dieser Richtung forciert wird, desto besser eignet sie sich als Komponente in einer dezentralen Automatisierungsstruktur.

Die Weiterführung der Kommunikationswege von den Unterstationen zu den einzelnen Geräten bzw. Meß- und Stelleinrichtungen im technischen Prozeß repräsentiert augenscheinlich eine zweite, hierarchisch untergeordnete Ebene im E/A-System. Auf ihr sind für die Anbindung der Peripherie wiederum mehrere Strukturvarianten denkbar, freilich keine anderen als sie Bild 5-9 für die höhere Ebene aufgezeigt hatte. Allerdings findet man hier eine deutliche Schwerpunktbildung zugunsten der Stern- und Linienbusstruktur, weil von einer Unterstation aus zu den Peripherieeinheiten generell kürzere Strecken zu überbrücken sind als zu anderen Unterstationen oder zum E/A-Kanal.

Offenbar können die dargelegten Grundstrukturen auf den beiden Ebenen des E/A-Systems unabhängig voneinander angewandt und somit eine Reihe von Kombinationsmöglichkeiten realisiert werden, jeweils abgestimmt auf das spezifische Anforderungsprofil der Anwendung. Bild 5-10 gibt ein Beispiel für eine recht frei kombinierte E/A-Struktur, die von einem einzigen Kanal ausgeht (typischerweise wird gemäß Bild 5-8 eine ganze Anzahl solcher Kanäle im E/A-System parallel laufend betrieben). Die obere Ebene mit fünf Unterstationen ist primär sternartig angelegt, jedoch mit einigen zusätzlichen Querverbindungen angereichert, so daß ein teilweise vermaschtes Netzwerk entsteht, was u.a. mehr Flexibilität und größere Übertragungssicherheit bietet. Die einzelnen Unterstationen sind wiederum Ausgangspunkt für eine Stern-, Ketten-, Linien- und Ringbusstruktur, an denen die zu bedienenden Peripheriegeräte in ihrer Eigenschaft als Datenquellen bzw. -senken angebunden sind.

Wie man dem Bild 5-10 außerdem entnimmt, ist die Anzahl funktionaler Hierarchiestufen im E/A-System nicht generell auf „zwei" begrenzt. Je nach Komplexität des Prozesses bzw. Volumen der Peripherie, nach gegebener räumlicher Ausdehnung und gewählter Organisation des E/A-Verkehrs können auch drei bis vier Stufen opportun sein, jeweils wieder mit intelligenten Substationen oder Konzentratoren an ihren Nahtstellen.

Von hier aus wird besonders deutlich, daß Unterstationen vom Aufbau und Funktionalität her keine homogene Charakteristik besitzen können, sondern je nach Einsatzort und Bestimmungszweck sehr verschiedenartig gestaltet sein werden. Gerade für die Abdeckung einer solch relativ großen Bandbreite im unteren bis mittleren Leistungsbereich eignen sich modulare Rechnersysteme auf Baugruppenbasis ausgezeichnet.

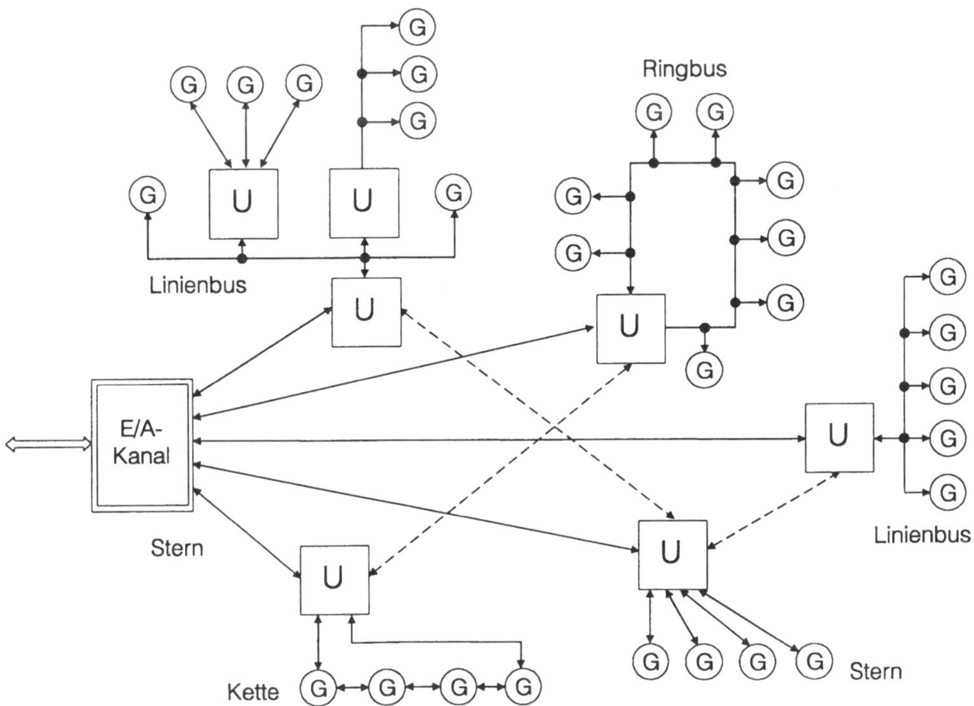

Bild 5-10 Exemplarische Konfiguration einer Drei-Ebenen-E/A-Struktur

U: Unterstation G: Peripheriegerät

<-->: Kommunikationsweg zur Ergänzung der Sternstruktur

5.3.3 Unterbrechungskanäle

Ebenso wie der Adreß-, Daten- und Steuerinformationsfluß von den Prozeßkoppelelementen zur Zentraleinheit über mehrere Zwischenstationen verläuft, werden externe Unterbrechungswünsche angesichts der oft großen Distanzen nicht unmittelbar beim Unterbrechungswerk angemeldet. Der Weg über die Controller, Unterstationen und E/A-Kanäle verursacht zwar geringfügige Verzögerungen, bietet aber den Vorteil der möglichen Vorauswahl, Komprimierung, Priorisierung, Sicherung gegen Verlust sowie einer drastischen Reduktion des Verkabelungsaufwandes.

Alle Einrichtungen längs dieses Weges, die der Weiterleitung oder Kennzeichnung eines individuellen oder gebündelten Interrupt Request dienen, werden mit dem Begriff *Unterbrechungskanal* belegt. Sie sind strukturell ein Bestandteil der E/A-Kanäle, Unterstationen usw. und dort meist in mehrfacher Ausfertigung anzutreffen. Deren primär auf Abwicklung des peripheren Datenverkehrs ausgerichtete Arbeit ergänzen sie um die Funktion, den Peripheriegeräten selbst ein Initiativrecht für die Einleitung solcher Transfers bzw. die Möglichkeit zur Absetzung von Alarmen einzuräumen.

Unterbrechungskanäle erstrecken sich effektiv von den Meldeleitungen in den Gerätesteuerungen bis zu den Eingängen der IR-Register in Bild 4-10 oder 4-12. Während der Systemprojektierung können sie bereits den verfügbaren Prioritätsebenen fest zugeteilt werden. Alternativ dazu läßt sich die Anbindung variabel gestalten, um auch innerhalb einer durch den Kanal repräsentierten Gruppe von Interrupt Requests unterschiedliche Dringlichkeiten zu berücksichtigen.

Die gebräuchlichen Strukturtypen zur Organisation der Unterbrechungskanäle sind wiederum Stern-, Ketten- und Busform. Für die konkrete Auslegung bieten sich je nach angestrebter Leistungscharakteristik – und folglich nach notwendigem Umfang der Hardwareunterstützung – ähnliche Varianten wie im Unterbrechungswerk selbst an. Schon eine Sammelleitung pro Kanal reicht aus, wenn man die relativ langwierige Softwareabfragetechnik zur Identifikation der Interrupt-Quelle in Kauf nimmt, deren Durchführung allerdings vom Zentral- an E/A-Prozessoren delegiert werden kann. Sollen dagegen zwecks rascherer Reaktion vektorisierte Interrupts verwendet werden, so lassen sie sich (bzw. Teile von ihnen) auf der Stufe der Unterstationen nach dem gleichen Schema wie in Bild 4-10 oder 4-11 erzeugen.

Auf E/A-Kanalebene wird wie folgt verfahren. Gehört der Kanal fest zur Prioritätsklasse j, so speichert er gemäß Bild 5-11 die Interrupt-Quelladresse (IQA) im Register IAR ab und leitet sie als Teil-Interrupt-Kennung (TIK) ans Unterbrechungswerk weiter. Den von der Unterstation kreierten Gruppen-Interrupt-Request GIR führt er über ein Flip Flop dem zugeordneten Eingang des ebenenspezifischen Registers IRR_j zu (vgl. Bild 4-12). Zuvor kann er noch selbsttätig den aktuellen Status (IQS) der Interrupt-Quelle abfragen und im Interrupt-Status-Register (ISR) festhalten, um ihn dem Interrupt-Verwaltungsprogramm zur Auswertung anzubieten. Während die Information IQS sowie eine evtl. an die Peripherie auszugebende Maske stets auf dem Datenpfad übertragen werden, ist es eine Implementierungsfrage, ob IQA gleichartig behandelt oder ob dafür separate Leitungen bereitgestellt werden. Liegt anstatt der im Bild 5-11 zunächst angenommenen linienbusartigen E/A-Struktur eine sternförmige vor, so müssen die Größen GIR, IQA und IQS vorab mittels geeigneter Gatterschaltungen laut Abbildung erst generiert werden.

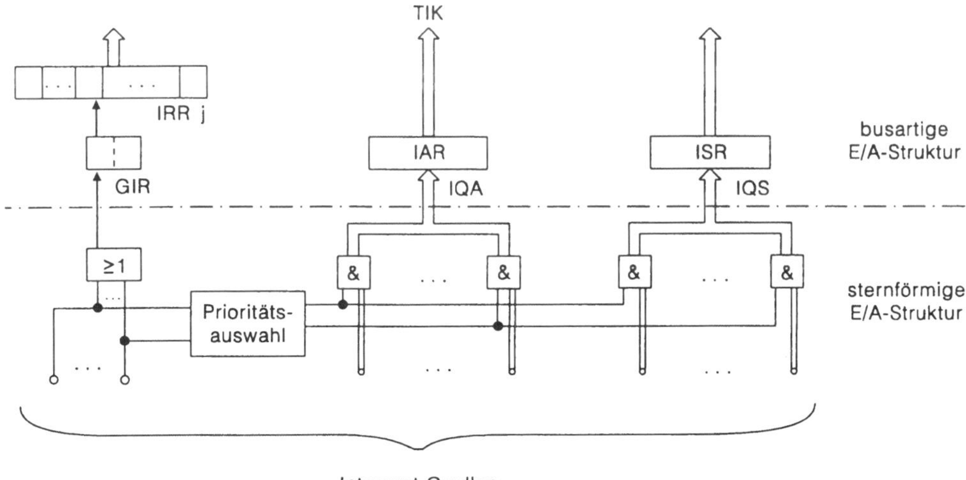

Bild 5-11 Unterbrechungskanal mit fester Zuordnung zur Prioritätsebene j

Soll indes eine Interrupt-Meldung unabhängig vom Anschluß ihrer Quelle an einen E/A-Kanal in eine bestimmte Vorrangebene eingereiht werden, so ist der Unterbrechungskanal nach Art von Bild 5-12 zu erweitern. Das GIR-Signal muß allen Registern IRR im Unterbrechungswerk zugänglich gemacht werden. Eines davon wird über einen Decodierer selektiert, und zwar auf der Grundlage einer entweder von den Unterstationen zusammen mit der Anforderung angelieferten oder direkt vor Ort aus IQS gewonnenen Prioritätskennung PK. Für die Einziehung und Weitergabe von IQA und evtl. IQS ändert sich dadurch nichts.

Selbstverständlich sind Unterbrechungskanäle nicht auf die Erfassung von Interrupt Requests aus Prozeßkoppelelementen beschränkt. Dieselbe Aufgabe erfüllen sie für Quellen in der Standardperipherie (Externspeicher, DÜ-Einrichtungen, Bedien- und Datenendgeräte) sowie in der Zentraleinheit selbst (Zeitgeber, Fehler- bzw. Störungsdetektoren, Netzgerät).

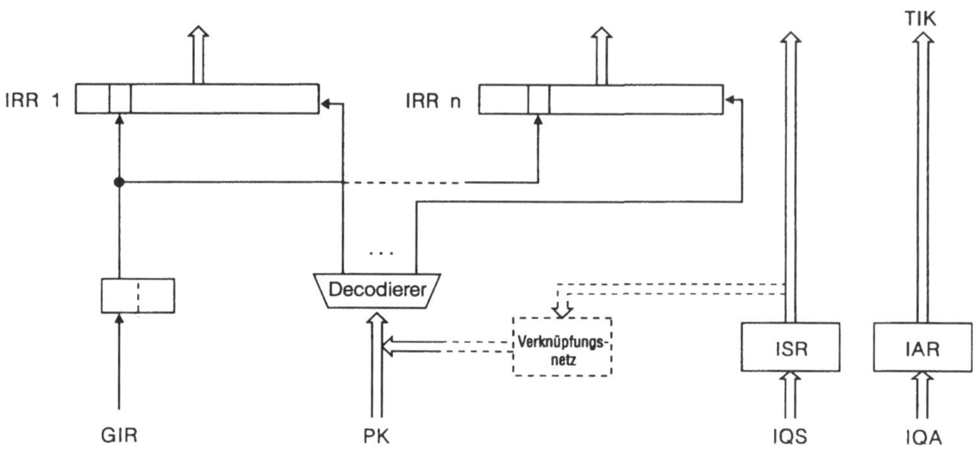

Bild 5-12 Unterbrechungskanal mit variabler Zuordnung zu Prioritätsebenen

5.4 Bussysteme

Eine gewisse Dominanz von Bussen gegenüber anderen Verbindungsstrukturen im E/A-System von Prozeßrechnern hat sich im Laufe der Zeit immer spürbarer herauskristallisiert. Dieser Trend ist letztlich aber nur Indikator für einen viel umfassender wirksamen Sachverhalt. Seit nahezu drei Jahrzehnten haben Bussysteme in der gesamten Rechnerarchitektur eine überragende Bedeutung erlangt. Bezüglich der Methodik, Betriebsmittel miteinander zu koppeln, sind dadurch an die Stelle einer Vielzahl von Punkt-zu-Punkt-Verbindungen ein oder mehrere Sammelleitungssysteme getreten. An sie lassen sich Hardwarekomponenten verschiedensten Typs in größerer Anzahl als Busteilnehmer anschließen, sofern deren Schnittstelle die Busspezifikation erfüllt. In vielen Fällen ist es durchaus hinnehmbar, daß pro Zeitintervall nur ein Teilnehmer Informationen auf den Bus senden darf und meist auch nur einer sie empfängt. So gesehen fungiert der Bus als gemeinsames Transportvehikel für die permanent wechselnden logischen Verbindungen zwischen je zwei Teilnehmern.

Die allgemeinen Vorzüge waren bereits angeklungen: Mäßiger Realisierungsaufwand, hohe Übertragungskapazität und große Flexibilität gegenüber Änderungen der Teilnehmeranschlüsse, also speziell: einfache Erweiterbarkeit [SCH 93, FÄR 87]. Damit werden Busse zum wesentlichen Strukturelement eines modularen Systemaufbaus, der leicht an sich wandelnde Umgebungsbedingungen anzupassen ist.

5.4.1 Elementare Funktionsmechanismen

Ein geordneter Informationsaustausch auf einem Bus setzt die Existenz einiger wesentlicher Elemente voraus:

- Busteilnehmer, die die Rolle des Senders (Datenquelle) bzw. Empfängers (Datensenke) ausüben;
- ein Busprotokoll als vollständiges und eindeutiges Regelwerk für die Gestaltung der Kommunikation und Kooperation zwischen den Busteilnehmern;
- eine Kontrolleinrichtung, die gemäß diesen Regeln die logische Verbindung (*link*) zwischen Sender und Empfänger auf- und abbaut und die Informationsflüsse auf ihr steuert;
- eine Koordinationseinrichtung, die ebenfalls in Vollzug dieser Vorschriften die unvermeidlich auftretenden Konflikte um die Erlangung der Buskontrolle schlichtet.

Die einzelnen Busteilnehmer können entweder auf bestimmte Aufgaben spezialisiert oder aber befähigt sein, mehrere dieser Funktionen wechselweise oder sogar simultan zu übernehmen. Von hier aus unterscheidet man einige Klassen von Teilnehmern, die demnach unterschiedliche Qualitäten von Kommunikationsverhalten aufweisen.

Derjenige Teilnehmer, der im betrachteten Zeitintervall die Buskontrolle wahrnimmt und die Abwicklung des Datenverkehrs steuert, wird als *Bus-Master* bezeichnet; sinngemäß ist dann sein Kommunikationspartner der *Bus-Slave*. Aus Gründen der Eindeutigkeit kann es stets nur einen einzigen Master geben, während als Slaves durchaus mehrere Teilnehmer zugleich zugelassen sind; allerdings wird von dieser Möglichkeit nur relativ selten Gebrauch gemacht. Die Forderung, auf dem gleichen Sammelleitungssystem in verschiedenen Zeitintervallen verschiedene Links, also Verbindungen zwischen verschiedenen Teilnehmern herstellen zu können, impliziert, daß die Master-Rolle einem zeitlichen Wechsel unterliegt, d.h. vom aktuellen Inhaber bedarfsweise auf einen anderen Teilnehmer übergeht. Indes sind dazu nicht alle geeignet, da die autonome Ablaufsteuerung eines Busprotokolls an die hard- und softwareseitige Ausrüstung gewisse Mindestansprüche stellt. In Betracht kommen daher nur Teilnehmer mit wenigstens partiellem Prozessor-Charakter, also auch DMA-Controller. Dagegen sind Speichereinheiten grundsätzlich auf die Slave-Funktion festgelegt.

Völlig unabhängig von der Übertragungssteuerung ist die Busverwaltung zu sehen, das bedeutet die Zuteilung der Master-Rolle an einen der konkurrierenden Teilnehmer für eine begrenzte Zeitdauer. Die dafür zuständige Funktionseinheit heißt *Bus-Arbiter*. Er hat sich mit dem Problem zu befassen, daß i.a. mehrere

Anforderungen zugleich vorliegen werden (Buskonflikt), die natürlich nur sequentiell zu befriedigen sind. Verschärfend kommt hinzu, daß die anstehende Auswahlentscheidung in kürzestmöglicher Zeit getroffen werden muß, um die Sammelschiene als Übertragungsweg optimal nutzen zu können. Schon deshalb scheidet eine rein softwaretechnische Implementierung aus.

Von besonderem Interesse ist die Frage, welche Systemkomponente diese Arbitrierung übernehmen soll. Dabei kann nach ähnlicher Methode wie mit der Master-Funktion selbst verfahren werden, d.h. zeitlich wechselnde Wahrnehmung durch verschiedene Busteilnehmer nach dem Kriterium des aktuellen Bedarfes. Als Alternative bietet sich die Etablierung einer dedizierten Funktionseinheit an, die ausschließlich auf diese Aufgabe hin konzipiert ist und die sich insofern von den Busteilnehmern qualitativ abhebt, die deshalb sogar nicht einmal selbst Busteilnehmer im eigentlichen Sinn sein muß. Aus dieser Sicht ergeben sich zwei recht gegensätzliche Organisationsformen:

a) *Zentrale Bus-Arbitrierung*

Sämtliche Koordinations- und Busverwaltungsmechanismen sind in einer hierarchisch exponierten Hard-/Softwarekomponente konzentriert. Sie tritt nie als Sender oder Empfänger von Nutzdaten auf und übernimmt auch nicht selbst die Master-Rolle, sondern weist sie aufgrund der aktuellen Busbelegungswünsche einem auszuwählenden Teilnehmer zu. Ein einschlägiges Konfigurationsbeispiel zeigt Bild 5-8. Abweichend von der dortigen Darstellung wird jedoch der Arbiter rein konstruktiv oft einem Busteilnehmer zugeschlagen, in der Regel dem Zentralprozessor.

b) *Dezentrale Bus-Arbitrierung*

Im Sinne eines verteilten Systems obliegen die Koordinationsaufgaben hier allen masterfähigen Busteilnehmern (bzw. einer Untermenge daraus) gemeinsam. Dementsprechend ist auch die dazu erforderliche Ausstattung in diesen Teilnehmern identisch vorhanden, und die betreffenden Protokollfunktionen laufen in ihnen parallel ab. Das bedeutet: Die Vergabe der Buskontrolle vollzieht sich in gegenseitiger Abstimmung der Teilnehmer, ist also partnerschaftlich geregelt. Die Arbiter- und die Master-Funktion fallen dann jeweils in einem Teilnehmer für gewisse Zeit zusammen.

Ungeachtet der Entscheidung für den zentralen oder dezentralen Modus stellen sich drei weitere Fragen:

- Wie werden dem jeweiligen Arbiter die Busanforderungen der Teilnehmer bekannt?

- Nach welcher Strategie soll er konkurrierende Anforderungen behandeln, d.h. einen Buskonflikt auflösen?
- Wie informiert er die Teilnehmer über seine getroffene Auswahl des nächsten Masters?

Zur Bewältigung des ersten Problems kommt eine Abfrage der masterfähigen Teilnehmer in Betracht, aber auch die Möglichkeit, daß diese ihre Wünsche eigeninitiativ anmelden können *(Bus Request)*. Die Buszuteilung selbst wird stets nach Maßgabe eines topographisch oder funktional orientierten Prioritätsschemas stattfinden, das ggf. durch Umverdrahtungen oder per Programmbefehl auch modifizierbar ist. Die Rückmeldung (Quittung) an die Teilnehmer über eine bewilligte Anforderung und damit die Aktivierung des neuen Masters geschieht mit Hilfe spezieller Freigabe- bzw. Sperrsignale *(Bus Grant)*. Aus der Kombination der Lösungsvarianten für diese Einzelprobleme erwächst eine stattliche Vielfalt an Arbitrierungsmethoden und -techniken, die alle ihre spezifischen Vor- und Nachteile besitzen.

Dabei verdient ein für die Leistungsfähigkeit, Erweiterbarkeit, Zuverlässigkeit, Verdrahtungsaufwand und Kosten gleichermaßen wichtiger Aspekt besondere Beachtung: Die im Rahmen des Arbitrierungsprozesses anfallenden Informationen lassen sich im Prinzip auf dem Bus selbst übertragen, etwa im zeitlichen Multiplexing mit den Nutzdaten. Diese Sparversion ist aber nur dort akzeptabel, wo die infolge dessen stark dezimierte Nettotransferrate des Busses nicht ins Gewicht fällt. Viel häufiger findet man für diesen Zweck ein separates Leitungssystem vor. Es kann seinerseits wiederum in Busform realisiert sein (Arbitrierungs-Bus) oder aber aus individuellen Verbindungen (Stichleitungen) bestehen, also eine Stern- oder Kettenstruktur aufweisen. Für detailliertere Darstellungen und Vergleiche sei auf die Literatur verwiesen [BÄH 91, SaS 92, GIL 93].

5.4.2 Einsatzmöglichkeiten und Merkmale

Wie aus den Abschnitten 4.1 und 5.3 hervorgeht, kommen Bussysteme auf mehreren Stufen innerhalb der Hierarchie eines Rechnersystems zum Einsatz. Dementsprechend unterschiedlich sind ihre Eigenschaften und Leistungsmerkmale ausgeprägt: Zulässige geometrische Länge, Parallelitätsgrad (Breite der Sammelschiene), Durchsatzleistung, evtl. zusätzliche Stichleitungen für Unterbrechungsanforderungen und Buszuteilung, Arbitrierungsmechanismus, Übertragungsprotokoll (Prozedur des Datenaustausches unter den Teilnehmern), Störsicherheit, Kosten usw. Auch das Repertoire an gebräuchlichen Bezeichnungen dafür ist ziemlich reichhaltig und zuweilen verwirrend, vor allem wenn herstellerspezifische Terminologien unterschiedliche Inhalte mit denselben Begriffen belegen. Mit Blick auf den Diskussionsgegenstand „Prozeßrechner" sollen Bussysteme hier auf den dafür typischen fünf hierarchischen Einsatzebenen beleuchtet werden.

1) *Lokale Busse*

Darunter versteht man Leitungsstränge im Inneren von Systemkomponenten wie etwa Prozessoren oder Controller; sie sollen dort vielfältig nutzbare Verbindungen zwischen Registern, Zählern, Rechenwerken, Cache-Speichern usw. herstellen. Oft sind sie extern gar nicht zugänglich, etwa wenn sie lediglich auf einer Leiterplatte oder gar innerhalb eines integrierten Schaltkreises verlaufen und nicht auf dessen Anschlußpins geführt werden. Sie sind durchweg produktspezifisch und daher von untergeordnetem Interesse.

2) *Systembusse*

Bei ihnen handelt es sich um schienenartige Wege innerhalb der Zentraleinheit, die Hauptkomponenten wie Prozessoren, Speicherbänke, Controller und E/A-Kanäle in Kommunikation treten lassen. Im Abschnitt 4.1 wurden sie als zentrale bzw. Speicherbusse bezeichnet. Auch sie sind als herstellerspezifisch einzuordnen, jedoch haben sich einige von ihnen zu echten Industriestandards entwickelt und weite Verbreitung gefunden, wie etwa die erwähnten Unibus, VME-Bus, Multibus bzw. dessen auf europäische Normen abgestimmte Version AMS-Bus, daneben auch der EISA- sowie der FUTURE-Bus. Deren Bedeutung liegt nicht zuletzt darin, daß sie überall dort zum Tragen kommen, wo die entsprechenden Systemkomponenten Verwendung finden, also auch in Unterstationen, programmgesteuerten Konzentratoren in unmittelbarer Prozeßnähe, evtl. sogar in Prozeßkoppelelementen. Offenbar eignen sich solche Standards besonders gut als Systembusse für Prozeßrechner der Baugruppenkategorie.

3) *Peripheriebusse*

Obwohl der Begriff alle Möglichkeiten offenhält, bezieht er sich real doch auf Busse für den Anschluß von Geräten der Standardperipherie und hier insbesondere der Bedienungs- und Speicherperipherie an den Rechnerkern. Neben vielen firmenspezifischen Lösungen hat sich in den letzten Jahren vor allem der SCSI(Small Computer Systems Interface)-Bus als Standard herauskristallisiert. Wegen der Beschränkung auf acht Teilnehmer sowie anderer Spezifikationsmerkmale eignet er sich für die Prozeßperipherie praktisch nicht.

4) *Prozeßbusse*

Sie verbinden die Zentraleinheit(en) eines Prozeßrechnersystems mit Geräten oder Anlageteilen des technischen Prozesses, speziell mit den dort plazierten Unterstationen. Zu diesem Zwecke müssen sie nicht nur größere Entfernungen (bis in den km-Bereich) überbrücken, sondern auch unter erschwerten äußeren Bedingungen (mannigfaltige Störquellen!) eine hohe Übertragungssicherheit gewährleisten. Hier herrschen zum Vorteil des Anwenders herstellerübergreifende, also mehr oder weniger standardisierte Konzepte vor.

Allerdings reichen für die Ankopplung an den zentralen Systembus im Gegensatz zu den Peripheriebussen die rechnerspezifischen E/A-Kanäle nicht aus. Um spezielle Anwenderkonfigurationen berücksichtigen zu können, bedürfen sie der Ergänzung durch einen auf den verwendeten Prozeßbus abgestimmten Busadapter oder Buscontroller. Diese Einheiten dienen zur individuellen Anpassung des Bussystems, insbesondere zur Protokollimplementierung. Dadurch wird es prinzipiell möglich, verschiedene Prozeßbusse nebeneinander zu betreiben, was jedoch in wirtschaftlicher Hinsicht kaum zweckmäßig erscheint. Immerhin erlangt erst mittels solcher Adapter der größte Teil des E/A-Systems Unabhängigkeit vom gewählten Rechnermodell.

5) *Feldbusse*

Ihre Funktion besteht im Anschluß von Meß-, Steuer-, Automatisierungs- und Anzeigeinstrumenten, von Erfassungs- und Stelleinrichtungen, kurz: von Elementen der Prozeßperipherie an die Unterstationen. Sie verlaufen also topographisch innerhalb des Objektprozesses bzw. im „Feld" und benötigen daher nur eine mäßige räumliche Ausdehnung (einige 10 bis 100 m). An die Übertragungsleistung werden ähnlich hohe Anforderungen gestellt wie bei Prozeßbussen, ebenso an die Betriebssicherheit. Die Standardisierung ist gerade hier recht weit fortgeschritten.

Diese Betrachtungen lassen erkennen, daß hinsichtlich der lokalen, der System- und der Peripheriebusse praktisch keine Differenzen zwischen Prozeß- und Universalrechnern zu beobachten sind. Maßgebend sind auf diesen Ebenen allein die Größenklassen der Rechner sowie Herstellerspezifika. Dagegen heben sich Busse im Bereich des E/A-Systems bei Prozeßrechnern wegen der hierfür typischen Peripherie deutlich von denen anderer Rechner ab. Ihre besondere Bedeutung beziehen sie aus dem Umstand, daß ihre Effizienz entscheidend die Fähigkeit des Rechners beeinflußt, einen technischen Prozeß überwachen und lenken zu können.

Bild 5-13 bringt eine fiktive Konfiguration von Bussystemen auf den drei für Prozeßrechner relevanten Ebenen. Man erkennt, daß jeweils eine Kanaleinheit mit assoziiertem Buscontroller bzw. eine Unterstation die Ausgangspunkte eines Prozeß- bzw. Feldbusses bilden, womit eine Hierarchie aus verschiedenen Bussystemen begründet ist. Beachtung verdient dabei der Umstand, daß die Unterstationen neben ihren diversen anderen Aufgaben noch die Funktion eines Buskopplers zu übernehmen haben. Das bedeutet: Analog zu den Busadaptern auf der höheren Ebene müssen sie die Protokolle eines Prozeß- und eines Feldbusses nicht nur separat abwickeln, sondern auch aufeinander abbilden.

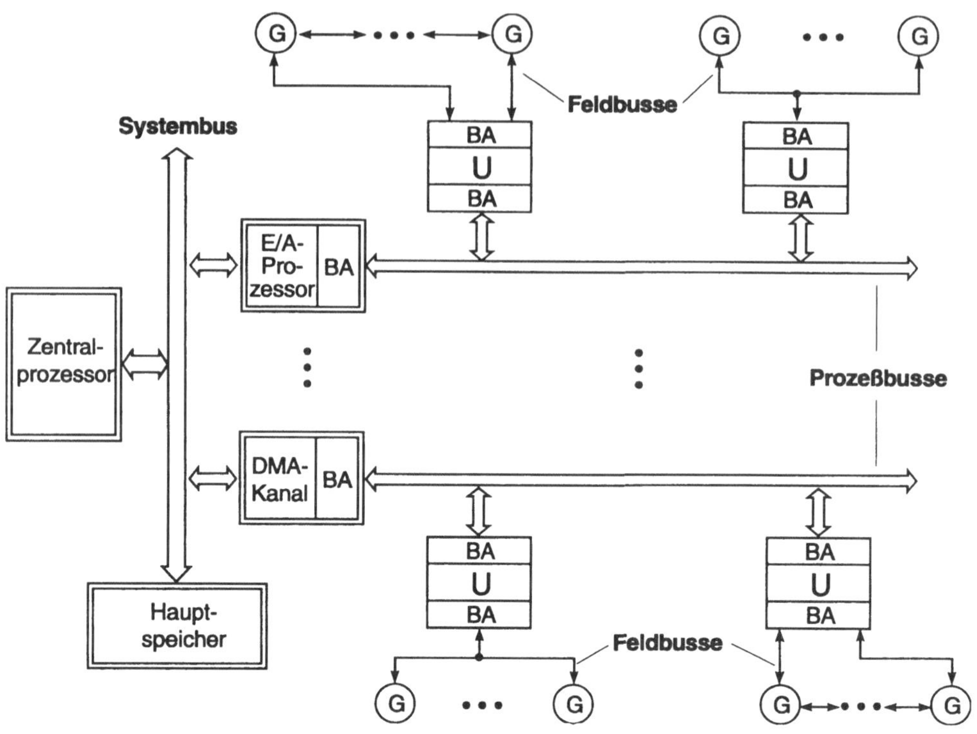

Bild 5-13 Hierarchische Struktur eines Automatisierungssystems mit Prozeß- und Feldbussen
U: Unterstation BA: Busadapter G: Peripheriegerät

Das Spektrum der ggf. an einen Bus anzuschließenden Funktionskomponenten ist nach Aufgabenart, Leistungsvermögen und Implementierungsform ungeheuer breitbandig; das gilt bereits für die Standard-, aber noch viel dezidierter für die Prozeßperipherie. Daraus resultiert die Problematik zahlreicher herstellerabhängiger und somit verschiedener Geräteschnittstellen. Die Ankopplung an den Bus setzt jedoch eine zu ihm kompatible Schnittstelle (*Interface*) voraus. Deshalb entfalteten sich schon frühzeitig Aktivitäten zur Standardisierung von Schnittstellen und folglich der Busse selbst, einschließlich der Übertragungsprotokolle auf ihnen. Die geschaffenen Standards bzw. Normen gewährleisten die Kompatibilität dank präziser Spezifikationen auf

- mechanisch-konstruktiver Ebene: Aufbautechnik und Abmessungen von Einschubrahmen und Leiterplattenmodulen, Kabel- und Steckertypen, Stiftbelegung an Koppelstellen;

- elektrischer Ebene: Anzahl und Höhe der Speisespannungen, Strombelastbarkeit, Signalpegel, Leitungsführung, Dämpfungsverhalten, Schirmungsmaßnahmen zwecks statischer und dynamischer Störsicherheit;
- logischer Ebene: Anzahl und Verwendung der Leitungen, Bedeutung der darauf ausgetauschten Signale, Formate und Codes der Informationen einschließlich zugehöriger Sicherungsvorkehrungen, Kommunikationsregeln (Sende/Empfangs-Prozeduren, Arbitrierungsmodus).

Gerade die Betreiber größerer Anlagen ziehen daraus erheblichen Nutzen, indem sie aus einem reichhaltigen Marktangebot an eigens für den betreffenden Busstandard entwickelten Gerätekomponenten verschiedenster Hersteller die jeweils günstigsten auswählen und zu einer optimalen Prozeßinstrumentierung zusammenstellen.

5.4.3 Exemplarische Prozeß- und Feldbusse

Aus dem Repertoire herstellerunabhängiger Standards, die sich in den vergangenen 25 Jahren für die Anbindung der Prozeßperipherie an den Rechnerkern etabliert haben, seien nur einige kurz vorgestellt [RAÜ 81, HUL 81, Hea 87, SCH 94]. Dabei ist die Zuordnung zu den Kategorien Prozeß- bzw. Feldbus nicht durchweg eindeutig vorzunehmen und aus zwei Gründen wohl auch nicht erforderlich. Die im Bild 5-13 aufgezeigte E/A-Struktur tritt keineswegs immer in dieser Reinform auf, sondern wird in der praktischen Ausgestaltung häufig stark verwischt. Außerdem werden in einem dezentralen Automatisierungssystem, wo die Unterstationen selbst weitgehend die Qualitäten eines eigenständigen Prozeßrechners aufweisen, zumindest partiell keine zwei Verbindungsebenen zu den Peripheriegeräten hin benötigt, so daß Prozeß- und Feldbus funktional effektiv zusammenfallen. Als wesentliche Unterscheidungskriterien verbleiben dann evtl. nur noch die zu überbrückende Distanz (zulässige Gesamt- bzw. Segmentlänge des Busses) sowie die maximale Anzahl anschließbarer Teilnehmer.

A) CAMAC-Bus (Computer Application to Measurement and Control)

Er wurde vom ESONE-Komitee ursprünglich für nukleartechnische Anwendungen spezifiziert, ist dann aber auch zu einem Industriestandard geworden. Von ihm gibt es sogar zwei Systemvarianten: eine mit parallelem und eine mit seriellem Übertragungsmodus, jeweils modular konzipiert. Beide sind in der Hierarchie des E/A-Systems an einen Kanal anpaßbar und weisen dann den Unterstationen den Status von Teilnehmern zu; sie überstreichen einen relativ großen Einzugsbereich und sind eindeutig der Kategorie der Prozeßbusse zuzurechnen.

Der parallele CAMAC-Bus ist nach der Typisierung von Abschnitt 5.3 eigentlich als offene Kettenstruktur (*Branch Highway* genannt) organisiert und verwendet als zentrale Komponente einen sogenannten *Branch Controller* (Bild 5-14). Als Teilnehmer können bis zu sieben Geräterahmen (*Crates*) angeschlossen sein. In jedem stellt ein *Crate Controller* die Verbindung zwischen Hauptbus und einem hierarchisch untergeordneten Linienbus, dem *Data Highway*, her. Dessen Teilnehmer sind maximal 23 Module mit beliebigem Funktionsprofil. Meist wird es sich dabei um die Interface-Steckkarten von Prozeßkoppelelementen oder sonstigen Peripheriegeräten handeln; grundsätzlich sind aber auch Prozessor-, Speicher- und andere Module zugelassen. Auf beiden Ebenen sind die Datenwege mit 24 Bit Breite angelegt und können einige 100 KWörter/s übertragen. Neben einer Vielzahl von Adreß- und Steuerleitungen sind auf dem Branch Highway eine gemeinsame und auf dem Data Highway individuelle Leitungen für Unterbrechungsanforderungen vorgesehen [SCH 81b].

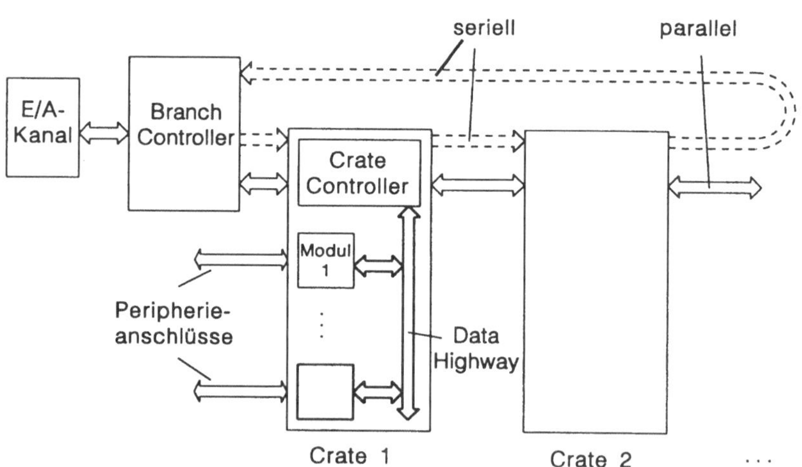

Bild 5-14 Organisation des CAMAC-Bussystems

Beim seriellen CAMAC-System werden demgegenüber die Informationen auf dem *Branch Highway* bit- oder byteseriell, synchron und unidirektional übertragen, dessen Kette hier zu einem Ring geschlossen ist (Bild 5-14) und bis zu 62 *Crates* aufnehmen kann. Damit wird nicht nur eine größere Anzahl von Peripherieeinheiten erfaßbar, sondern auch eine bessere Flächendeckung erzielt. Bei zugleich niedrigeren Kabelkosten kommen dennoch Transferraten bis 5 Mb/s zustande.

B) PDV-Bus (Prozeßlenkung mit Datenverarbeitungsanlagen)

Er verkörpert gleichfalls einen typischen Prozeßbus und ist das Ergebnis eines mit Bundesmitteln geförderten Projektes, in dem mehrere deutsche Herstellerfirmen, Anwender und Institute mit dem Ziel einer möglichst breitbandigen Einsatzfähigkeit zusammengearbeitet haben, genormt in DIN 19241 [Bea 76]. Er gewährleistet hohe Übertragungssicherheit und eignet sich damit auch für rauhere Umgebungsbedingungen in der Verfahrens- und Fertigungstechnik. Aus struktureller Sicht stellt er einen Ringbus mit seriellem Übertragungsmodus dar. Als Zentralkomponente fungiert ein Buscontroller, der die Verkehrsprotokolle abwickelt und die Kopplung zu einem E/A-Kanal besorgt (Bild 5-15). Über eine zulässige Distanz von maximal 3 km verbindet ihn der Bus mit den Unterstationen, die wiederum für die Bedienung je eines lokalen Bezirkes von Prozeßperipherieeinheiten zuständig sind. Die Übertragungsleistung reicht bis 300 Kb/s.

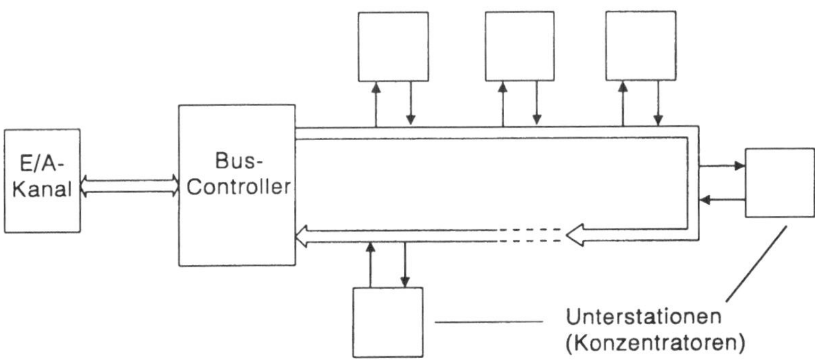

Bild 5-15 PDV-Buskonfiguration

C) MAP-Bus (Manufacturing Automation Protocol)

Dieses System ragt vom Ansatz her weit über einen üblichen Prozeßbus hinaus und läßt sich durchaus unter die lokalen Netzwerke (LAN) einreihen. Funktionelle und softwaretechnische Spezifikationen stehen klar im Vordergrund, während für die hardwareseitige Realisierung recht unterschiedliche Möglichkeiten offengehalten werden. Die Entstehungsgeschichte hebt sich von der anderer Busse (ausgenommen CAMAC) insofern gänzlich ab, als hier nicht ein einzelner oder ein Konsortium von Herstellern aus der Automatisierungstechnik die Initiative ergriffen haben, sondern ein Anwender, nämlich die Firma General Motors. Ihr Bestreben war es, aus Wirtschaftlichkeitserwägungen alle einschlägigen Zulieferer auf einen gemeinsamen Standard zu verpflichten. Damit wurde die Anschlußfähigkeit nicht nur verschiedenartiger Netzknoteneinrichtungen, sondern auch recht heterogener Rechner erzielt. Die Anwendungsschwerpunkte liegen offensichtlich im industriellen Fertigungsbereich und beziehen auch rechnergestützte Produktionsplanungs- und steuerungssysteme ein.

D) IEC-Bus (International Electrotechnical Commission)

Ursprünglich von Hewlett Packard entwickelt, wurde er Mitte der 70er Jahre standardisiert und als Norm IEEE 488 bzw. IEC 625 festgeschrieben. Er ist primär auf die Bedürfnisse der Laborautomatisierung zugeschnitten und daher für kürzere Entfernungen (bis ca. 20 m) und gehobene Transferleistungen ausgelegt. Das Maximum von etwa 1 MB/s brutto wird allerdings nur bei Längen unterhalb 5 m erreicht. In größeren Automatisierungssystemen verbindet er eine Gruppe von relativ eng benachbarten Prozeßkoppelelementen oder auch Standardgeräten mit einer dezentralen Unterstation. Er kann insofern als typischer Feldbus zum Einsatz in unmittelbarer Prozeßnähe gelten [PIO 87, PaM 93]. Bei kleineren Anwendungen läßt er sich direkt an einen PC anschließen; dann kann er ebenso gut als Prozeßbus eingestuft werden.

Die Funktionseigenschaften der Teilnehmer lassen sich in drei Klassen gliedern: Senderfunktionen (Talker), Empfängerfunktionen (Listener) und Steuerfunktionen (Controller). Manche Geräte verfügen nur über einen eingeschränkten Vorrat, z.B. wird ein Scanner ausschließlich als Sender und ein Plotter nur als Empfänger auftreten. Digitale Meßgeräte, Oszilloskope und Datenwandler sind für beides ausgerüstet, weil sie als programmierbare Einheiten auch Einstelldaten, wie Verstärkungsfaktoren oder Meßbereiche, entgegennehmen müssen. Programmgesteuerte Geräte (Rechner) beherrschen darüber hinaus die Funktionselemente des Controllers, d.h. sie übernehmen noch die Aufgaben des Arbiters und des Bus-Masters. (Siehe dazu Bild 5-16.) Befinden sich mehrere Teilnehmer mit diesen Fähigkeiten am Bus, so können sie wechselweise als Controller fungieren (in jedem Zeitintervall nur ein einziger).

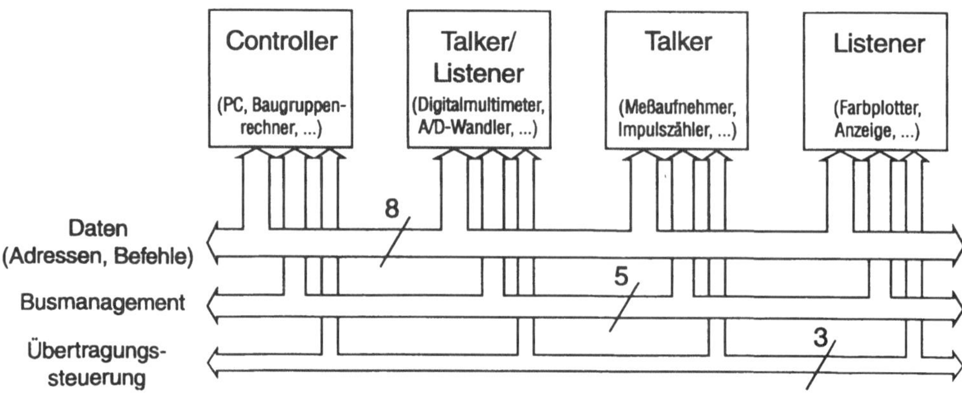

Bild 5-16 Teilnehmerklassen und Leitungsgruppen des IEC-Bus

Die Kommunikation verläuft über insgesamt 16 Leitungen, und zwar

- acht bidirektionale Datenleitungen (paralleler Übertragungsmodus!), die außerdem für Adressierungen und Befehlsübergaben benutzt werden;
- fünf sog. Managementleitungen für Kontroll-, Anforderungs-, und Freigabesignale, mittels derer das Schnittstellenverhalten der Teilnehmer koordiniert wird;
- drei Steuerleitungen für die zeitliche Abwicklung des eigentlichen Informationsverkehrs im Handshake-Modus (asynchron).

Individuelle Leitungen, z.B. für Unterbrechungsmeldungen, existieren daneben nicht. Auf der Basis einer eigenen Programmiersprache können Controller den angeschlossenen Geräten einzelne Befehle oder ganze Befehlsfolgen übermitteln, um sie zu bestimmten Aktivitäten zu veranlassen.

E) Bitbus

Die Firma Intel hat ihn als Kommunikations-Feldbus mit seriellem Übertragungsmodus für ihre Mikroprozessorprodukte spezifiziert und von Beginn an mit einschlägigen Controllerbausteinen zur Geräteankopplung unterstützt. Dieser Umstand sowie das Aufsetzen des Busprotokolls auf dem weit verbreiteten SDLC/HDLC-Standard haben zusammen mit einem eigens dafür konzipierten multitaskfähigen Echtzeitbetriebssystem, das dem Anwender zahlreiche Standardfunktionen zur Verfügung stellt, die Akzeptanz rasch gefördert. Einige zusätzliche Merkmale, wie Ereignisüberwachung und Konfigurationsmanagement, haben den Bitbus in die Norm IEEE 1118 als höhere Ausbaustufe einmünden lassen [FUR 94].

Die charakteristische Konfiguration sieht nur einen einzigen Master im Sinne einer übergeordneten Steuerungseinheit vor, alle anderen Teilnehmer (auch Knoten genannt) gelten trotz ihrer Prozessorfähigkeiten als Slaves. Als Übertragungsraten sind 375 und 62,5 kbit/s festgelegt und damit implizit auch die zulässige Segment- bzw. Gesamtlänge des Bus. Im ersten Falle kann sich ein Bussegment mit maximal 28 Knoten auf bis zu 300 m ausdehnen und bedarfsweise durch sog. Repeater (Signalverstärker) um höchstens weitere zwei gleichartige Segmente verlängert werden. Bei nur 62,5 kbit/s darf sich ein Segment auf 1200 m erstrecken und mittels zehn Repeatern auf eine maximal elffache Gesamtdistanz erweitert werden.

F) CAN-Bus (Control Area Network)

Gemäß der Intention seines Urhebers, der Firma Bosch, sollte er die rapide anwachsende Menge von Elektronik-Komponenten in Kraftfahrzeugen auf effiziente, sichere und zugleich einfache Weise mit einer zentralen Leitstelle verbinden, was mittlerweile auch geschieht. Dank der zügigen Bereitstellung von Controller-IC's durch mehrere Halbleiterhersteller hat auch dieser serielle Feldbus recht bald Eingang in weite Gebiete der Prozeßautomatisierung gefunden. Das zugrunde liegende Protokoll stellt eine Implementierung der Schicht 2 (Data Link Layer) des ISO/OSI-Referenzmodells für Netzwerkarchitekturen dar (International Standardization Organization/Open-Systems-Interconnection). Es ist zusammen mit einer der Schicht 1 (Physical Layer) entsprechenden elektrisch-mechanischen Schnittstelle mittlerweile in die Normung eingeflossen (ISO/DIS 11898). Sie sieht ein Übertragungsverfahren über eine differentielle Zweidrahtleitung von maximal 40 m Länge mit einer Datenrate bis 1 Mbit/s vor. Eine zweite Spezifikation ermöglicht Entfernungen bis 400 m bei 100 kbit/s; Segmentierungen werden nicht praktiziert.

Im Gegensatz zum Bitbus kann jeder Knoten (Teilnehmer) die Master-Rolle ausüben. Die Arbitrierung erfolgt dezentral und orientiert sich nicht an der lokalen Position des Knotens am Bus, sondern an der Priorität der von ihm abzugebenden Nachricht, auch als *Kommunikationsobjekt* bezeichnet; diese wird durch einen softwaremäßig definierbaren Identifier charakterisiert. So ist gewährleistet, daß sich im Falle eines Buskonfliktes (simultane Sendewünsche bzw. Anforderungen mehrerer Teilnehmer) z.B. eine Alarmmeldung gegenüber der zyklischen Ausgabe eines Stellwertes durchsetzt. In Abhängigkeit von ihrer Priorität werden für die einzelnen Nachrichten bestimmte Reaktionszeiten garantiert und damit die Echtzeitfähigkeit des Gesamtsystems unterstützt. Ein sehr interessantes Protokollmerkmal ist der Broadcasting-Modus, d.h. ein über den Bus gesendetes Kommunikationsobjekt kann von mehreren oder sogar allen Knoten simultan empfangen und ausgewertet werden.

G) Profibus (Process Field Bus)

Er entstammt einer mit öffentlichen Mitteln (BMFT) geförderten rein deutschen Initiative und wurde kooperativ von 13 Herstellern und fünf Forschungsinstituten erarbeitet bis hin zur Normierung in DIN 19245. Diese Feldbus-Konzeption stellt ebenfalls in Anlehnung an das ISO/OSI-Referenzmodell die Schichten 1, 2 und 7 (Physical, Data Link und Application Layer) bereit. Gerade die Festlegung der Anwendungsschnittstelle eröffnet den Zugang zu vielen wertvollen Dienstleistungen und erlaubt damit eine herstellerunabhängige Kommunikation. Besonderer Wert wurde auf die Schaffung von Übergangsmöglichkeiten zu Kommunikationssystemen auf höheren Automatisierungsebenen gelegt, also speziell auf die Kopplung an Prozeßbusse. So existieren Protokollumsetzer z.B. für die Anbindung an das MAP-Netz [HAR 93].

Ähnlich wie beim CAN-Bus handelt es sich hier um einen Multimaster-Bus. Das bedeutet, die Master-Funktion ist nicht auf einen der Teilnehmer fixiert, sondern wird zwischen ihnen in zyklischem Turnus gleichsam herumgereicht, und zwar in Gestalt eines sog. Token. Darunter versteht man eine spezielle Information, deren Besitz zur Buskontrolle berechtigt. Allerdings sind nur Teilnehmer mit einer Mindestausstattung an Prozessoren, Speichern, Programmen usw. masterfähig bzw. aktiv, also Tisch-, Baugruppen-, Mikrorechner, Unterstationen oder Steuerungen. Einfache Meß- und Stelleinrichtungen haben nur passiven oder Slave-Charakter. Im Hinblick darauf wird das Token-Passing-Verfahren, das vor allem auf eine faire Arbitrierung sowie die Einhaltung von Echtzeitbedingungen abhebt, nur im Verkehr zwischen aktiven Teilnehmern angewandt. Ergänzt wird es durch Elemente des Master-Slave-Prinzips, wobei der aktuelle Master auf recht simple Weise Informationen an die Slaves übermittelt bzw. von dort anfordert. Man spricht daher von einer hybriden Buszugriffsmethode.

Die physische Übertragung wird asynchron und seriell auf einer geschirmten verdrillten Zweidrahtleitung durchgeführt. Die zulässige Buslänge ist wiederum stark mit der realisierten Datenrate korreliert, die in mehreren Stufen zwischen 9,6 und 500 kbit/s gewählt werden kann.

6 Prozeßperipherie

Die periphere Geräteausstattung bildet neben Zentraleinheit und E/A-System den dritten großen Hardwarekomplex jedes Rechnersystems. Darin umfaßt die Standardperipherie unabhängig vom Einsatzbereich des Rechners weitgehend ein fest umrissenes Gerätespektrum (siehe Tabelle 3-1), das z.B. in [TaK 82] ausführlich beschrieben ist. Hier soll sich die Betrachtung auf den für Prozeßrechner charakteristischen Sektor der Prozeßperipherie konzentrieren, zumal er nicht nur quantitativ, sondern auch vom Kostenanteil her klar dominiert.

6.1 Geräteklassen und Aufgaben

Im Abschnitt 3.1 wurde die Prozeßperipherie als die Gesamtheit der Prozeßkoppelelemente, Prozeßinterfaces oder Prozeßanschlußeinheiten eingeführt, die die Verbindung zwischen den im technischen Prozeß installierten Erfassungs-, Meß-, Steuer- und Regelinstrumenten (Prozeßglieder) sowie dem bzw. den Rechnern als Herzstück des Automatisierungssystems herstellen. Sie bestehen jeweils aus meist mehreren Komponenten mit abgestufter und problemspezifisch ausgewählter Funktionalität.

Ihre organisatorische Einbindung und Abgrenzung wurde im Bild 3-3 verdeutlicht. Demzufolge ist ihr prozeßseitiger Anschluß gleichzusetzen mit der Schnittstelle zwischen Prozeßrechnersystem und Prozeß; diese manifestiert sich gerätetechnisch an den Kabelsteckern, die in die Steckerleisten der Peripherieschränke des Prozeßrechnersystems eingeführt werden. Solche Schränke sind mit zahlreichen Flachbaugruppen bestückt, die jeweils eine Reihe von Anschlußpunkten für Signale aus oder zu den Prozeßgliedern enthalten. Sie können von der Zentraleinheit bzw. einer Unterstation mittels Adresse aufgerufen werden. Einen groben, schematisierten Überblick über die allgemeine Struktur der Prozeßperipherie sowie die Vielfalt der in ihr vertretenen Geräteklassen gibt Bild 6-1.

Die Prozeßinstrumentierung gehört definitionsgemäß nicht zur Peripherie, sondern bildet auf Seiten des Prozesses die Voraussetzung für dessen informationstechnische Erschließung. Sie tauscht mit ihm Prozeßvariable aus, die quantitative Kennzeichnungen von materiellen oder energetischen Zuständen und Flüssen darstellen und als beliebige physikalische Größen auftreten können. Beispiele für die Eingaberichtung sind Prozeßgrößen wie Füllstände, Geschwindigkeiten, Drücke, Strömungsmengen, Drehmomente, pH-Werte u.v.a.m.. Für sie werden in spezifschen Sensoren (auch Meßfühler oder Meßaufnehmer genannt) greifbare Meßwerte, Zustands- und Ereignismeldungen ermittelt. In Ausgaberichtung handelt es sich physikalisch weitestgehend um dieselben Größen; sie tragen hier jedoch in- bzw. dekrementellen Charakter und heißen daher treffender *Prozeßänderungsgrößen*. Sie werden von Aktoren (Stellgliedern) aufgrund der rechnerseitig zugeführten Stellbefehle und Stellgrößen bewirkt.

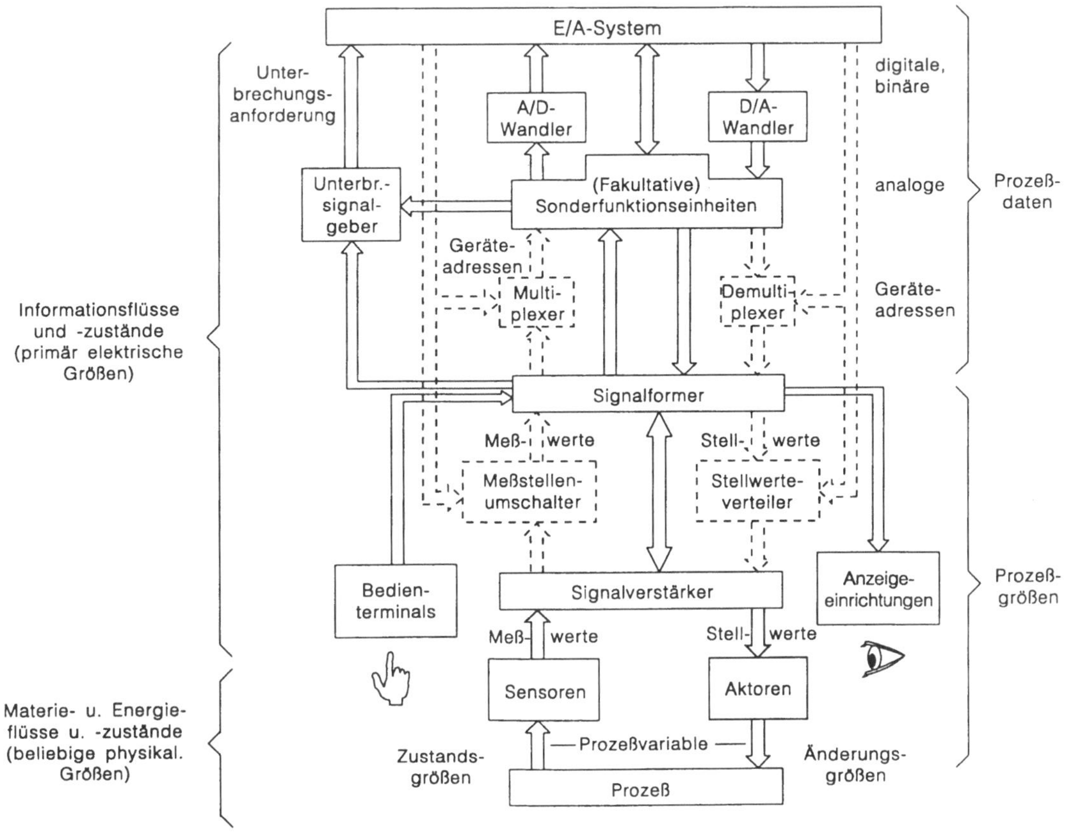

Bild 6-1 Allgemeines Strukturschema der Prozeßperipherie

Der Rechnerperipherie zuzuordnen, wenngleich überwiegend direkt im Prozeßumfeld aufgestellt, sind alle Einrichtungen, die der Einflußnahme sowie Information oder Unterweisung des Personals dienen. Über Kippschalter, Codeleser, einfache Tastaturen oder komplette Terminals lassen sich Steuerkommandos, Meldungen und manuell erfaßte Daten eingeben. Umgekehrt erhalten die Betriebskräfte über Anzeigeeinheiten, die von simplen Signallämpchen bis zu Farbgraphiksichtgeräten (evtl. auch Protokolldrucker) reichen, Antworten auf ihre Anfragen, einen Ausschnitt des Prozeßabbildes, Handlungsdirektiven und ggf. Warnungen.

Die von den Sensoren generierten Signale als Träger der Meßinformation weisen oft ein so niedriges Energieniveau auf (z.B. Spannungen im mV- oder Ströme im µA-Bereich), daß eine unmittelbare Weiterverwertung unmöglich ist. Sie müssen deshalb mit Hilfe geeigneter elektronischer Schaltungen, die teilweise in integrierter Bauform zur Verfügung stehen, um zwei bis drei Zehnerpotenzen verstärkt werden. Im Gegenzug reicht die Leistung der Ausgangssignale meist nicht zur Steuerung der Schalter und Antriebsaggregate für Ventile, Klappen, Drehpotentiometer usw. aus und bedarf ebenfalls einer Verstärkung. Der entsprechende Block von Funktionseinheiten modifiziert also nicht den Informationsgehalt der Prozeßgrößen, sondern nur deren physikalisches Erscheinungsbild, d.h. die signalhafte Darstellung.

Ähnliches gilt auch für die folgende Stufe der Signalformer, -aufbereiter und -umsetzer. Sie bezwecken eine Wandlung bzw. Anpassung zwischen den in Typus und Zeitverhalten stark variierenden Signalgrößen auf der Prozeßseite und der für die Kommunikation mit dem E/A-System oder standardisierten Peripherieschnittstellen benötigten Repräsentationsform. Rechnerseitig haben sie also normierte Werte abzuliefern bzw. zu akzeptieren, die entweder verarbeitungs- oder im E/A-System übertragungsfähig sind. Die einschlägigen Maßnahmen reichen von der Rekonstruktion oftmals verzerrter Signale über eine Abtastung zu bestimmten Zeitpunkten mit Interpolation des Zwischenverlaufes bis hin zu einer Filterung, mit der überlagerte Störungen unterdrückt werden. Auch eine Pegelwandlung gehört dazu, um bei Eingaben Analogspannungen z.B. in den Bereich 0 bis 10 V und Digitalwerte in die üblichen TTL-Pegel zu überführen und um bei Ausgaben die erforderliche Dynamik zu erzeugen.

Schließlich enthalten manche Signalleitungen zum Zwecke der Potentialtrennung Optokoppler, um prozeßseitige Stromkreise von den mit dem Rechner verbundenen elektrisch zu isolieren. Dabei handelt es sich um eine Sicherheitsmaßnahme, die verhindern soll, daß Störungen, wie etwa Überspannungen, Kurzschlußströme oder Verschiebungen des Bezugserdepotentials, sich aus dem Prozeß ins Rechnersystem fortpflanzen oder daß sich verschieden hohe Energieniveaus ungewollt nivellieren. Als Beispiel enthält Bild 6-2 die Ausgabe einer spannungsmodulierten Stellinformation an ein thyristorgesteuertes Antriebsaggregat. Die Steuerspannung U_S symbolisiert die Ausgangsgröße, die über den Optokoppler in den Prozeßbereich eingespeist wird. Dort liefert sie über einen Verstärker die Zündimpulse für einen Thyristor, der für eine Teilperiode die Netzspannung auf den Motor schaltet.

Einerseits kann die Anzahl der Prozeßglieder sehr groß sein, andererseits wird ein Signalformer durch die Belegung mit einer einzigen Prozeßgröße mitunter nur schwach ausgelastet. So liegt es nahe, die hohen Investitionskosten dadurch zu reduzieren, daß man für mehrere Prozeßgrößen einen gemeinsamen Signalformer vorsieht, der sie dann im Zeitmultiplexverfahren behandelt. Dazu bedarf es der Einfügung sogenannter Meßstellenumschalter und Stellwerteverteiler; das sind Funktionskomponenten mit Multiplex- bzw. Demultiplex-Eigenschaften, die gemäß einer vorgegebenen Adresse je einen Geräteanschluß durchschalten (siehe Bild 6-1). Manche eignen sich allerdings nur für aufbereitete Signale. In diesem Falle sind sie auf der rechnerzugewandten Seite der Umsetzer anzuordnen und werden dann gleich den Sonderfunktionseinheiten zugeschlagen. Auch hier ist eine Signalbündelung im Hinblick auf die Übertragungsstrecken im E/A-System äußerst nützlich.

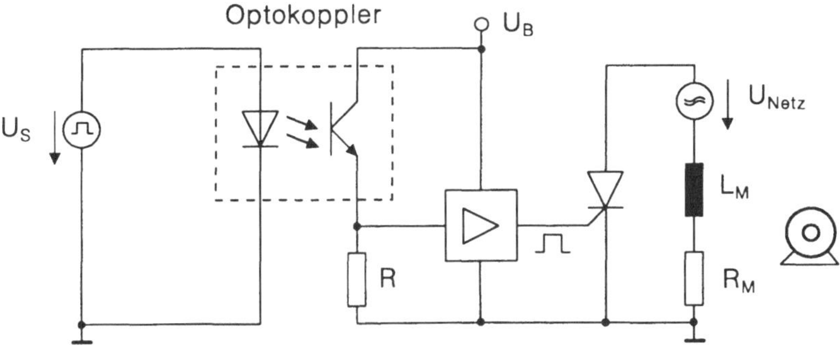

Bild 6-2 Ausgabe einer Prozeßgröße über Optokoppler zwecks galvanischer Trennung des Rechners vom Prozeß

Die Schnittstelle der Signalformer zum E/A-System hin ist zwar schon weitgehend rechnerkompatibel; dennoch wäre eine Grenzziehung der Prozeßperipherie an dieser Stelle i.a. sehr ungünstig. Gerade hier gibt es nämlich eine Fülle von Teilaufgaben, die vom Prozeßrechner grundsätzlich erledigt werden könnten, deren Übernahme aber seine qualitativen Fähigkeiten nicht ausschöpfen, sondern ihn vielmehr quantitativ empfindlich befrachten würde. Von Einfachprozessen abgesehen empfiehlt es sich deshalb, diese Arbeiten im Vorfeld des Rechners von Sonderfunktionseinheiten durchführen zu lassen. Es sind primär Hardwarekomponenten, von denen eine Auswahl zusammen mit ihren spezifischen Aufgaben in Tabelle 6-1 aufgeführt sind.

Über diese Möglichkeiten hinaus kann ein Koppelelement mit gewisser Intelligenz (Verarbeitungskapazität und Programmsteuerung) ausgestattet sein. Es enthält z.B. eine Minimalkonfiguration aus Mikroprozessor und Speicher, um damit Kommunikationsprotokolle für den Datenverkehr vom und zum E/A-System abzuwickeln – besonders wichtig bei längeren Strecken. Auf diese Weise wird nicht nur der Übertragungsvorgang rationalisiert, sondern auch das Übertragungsvolumen verringert, was für Zentraleinheit und E/A-System eine merkliche Entlastung bedeutet. Dies entspricht dem allgemeinen Dezentralisierungstrend, immer mehr Erfassungs- und Vorverarbeitungsfunktionen an die Peripherie zu delegieren und durch die zentrale Steuerungsinstanz lediglich noch aktivieren zu lassen.

Tabelle 6-1 Sonderfunktionseinheiten und ihre Aufgaben in Prozeßkoppelelementen

Sonderfunktionseinheiten	**Verwendungsmöglichkeiten**
Register, Pufferspeicher	Zwischenspeicherung von Informationen
Logische Verknüpfungsglieder, Rechenschaltungen, Vergleicher	Auswertung und Vorverarbeitung von Daten
Zähler	Mengen-/Ereigniszählung, Zeitmessung
Zeitgeber	Impulslängen- und Zeitintervallvorgabe
Decodierer	Befehlsentschlüsselung, Geräteauswahl
Multiplexer/Demultiplexer	Umschalten zwischen verschiedenen Signalstrecken
Codewandler	Transformation zwischen Darstellungsarten
S/P- und P/S-Umsetzer, Formatisierungseinrichtungen	Anpassung unterschiedlicher Systemschnittstellen
Sample & Hold-Verstärker	Signalabtastung für A/D-Wandler
Leitungstreiber/empfänger	Signalübertragung

Auf der gleichen Ebene wie die Sonderfunktionseinheiten, jedoch als absolut obligatorisch, sind die Unterbrechungssignal- oder Alarmgeber einzuordnen. Ihre Aufgabe besteht darin, relevante Prozeßgrößen und -zustände daraufhin zu kontrollieren, ob sie eine Softwareaktivität des Rechners erforderlich machen. Ggf. generieren sie ein binäres Anforderungssignal, das je nach Auslegung des Unterbrechungssystems in einen Sammel-Interrupt-Request einmündet oder zum

Aufbau einer Interrupt-Kennung benutzt wird (siehe Bilder 4-8 und 4-10). Indem sie so aus Sicht der Zentraleinheit als Interruptquellen erscheinen – obwohl sie nur stellvertretend für diese agieren –, dienen sie als Instrument zur Realisierung externer Rechnerbeeinflussungen.

Bild 6-3 demonstriert anhand zweier Beispiele das Funktionsprinzip. Im ersten soll eine in eine Analogspannung transformierte Prozeßgröße (etwa ein Füllstand, Druck, Temperatur oder Drehzahl) innerhalb eines definierten Bereiches gehalten werden. Sobald der obere Schwellenwert über- oder der untere unterschritten wird, kippt der Ausgang eines Komparators (Operationsverstärker), in dem *u(t)* mit dem Schwellenwert verglichen wird, in seine Komplementärlage und liefert damit ein Anforderungssignal IR [TaS 93].

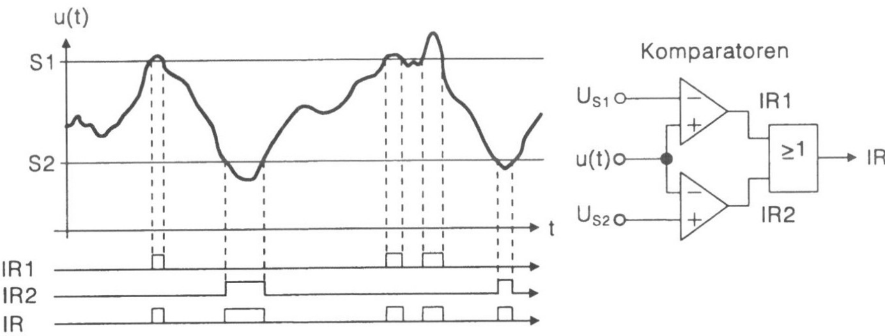

a) Grenzwertüberwachung

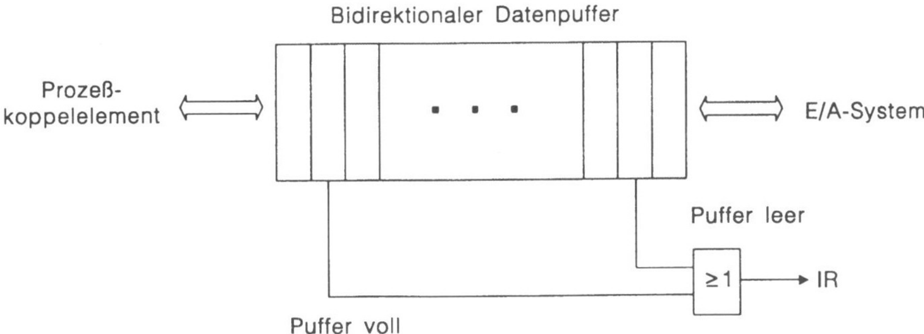

b) Pufferverwaltung

Bild 6-3 Anwendungsbeispiele für Unterbrechungssignalgeber

Im zweiten Fall ist ein bidirektionaler Datenpuffer, der zwecks Anpassung der unterschiedlichen Arbeitsgeschwindigkeiten zwischen E/A-System und Peripheriegerät eingefügt wurde, die Interruptquelle. Bei Eingaben wird dem Rechner mittels Alarm mitgeteilt, wenn der Puffer gefüllt ist und innerhalb eines bestimmten Zeitintervalles ausgelesen sein muß, um Datenverluste zu verhindern. In Gegenrichtung signalisiert eine Leermeldung, daß der Puffer einen weiteren Datenblock zur Ausgabe erwartet.

Die aus dem geschilderten Aufgabenspektrum resultierende Fülle und Typenvielfalt der Geräte erklärt, weshalb die Prozeßperipherie oft den überwiegenden Anteil an den Hardwarebeschaffungskosten eines Prozeßrechners ausmacht. Die Aufwendungen für die Prozeßinstrumentierung liegen typischerweise sogar noch höher.

6.2 Prozeßgrößen, Prozeßdaten, Signalarten

Die Abgrenzung zwischen der Prozeßperipherie des Rechners und dem von ihm zu beherrschenden Objektprozeß läßt sich laut Bild 6-1 auch wie folgt vornehmen: Innerhalb des Prozesses hat man es mit Materie- und Energieflüssen und -zuständen zu tun, die durch beliebige physikalische Größen repräsentierbar sind (Abschnitt 6.1). In den Sensoren werden daraus Informationen gewonnen, während in den Aktoren eintretende Informationen materiell und energetisch ausgewertet werden. Im gesamten Prozeßrechnersystem sind somit allein Informationsflüsse und -zustände am Werk. Sie manifestieren sich in Zentraleinheit und E/A-System ausschließlich und in der Prozeßperipherie ganz überwiegend als elektrische Größen, weil sie bei der derzeitigen Technologie nur in dieser Form vom Prozessor zu verarbeiten sind.

Zwei Ausnahmen verdienen besondere Erwähnung. Für die Übertragung entweder sehr hochfrequenter (breitbandiger) oder aufgrund rauher Umgebungsbedingungen überdurchschnittlich störungsgefährdeter Signale werden zunehmend optische Größen benutzt – transportiert auf den auch wirtschaftlich immer interessanteren Lichtwellenleitern. Pneumatische und fluidische Größen kommen – eher notgedrungen – dort zum Einsatz, wo elektrische wegen Explosionsschutzbestimmungen nicht zulässig sind, z.B. in der chemischen Verfahrenstechnik.

Wie der vorangehende Abschnitt aufzeigte, entstehen Prozeßvariable oder Prozeßgrößen einerseits unmittelbar im Prozeß bzw. werden zwecks seiner Beschreibung aus ihm abgeleitet und meßtechnisch erfaßt; andererseits werden sie zu seiner Lenkung in ihn hineingesandt. Zwar werden für ihre Darstellung innerhalb der Prozeßperipherie fast allein elektrische Größen benutzt. Dennoch findet man drei elementare Gattungen vor, unterschieden sowohl nach dem physikalischen Charakter der Größen als auch nach der Art ihrer signaltechnischen Abbildung.

a) Analoge Prozeßgrößen

Zu ihnen gehören wesensmäßig: Wegstrecken, Geschwindigkeiten, Drehzahlen, Kräfte, Temperaturen, Spannungen, Widerstände, Feldstärken, Lichtintensitäten usw. Sie werden repräsentiert durch Signale mit einem kontinuierlichen Wertespektrum und benötigen dazu nur je eine Leitung. Dabei kann die Analogie zum Wert der Prozeßgröße sowohl über die Amplitude als auch über die Frequenz eines elektrischen Meßsignales hergestellt werden.

b) Digitale Prozeßgrößen

Sie verfügen über einen diskreten, im Umfang relativ begrenzten, aber oft auch wählbaren Wertevorrat und enthalten stets explizite Zahlenangaben, z.B. Anzahl von Werkstücken, Stromimpulsen, Winkelgraden, Zeiteinheiten, Bearbeitungsschritten usw.. Der konkrete Wert wird durch eine Gesamtheit aus $n > 1$ Binärsignalen spezifiziert, die gemeinsam ein Digitalwort bilden. Die Wortlänge n bestimmt den Wertebereich und die Genauigkeit der Zahlenangaben. Für eine geschlossene Darstellung sind demnach n Leitungen erforderlich.

c) Binäre Prozeßgrößen

Sie verkörpern eine Sonderform der digitalen Größen mit der Wortlänge $n = 1$. Das bedeutet: Sie bedürfen zu ihrer Darstellung nur eines einzigen Binärsignales und somit auch nur einer Leitung. Physikalisch verbirgt sich dahinter das Ergebnis einer Ja/Nein-Entscheidung, z.B. Schalter ein/aus, Anschlag erreicht/nicht erreicht, Ventilklappe geöffnet/geschlossen, Grenzwert überschritten/eingehalten, Tank leer/nicht leer, Motor läuft/steht still usw.

Aufgrund seines technologischen Aufbaus und seiner Programmierung ist ein Prozeßrechner nur zur Verarbeitung digitaler – und in gewissem Umfang auch binärer Signale fähig. Den Prozeßgrößen mit ihren vielfältigen Erscheinungsformen stellt man daher den Begriff „Prozeßdaten“ gegenüber im Sinne von quasi genormten Informationseinheiten [KUS 73]. Dabei ist Normung zu verstehen als Vereinheitlichung und Ausrichtung auf die spezifischen Randbedingungen des Rechners (Signalpegel, Verarbeitungs-, Übertragungs-, Speicherungs-, Darstellungsformat, Code).

Die Aufgabe der in Bild 6-1 klassifikatorisch eingeführten Prozeßkoppelelemente läßt sich dann global dahingehend formulieren, daß sie bei der Ein- und Ausgabe die Transformation der Prozeßgrößen in Prozeßdaten und umgekehrt durchzuführen haben. Wie gesehen, vollzieht sich dieser Vorgang je nach Ausprägungsart der Prozeßgrößen in mehreren Schritten und zugehörigen Gerätestufen. Er schließt ggf. auch die wechselseitige Umsetzung von analogen und digitalen Signalfolgen in speziellen Funktionseinheiten ein, nämlich den A/D- bzw. D/A-Wandlern.

Beispiele für digitale Prozeßdaten, die direkt aus digitalen Prozeßgrößen hervorgingen oder erst digitalisiert wurden, sind alle Arten der von Sensoren gelieferten Meßwerte sowie die über Bedienterminals eingegebenen Informationen. Entsprechend enthalten die Ausgabedaten des Rechners Stellbefehle und Stellwerte für Aktoren sowie Betriebsinformationen und Steuersignale für die Anzeigeeinrichtungen. Je nach Bestimmungsort und -zweck können sie weitgehend unverändert übergeben oder müssen erst entschlüsselt und evtl. in analoge Form umgewandelt werden. Daneben macht man von der Möglichkeit Gebrauch, ein digitales Datenwort aus n einzelnen, d.h. voneinander unabhängigen Binärwerten zusammenzusetzen bzw. in solche aufzuspalten. Als binäre Prozeßdaten lassen sich individuelle Steuer-, Meldungs- und Quittungssignale auffassen, die außerhalb der üblichen Datenpfade übertragen werden, insbesondere die in Unterbrechungsanforderungen gekleideten Prozeßalarme.

Bei analogen Prozeßgrößen liegt es in ihrer Natur, daß die sie kennzeichnenden Signalwerte zeitlich mehr oder weniger raschen Änderungen unterliegen, zumal auf eine Zwischenspeicherung wegen des beachtlichen technischen Aufwandes meist verzichtet wird. Trotz dieses scheinbar dynamischen Charakters steckt die Information fast immer im Momentanwert der Größe, konkret: in deren Amplitude, nur selten in der Frequenz.

Digitale und binäre Prozeßgrößen lassen sich hingegen problemlos und billig speichern. Werteänderungen sind – zumindest aus Rechnersicht – oft nicht zu beliebigen Zeitpunkten möglich und grundsätzlich nur mit einer definierten Mindestschrittweite (Quantelung), also ausschließlich sprunghaft. Die Information steckt hier wahlweise

- im Momentanwert der Größe, d.h. im einzelnen Binärzustand oder in der Kombination mehrerer Binärzustände, elektrisch gesehen: im Signalpegel;
- in der Änderung des bisherigen Wertes und damit im Zustandsübergang oder in der Signalflanke.

Die Repräsentationsform trägt offenbar im ersten Fall statischen und im zweiten Fall dynamischen Charakter. Allerdings läßt sich eine Zustandsänderung mittels Speicherung des Ereignisses als solches leicht in einen Dauerzustand überführen, wie etwa bei Interruptanforderungen. Andererseits kann je nach Art der Signalquelle und der Behandlung des Signals während oder direkt nach seiner Entstehung auch eine Zustandsgröße von dynamischer Natur sein, nämlich dann, wenn der Wert physikalisch nicht dauerhaft, sondern nur kurzzeitig, sprich: impulsartig zur Verfügung steht.

6.3 Erfassung der Prozeßgrößen

Bei der on-line-closed-loop-Kopplung zwischen Prozeß und Rechner verursachen die Eingaben i.a. die zahlreicheren und schwierigeren Probleme. Das erklärt sich nicht zuletzt aus der Tatsache, daß Ausgaben durchweg unter Programmkontrolle eingeleitet und abgewickelt werden, wogegen für die Erfassung von Prozeßgrößen der Prozeß selbst bzw. seine Instrumentierung zumindest den Anstoß liefern können. Eine nähere Untersuchung des prozeduralen Erfassungsmechanismus legt eine Aufspaltung in zwei eigenständige zeitsequentielle Teilvorgänge nahe:

1) Fixierung des Momentanwertes einer Prozeßgröße innerhalb eines Koppelelementes, allgemein als *Abtastung* bezeichnet.

2) Übernahme des Wertes aus dem Koppelelement ins E/A-System und Weiterleitung an die Zentraleinheit, was meistens Abruf oder Abfrage genannt wird.

Im Bild 6-4a sind die Hardwarevoraussetzungen für beide Schritte schematisch angedeutet. Mit dem Abtasten des Signals einer Prozeßvariablen (analog, digital, binär) verbindet sich deren Einlagerung in ein geeignetes Speicherglied. Dessen Ausgangssignal wird durch ein Sperrglied als zweite Stufe von der Verbindungsleitung zum E/A-System logisch abgetrennt. Dabei ist es prinzipiell unerheblich, ob sich gemäß Bild 6-1 zwischen beiden Stufen oder hinter dem Sperrglied noch weitere Funktionskomponenten als Bestandteile des Koppelelementes befinden; z.B. kann das Sperrglied Teilelement eines Multiplexers sein.

Abtastung und Abfrage werden durch je ein spezifisches Triggersignal ausgelöst. Beim Speicher handelt es sich um einen Taktimpuls, der das Einschreiben des anstehenden Wertes veranlaßt; die Sperre kann durch ein Freigabesignal (üblicher Terminus: *Strobe*) geöffnet werden, so daß der Eingang auf den Ausgang durchgeschaltet ist. Bild 6-4b zeigt eine exemplarische Implementierung dieser Vorrichtung für eine binäre Prozeßgröße. Als Speicherglied ist ein getaktetes D-Flip Flop verwendet und als Sperrglied ein logisches Gatter.

Typischerweise sind bei dieser Erfassungsmethode die Zeitpunkte, zu denen Takt und Strobe wirksam werden, meist unkorreliert, d.h. Abtast- und Abfrageoperation sind steuerungstechnisch entkoppelt, laufen also grundsätzlich unabhängig voneinander ab. Bild 6-4c gibt dafür ein fiktives Beispiel, konstruiert für eine analoge Prozeßgröße. Es stellt klar heraus, daß der für die Übertragung zum Rechner und die Weiterbehandlung maßgebende Wert allein durch den letzten Abtastzeitpunkt vor dem Strobesignal bestimmt wird. Neben diesem Regelfall sind zwei direkt daraus ableitbare Erfassungstechniken von erheblicher Bedeutung.

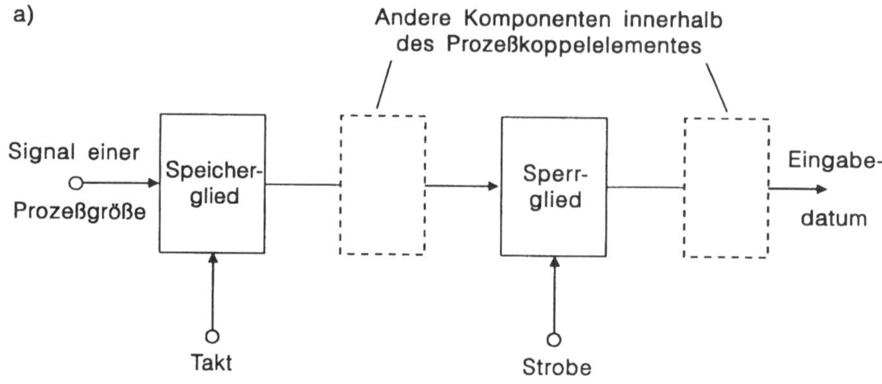

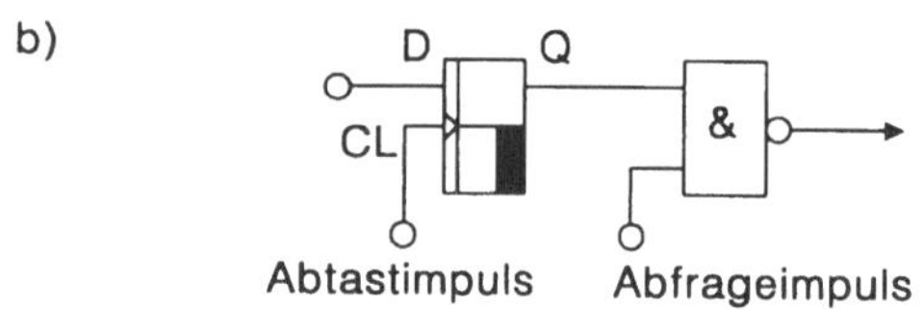

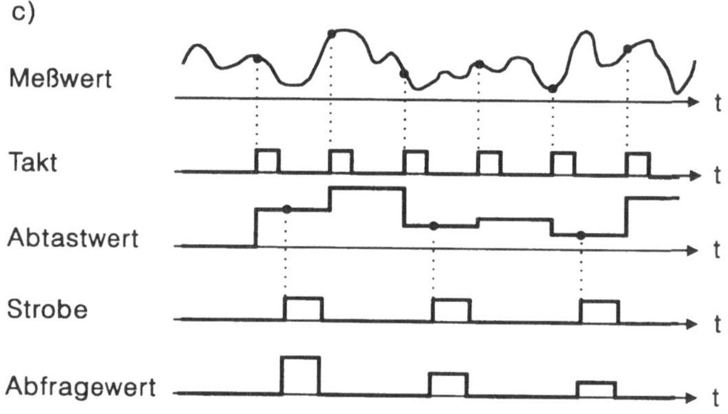

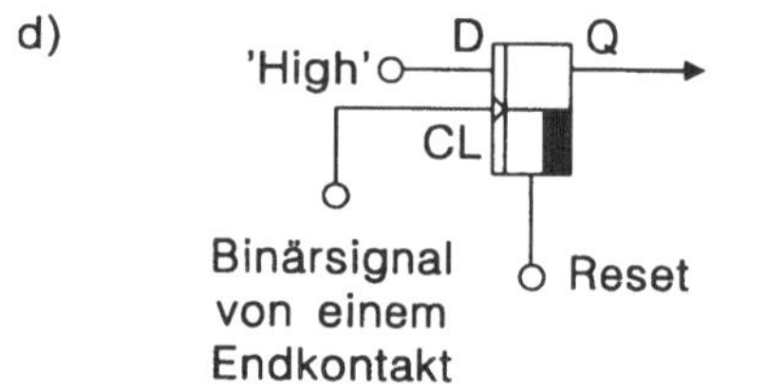

Bild 6-4 Erfassung von Prozeßgrößen durch Abtastung und Abfrage

a) Wesentliche Funktionselemente
b) Implementierungsmöglichkeit
c) Zeitlicher Ablauf
d) Spontane Ereigniserfassung durch selbsttätige Speicherung eines Zustandsüberganges

a) Das Speicherglied und damit die gesamte Abtastphase fehlen, so daß sich die Erfassung auf die Strobe-gesteuerte Übernahme des Prozeßsignals beschränkt. Dessen verarbeitungsrelevanter Wert hängt folglich allein vom Abfragezeitpunkt ab. Dieses Verfahren erweist sich für viele Prozeßgrößen als durchaus zweckgerecht, nämlich immer dann, wenn ihr Wert statisch anliegt und sich nur selten oder langsam ändert (Zeitkonstante der Prozeßgröße groß gegenüber den Abfrageintervallen) oder wenn der Verlust bzw. die Nichtregistrierung von Werten zwischen den Abfragezeitpunkten systemtechnisch belanglos ist.

b) Das Sperrglied und damit die Abfrageoperation entfallen. Der Abtastzeitpunkt ist dann nicht nur für den Wert der Prozeßgröße selbst ausschlaggebend, sondern auch für dessen Wirksamwerden; denn das Signal gelangt nahezu unverzögert ins E/A-System und ist dort sofort auswertbar. Besonders typisch ist diese Methode für die Bildung von Alarmen, wo die Erfassung aus Zeitgründen gerade nicht einer routinemäßigen Abfrage vorbehalten bleiben darf.

Aus Bild 6-4 geht nicht hervor, welche Instanz die Takt- und Strobeimpulse liefert und damit die Zeitpunkte für Abtastung und Übernahme vorgibt. Es stellt sich also die systemtechnisch sehr wichtige Frage nach der Zuständigkeit bzw. dem Initiativrecht für diese Arbeitsschritte. Hinsichtlich des Abrufs existiert praktisch keine Alternative. Die Durchführung einer Eingabeoperation ist aus Koordinationsgründen stets synchron in den Ablauf des zugehörigen Programmes eingebunden, sei es innerhalb eines Zentral- oder eines E/A-Prozessors. Folglich muß von dort her auch der Anstoß mittels Freigabesignal kommen, so daß eine Abfrage durchweg als programmgesteuerter Vorgang gelten kann (*Polling*), der exakt terminierbar ist.

Anders verhält es sich mit der Abtastung. Neben einer gleichfalls programminitiierten Variante, bei der der Taktimpuls aus der Decodierung des Befehls entsteht, bleibt hier Raum für eine externe und zeitlich nicht fixierbare Einflußnahme auf das Rechnergeschehen. In Abhängigkeit vom Wert einer Prozeßgröße kann das Koppelelement den Takt intern erzeugen und damit selbsttätig die Abtastung vornehmen. Bild 6-4d zeigt eine spezielle Schaltungslösung für ein häufig auftretendes Problem. Das von einem Endkontakt gelieferte Schließsignal wird als Trigger benutzt, um eine am D-Eingang des Flip Flops anliegende Binärkonstante einzuschreiben und so dem Rechner das Erreichen einer Endstellung mitzuteilen. (Für das Löschen des Flip Flops über den Reset-Eingang ist dann jedoch eine Programmaktivität verantwortlich.) Je nachdem, ob der Rechner oder der Prozeß den Abtastschritt auslösen, spricht man insgesamt von programmierter bzw. von spontaner Datenerfassung.

Die beiden Methoden schließen sich – entgegen dem ersten Anschein – nicht aus, sondern bedürfen für viele Aufgabenstellungen sogar der Kombination. Das wird klar, wenn man berücksichtigt, daß das bei einer prozeßinitiierten Abtastung gespeicherte Signal zwei semantisch unterschiedliche Inhalte übermitteln kann:

a) Es ist selbst die Eingangsinformation, d.h. es stellt eine vom Rechner direkt verarbeitbare Meßgröße dar. So drückt im Beispiel von Bild 6-4d das Setzen des Flip Flops bereits vollständig aus, daß ein bestimmter Endkontakt geschlossen hat. Auf gleiche Weise läßt sich das Melden einer Grenzwertüberschreitung realisieren.

b) Es kündigt erst die Eingangsinformation an, d.h. es teilt dem Rechner mit, daß ein Meßwert, der seinerseits gar nicht abgetastet sein braucht, zur Abholung bereit steht. In dieser Funktion hat es den Charakter einer Interrupt-Anforderung (Alarm); denn es veranlaßt indirekt eine Abfrageoperation, die dann selbstverständlich unter Programmkontrolle abläuft.

Mit dem zweiten Verfahren erspart man sich zeitraubende routinemäßige (periodische) Abfragen von Meßstellen im Falle langsam veränderlicher Prozeßgrößen. Statt dessen bleibt es dem Koppelelement überlassen, eine Abfrage anzufordern, sobald ein neuer oder anwendungstechnisch relevanter Wert auftritt. Die anschließende programmierte Erfassung ist dann eine notwendige Ergänzung der spontanen. So könnte etwa die erwähnte Grenzwertüberschreitungsmeldung, wenn sie auch als Prozeßalarm interpretiert wird, zusätzlich bewirken, daß noch der unerwünscht hohe Meßwert selbst abgerufen wird. Damit werden gerade bei sporadisch auftretenden Ereignissen nicht nur Zentraleinheit und E/A-System wirkungsvoll entlastet, sondern auch eine unverzügliche Reaktion gewährleistet.

Für die Erfassung und Registrierung von Prozeßgrößen, insbesondere der spontanen Alarme, hat ihr Signalcharakter eine höchst bedeutsame praktische Konsequenz. Damit kein Ereignis und kein relevanter Zustand einer Prozeßgröße verloren geht, war im Abschnitt 2.3 gefordert worden, daß seine Meldungsdauer mindestens so groß sein müsse wie die zugehörige Wahrnehmungszeit durch den Rechner, also $t_M \geq t_W$. Diese Bedingung ist bei statisch anliegenden Meßwerten und Meldungen gleichsam a priori erfüllt. Bei dynamisch veränderlichen bzw. nur temporär existierenden Werten muß sie indes erst durch gerätetechnische Maßnahmen explizit sichergestellt werden. Das geschieht durchweg in Gestalt von Zwischenspeicherung eines programmiert abgetasteten oder spontan eingetretenen Signals bis zum rechnerseitigen Abruf.

Bei der Trennung des Erfassungsvorganges in einen Abtast- und einen Abfrageschritt ist folgendes Faktum zu berücksichtigen.

Die sequentielle Arbeitsweise des Rechners läßt keine exakt gleichzeitige Abfrage mehrerer Meßwerte zu. Simultane Abtastungen hingegen sind nicht nur möglich, sondern bei manchen sehr schnell ablaufenden Prozessen sogar zwingend geboten, etwa bei Grenzbeanspruchungstests, Explosionsversuchen oder auf Motorenprüfständen, bei Verbrennungsvorgängen, Abläufen in Kernreaktoren oder Unfällen in Energieverteilungsnetzen. Hier sind nur dann brauchbare Werte zu gewinnen, wenn eine Vielzahl von Prozeßgrößen, zwischen denen enge funktionale Abhängigkeiten herrschen, zum gleichen Zeitpunkt ermittelt werden können. Zu diesem Zweck wird per Programm eine synchrone Abtastung veranlaßt; die anfallenden Meßwerte werden zunächst in den Koppelelementen zwischengespeichert und danach mittels einer Polling-Prozedur eingezogen.

Die übliche Klassifikation der Prozeßkoppelelemente folgt erst in zweiter Linie der Signalart; vorrangig orientiert sie sich an der Gattung der Prozeßgrößen sowie an der Signalflußrichtung.

Nach diesen Parametern geordnet sollen die einzelnen Kategorien mit ihren wichtigsten Merkmalen erläutert werden. Zur Übersicht bringt Bild 6-5 eine daran orientierte und gegenüber Bild 6-1 stark geraffte Darstellung der Prozeßperipherie.

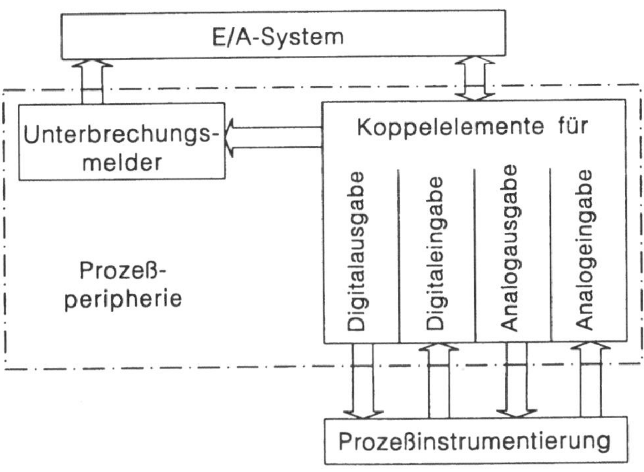

Bild 6-5 Kategorien von Funktionskomponenten in der Prozeßperipherie

6.4 Digitale Ausgabeelemente

Diese Kategorie von Prozeßanschlußeinheiten ermöglicht dem Prozeßrechner, Steuerungseingriffe in den Prozeß vorzunehmen, wobei Werteänderungen von Prozeßgrößen nur in ganzzahligen Vielfachen einer durch die Auslegung fixierten Basisintervallänge auftreten (diskretes Wertespektrum). Sie bedienen Schalter im allgemeinsten Sinne, über die Schalthandlungen verschiedenster Art durchgeführt, Antriebsaggregate betätigt und Stellorgane bewegt werden.

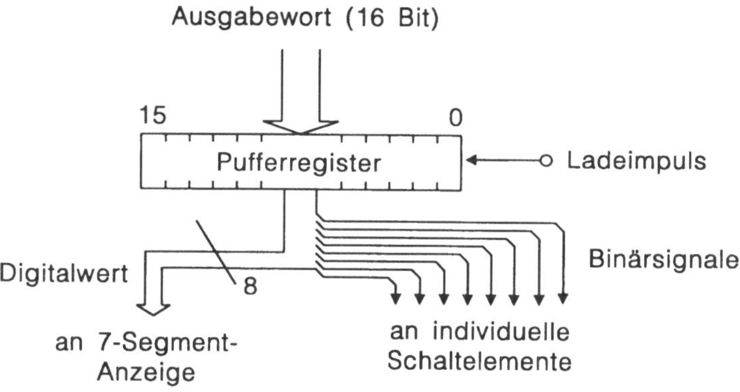

Bild 6-6 Exemplarische Verwendung eines Ausgabewortinhaltes im Prozeßkoppelelement

Die Differenzierung in digitale und binäre Größen spielt hier eine untergeordnete Rolle; denn der Umfang einer auszugebenden Informationseinheit ist durchweg auf die Rechnerwortlänge abgestimmt, und zu diesem Zwecke werden die Ausgabesignale gruppenweise zusammengefaßt. Ein 16-Bit-Digitalwort läßt sich wahlweise für einen einzigen Digitalwert, für 16 unabhängige Binärsignale oder für Kombinationen aus beiden Typen benutzen. Bild 6-6 gibt ein einschlägiges Beispiel. Die vorderen acht Bits hängen zusammen und treiben eine 7-Segment-Ziffernanzeige (mit Punkt). Andere Verwendungsmöglichkeiten wären die Kontrolle von Lampenfeldern, Punktraster-Displays oder die Vorgabe von Reglersollwerten oder Zählerstellungen. Die restlichen acht Bits sind vorgesehen für die Ansteuerung von Relais, Flip Flops, Leistungstransistoren, Thyristoren, Ventilen, Schiebern usw.

Ausgabevorgänge werden nur selten und dann indirekt durch spontane Anforderungen aus dem Prozeß in Gang gesetzt. Der unmittelbare Anstoß sowie die Abwicklung obliegen stets einer Programmaktivität, die somit auch den Startzeitpunkt festlegt. Um die zeitliche Beanspruchung des E/A-Systems dabei möglichst gering zu halten, werden die Ausgänge zum Prozeß grundsätzlich gepuffert betrieben, d.h. die Digitalwörter werden zwischengespeichert. So stehen sie, nachdem sie mittels eines aus einer Geräteadresse gewonnenen Auswahlsignales in das zuständige Pufferregister übernommen sind, den Prozeßinstrumenten hinreichend lange zur Verfügung. Abhängig davon, ob ihre Gültigkeitsdauer prinzipiell unbegrenzt oder befristet ist, unterscheidet man:

a) Statische Ausgänge

Die Signale liegen in Form konstanter Pegel dauerhaft an den Stellgliedern an, bis sie durch eine erneute programmierte Ausgabe aktualisiert werden.

b) Dynamische Ausgänge

Die Signale besitzen Impulscharakter; ihr Aktivpegel existiert nur während der näher spezifizierten Dauer eines oder mehrerer Zeitintervalle. Er wird durch eine Task einmal gesetzt und verschwindet selbsttätig bzw. erscheint periodisch. Offensichtlich bieten sich zwei Implementierungsmodi an:

b1) Einzelimpulsausgaben

Durch ein programminitiiertes Binärsignal veranlaßt, erzeugt das Koppelelement auf einer Ausgangsleitung einen einmaligen Impuls. Dessen Breite kann starr festgelegt sein, etwa durch ein Mono Flop mit RC-Beschaltung laut Bild 6-7a. Sie läßt sich auch variabel gestalten, indem man einen beliebigen Anfangswert als Zeitkonstante in einen Zähler lädt und ihn mit einer definierten Taktfrequenz bis zur Nullstellung dekrementiert (siehe Bild 6-7b). Damit kann z.B. der Strom für einen Stellmotor geschaltet und als Konsequenz eine präzise Hubbewegung erzielt werden.

b2) Ausgabe von Impulsfolgen

Als Prozeßgröße wird eine Sequenz von Impulsen mit konstanter Breite und Frequenz ausgesandt. Deren Anzahl als Träger der Information ist wiederum über die Voreinstellung eines Zählregisters wählbar. Durch entsprechende Ansteuerung von Schrittmotoren mit nachgeschaltetem Zahngetriebe läßt sich beispielsweise eine Druckwalze um einen bestimmten Winkel drehen oder ein Werkzeugschlitten positionieren.

Zur gerätetechnischen Realisierung digitaler Ausgabeelemente werden auf einer Steckkarte ca. 16 bis 64 Koppelpunkte in oben angedeuteter Ausgestaltung einschließlich evtl. notwendiger Signalformer, Pegelwandler, Stellwerteverteiler, Adressierungsmechanismen, Sonderfunktionseinheiten sowie der Interface-Logik zum E/A-System untergebracht [RaL 94]. Dabei wird zwecks Potentialtrennung zwischen Prozeßperipherie und abgehenden Signalleitungen vielfach eine galvanische Entkopplung über Relais, Magnetkerne oder Optokoppler vorgesehen. Eine weitere Schutzmaßnahme geht dahin, bei einem vorübergehenden

Rechnerausfall den Ausgangsgrößen mittels verdrahteter Voreinstellung sogenannte sichere Werte aufzuprägen. Sie müssen so beschaffen sein, daß sie kritische Entwicklungen und besonders die Entstehung von Gefahrenzuständen im Prozeß vermeiden helfen, notfalls auch zulasten der Wirtschaftlichkeit.

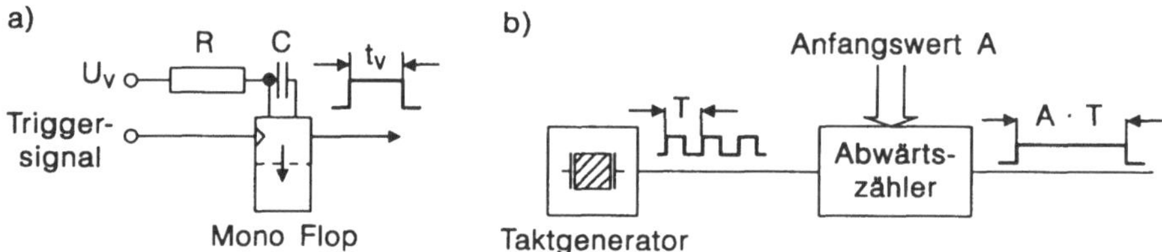

Bild 6-7 Realisierungsmöglichkeiten für Einzelimpulsausgaben
a) Mono Flop (konstante Länge)
b) Ladbarer Zähler (variable Länge)

6.5 Digitale Eingabeelemente

Die Erfassung digitaler und binärer Prozeßgrößen hat in dem Maße an Bedeutung gewonnen, wie die Meßtechnik selbst digitalisiert wurde. So liefern immer mehr Sensoren dank der auch in sie implantierten Mikroelektronik Signalgrößen zur Beschreibung von Zuständen oder Ereignissen in diskreter Wertedarstellung an die dafür zuständigen Prozeßkoppelelemente ab. Dazu gehören allerlei digital arbeitende Meßinstrumente, Codierscheiben oder -skalen, insbesondere viele auf dem Prinzip der Impulszählung beruhende Einrichtungen, aber auch Tastaturen und manuell bediente Wählschalter.

Typische Signalgeber für Binärgrößen sind mechanische und elektrische Schalter (Relais, Flip Flops, Transistoren), Endkontakte, Bereichs- und Grenzwertmelder, Maschinenzustandsanzeiger (Bewegung/Stillstand), Ventilklappen (auf/zu) sowie Impulsquellen verschiedenster Art für Mengen- und Ereigniszählungen. Dabei bleibt zunächst offen, ob solche Größen im Sinne von Abschnitt 6.3 semantisch je eine direkt verarbeitbare Eingangsinformation oder einen Prozeßalarm repräsentieren. Dieser Unterschied manifestiert sich erst durch ihre Interpretation innerhalb der Prozeßperipherie.

Manche Bemerkungen über die Digitalausgabe gelten hier sinngemäß. Die digitalen Eingangsgrößen und die binären mit Datencharakter werden in Umkehrung der Darstellung von Bild 6-6 zu Gruppen gebündelt, deren Größe der Rechnerwortlänge entspricht. Derart formatiert werden sie meist mittels Adresse selektiert und über einen Meßstellenumschalter weitergeleitet, also letztlich programmgesteuert abgefragt. Wird nur ein einziges Bit aus der Gruppe benötigt, ist trotzdem das ganze Wort einzulesen. Wiederum stehen dafür zwei Typen von Eingängen zur Verfügung:

a) Statische Eingänge

Sie dienen u.a. dem Einziehen von Meßwerten, Zählerständen und Kontaktstellungen. Die Binär- bzw. Digitalwerte drücken sich in diskreten Signalzuständen (Pegel) einer physikalischen Größe, z.B. elektrische Spannung, aus. Nach deren zu erwartendem Zeitverlauf (speziell: Änderungsgeschwindigkeit) richtet sich die Wahl der Erfassungsmethode, was zu folgender Verfeinerung führt (vgl. Abschnitt 6.3):

a1) Gepuffert

Der Wert wird in einem Speicherglied laut Bild 6-4a (Pufferregister) aufgefangen und zur Abfrage bereit gehalten. Die Initiative zur Abtastung kann vom Rechner oder vom Prozeß ausgehen.

a2) Ungepuffert

Ein Abtasten und Zwischenspeichern findet nicht statt. Die Signale liegen unmittelbar an den Sperrgliedern an.

b) Dynamische Eingänge

Sie registrieren die Zustandsänderungen einer Prozeßgröße, d.h. die Signalflanken, als Ereignisse. Dies bedingt zwangsläufig eine Zwischenspeicherung, und zwar mit prozeßseitig aufgeprägtem Abtastimpuls. Offensichtlich eignet sich der Typus bestens für Impulserfassungen bzw. Zählaufgaben, aber auch für die Entgegennahme von Fertigmeldungen jedweder Art, z.B. die Mitteilung über das Erreichen des Endpunktes einer Bahnbewegung.

Wie bereits dargelegt, muß die Übermittlung derartiger Binärinformationen an den Prozeßrechner keineswegs einer Abfrageoperation unterliegen. Vielmehr lassen sich gerade aus den Signalen dynamischer Eingänge, also aus einer Impulsflanke, die z.B. für den Eintritt eines bestimmten Zählerstandes oder eines Überlaufes steht, Alarmmeldungen ableiten, ebenso aus irgendeiner Verknüpfung mehrerer statischer oder dynamischer Eingänge. Sie werden – vgl. Abschnitt 6.1 – individuell und möglichst unverzögert behandelt, wie es ihrem spontanen Auftreten sowie ihrer Bedeutung entspricht. Damit erhalten Prozeßkoppelelemente die Fähigkeit, eigeninitiativ eine E/A-Operation des Rechners (speziell: Abfrage) anzufordern. Ebenso wie auf der Ausgabeseite werden auch Digitaleingänge zum Zwecke der Potentialtrennung, des Überlastschutzes und der Störunterdrückung sehr häufig galvanisch von den Prozeßinstrumenten entkoppelt.

Eine exemplarische Realisierung eines dynamischen Zähleinganges ist Bild 6-8 zu entnehmen. Das Eingangssignal könnte etwa von einer Lichtschranke geliefert werden und im Prozeß zum Zwecke einer Drehzahlmessung gebildet sein. Es ist – evtl. noch über einen Signalformer (z.B. Schmitt-Trigger) – auf den Takteingang eines 12-Bit-Zählers geführt. Somit inkrementiert jede ankommende positive Flanke den Zählerstand, der vermöge eines Abfragebefehls über das Sperrglied als Teil des Digitalwortes eingelesen werden kann.

Die erfaßte Anzahl von Impulsen ist ein Maß für die Winkelbewegung (volle oder Teilumdrehungen) eines Rotationskörpers während eines definierten Zeitintervalles. Start- und Endzeitpunkt des Zählvorganges müssen daher vom Rechner präzis vorgegeben werden. In der betrachteten Konfiguration geschieht das durch Setzen und Löschen eines D-Flip Flops, dessen Ausgang die Zählimpulse nur selektiv passieren läßt. Für seine Ansteuerung bedarf es einer (binären) Digitalausgabe, ebenso für das Rücksetzen des Zählers als Vorbereitung auf den nächsten Meßdurchgang.

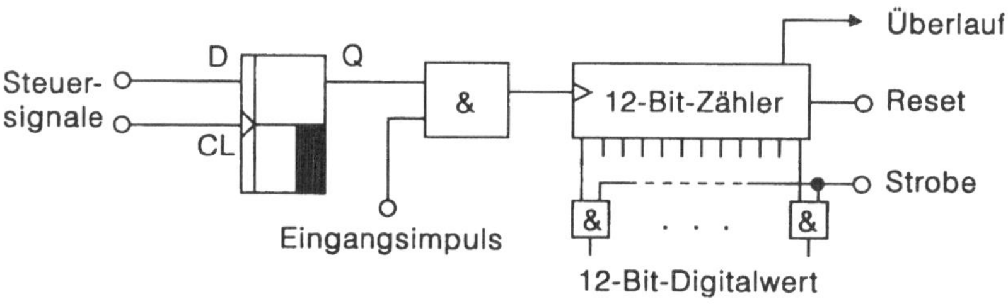

Bild 6-8 Dynamischer Digitaleingang für Impulszählungen

Bei Meßaufgaben, wo es auf absolute Mengenangaben über längere Intervalle ankommt und größere Werte zu erwarten sind (z.B. Einfall von Alpha-Partikeln in eine Ionisationskammer), erweist sich eine andere Organisation als günstiger. Der Hardwarezähler in der digitalen Eingabeeinheit wird ergänzt, d.h. quasi verlängert durch einen als Hauptspeicherplatz realisierten Softwarezähler. Im Regelfall wird der Inhalt des Hardwarezählers gar nicht abgefragt, sondern lediglich dessen Überlauf als Ereignis registriert. Ein entsprechendes Binärsignal verursacht nach dem Schema von Bild 6-4d eine Unterbrechungsanforderung, deren zugehörige Behandlungsroutine den Softwarezählerstand erhöht. Auf diese Weise kann der Zählbereich merklich erweitert und zugleich die Rechnerbelastung niedrig gehalten werden.

6.6 Analoge Ausgabeelemente

Sie sind das Werkzeug für stetige Einwirkungen des Rechners auf das Prozeßgeschehen, indem sie analog arbeitende Prozeßglieder mit Steuersignalen, Stellbefehlen und Vorgabewerten versorgen. Dazu gehören Regelinstrumente, Stellmotoren, Antriebe für Fördereinrichtungen u.ä., aber auch spezielle Ausgabegeräte, wie Linienschreiber, Plotter und skalierte Anzeigen.

Das allgemeine Aufbauschema eines analogen Ausgabeelementes ist in Bild 6-9 skizziert. Ein Pufferregister wird über das E/A-System mit einem n-stelligen Digitalwort geladen, das vor Übergabe an den Prozeßbereich in ein elektrisches Analogsignal umzusetzen ist. Als zentrale Komponente derartiger Interface-Einheiten wird deshalb ein Digital/Analog-Wandler (DAW) benötigt, der ganz überwiegend in Form integrierter Bausteine erhältlich ist.

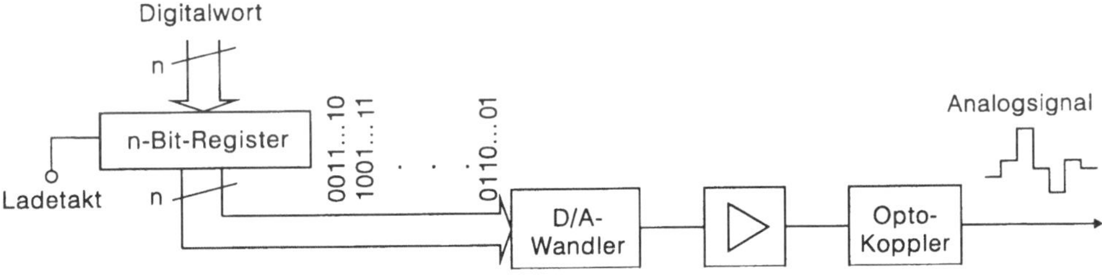

Bild 6-9 Funktionaler Aufbau analoger Ausgabeelemente

Zu seiner Leistungscharakterisierung verwendet man folgende Kenngrößen:

a) Ausgangswertebereich

Die elektrische Ausgangsgröße kann sowohl eine Spannung als auch ein Strom sein. Deren unterer und oberer Grenzwert U_{min} und U_{max} bzw. I_{min} und I_{max} sind auf das anzusteuernde Prozeßglied abzustimmen und hängen ihrerseits von den Versorgungsspannungen des DAW ab. Übliche Bereiche sind z.B. 0 bis 12 V oder -10 bis +10 V bei Spannungs- und 4 bis 20 mA bei Stromausgängen.

b) Auflösungsvermögen

Es beschreibt die Feinheit der Quantelung analoger Ausgangssignale und steigt exponentiell mit der Wortlänge des Digitaleinganges. Mit n Bitstellen im Digitalwort lassen sich 2^n verschiedene Dualzahlen bilden und damit ebensoviele Analogwerte darstellen. Die Ausgangsgröße besitzt grundsätzlich kein kontinuierliches Wertespektrum, sondern ändert – wie Bild 6-9 andeutet – beim Wechsel des Digitalwortes ihre Amplitude sprunghaft. Daß effektiv trotzdem Abweichungen vom Sollniveau zustande kommen, erklärt sich aus Störeinflüssen, wie Leitungskapazitäten und -induktivitäten, Temperaturschwankungen, Fremdeinstreuungen usw. Neben dem relativen Auflösungsvermögen $1/2^n$ interessiert noch der Absolutwert, der sich wie folgt berechnet: $(U_{max} - U_{min})/2^n$. Reale Wortlängen liegen im Bereich n = 6 . . . 16 Bits und richten sich konkret nach den Erfordernissen des Anwendungsfalles.

c) Wandlungsdauer

Darunter versteht man die Länge des Zeitintervalles zwischen Anlegen des Digitalwortes am Wandlereingang und dem stabilen Bereitstehen des analogen Ausgangssignales. Aufgrund der ungetakteten Arbeitsweise des DAW handelt es sich um eine bauelemente- bzw. schaltungsbedingte Verzögerungs- oder Einschwingzeit. Je nach technischem Aufwand beträgt sie zwischen 0,1 und 50 µs.

d) Kosten

Sie bestimmen sich aus dem Wandlungskonzept und dem für Auflösungsvermögen und Präzision der Umsetzung getriebenen Schaltungsaufwand. Ziel ist eine möglichst lineare, real freilich treppenförmige Wandlerkennlinie mit konstanter Stufenhöhe über den gesamten Wertebereich.

Die weitaus wichtigste Umsetzungsmethode beruht auf einem Netzwerk aus schaltbaren Widerständen mit nachgeordnetem Operationsverstärker und wird durch Bild 6-10 verdeutlicht. Jede der n Stellen im Pufferregister steuert einen elektronischen Schalter, mit dem alternativ eine Referenzspannung U_r oder die Bezugserde an einen Ohmschen Widerstand mit dem Wert 2R gelegt werden. Die einzelnen Zweige sind jeweils durch einen weiteren Widerstand mit dem Wert R verbunden, weshalb man gemeinhin von einem R-2R-Widerstandsnetzwerk spricht.

Die Anordnung bezweckt, die n Bits des Digitalwortes mit abgestufter Wertigkeit in die Bildung des Analogsignales eingehen zu lassen. Das Bit Nr. n - i besitzt den Gewichtungsfaktor 2^{-i}, so daß im Falle, wo sämtliche Schalter auf U_r stehen, von oben gezählt jede Stelle den doppelten Beitrag wie die nachfolgende leistet. Die Staffelung nach Zweierpotenzen entspricht der Interpretation des Digitalwortes als Dualzahl. Die Summation der Teilströme aus den n Zweigen ruft am invertierenden Eingang des Operationsverstärkers eine zum Dualzahlenwert proportionale Spannung hervor. Sie erscheint am Ausgang um einen Faktor verstärkt, der über den Rückkopplungswiderstand R_k wählbar ist und eine Projektion in den gewünschten Wertebereich liefern muß.

Aus der Schaltungskonfiguration von Bild 6-10 läßt sie sich wie folgt quantifizieren:

$$U_a = -U_r \cdot \frac{R_K}{3R} \cdot \sum_{i=1}^{n} d_{n-i} \cdot 2^{-i}$$

mit den Koeffizienten: $d_{n-i} \in \{0,1\}$;
diese beschreiben die Stellung der n Schalter auf U_r (1) bzw. Erde (0).

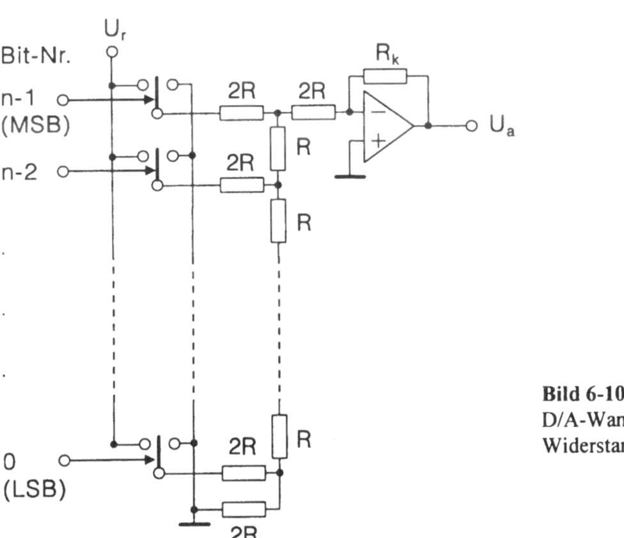

Bild 6-10
D/A-Wandler aus einem R-2R-Widerstandsnetzwerk

Beispiel:

Bei U_{max} = +5 V; U_{min} = -5 V und n = 8 wird das Digitalwort D = 0110 1001 angelegt; es gilt also: $d_7 = d_4 = d_2 = d_1 = 0$ und $d_6 = d_5 = d_3 = d_0 = 1$. Unter der Voraussetzung $R_k = 3R$ liefert die Transformation eine Ausgangsspannung U_a = -0,9 V. Das absolute Auflösungsvermögen beträgt: $(U_{max} - U_{min})/2^n = 39$ mV.

Ein anderes Wandlungsprinzip besteht in der Modulation des Tastverhältnisses eines Binärsignales konstanter Frequenz durch die Digitalgröße. Ein nachgeschalteter Tiefpaß bildet den zeitlichen Mittelwert aus den binären Spannungspegeln und stellt ihn – ggf. verstärkt – als analoges Ausgangssignal zur Verfügung.

Die Ausgabe von Analoggrößen läuft ebenso wie auf dem digitalen Sektor generell unter Programmsteuerung ab und kann allenfalls durch Interrupt Request angefordert werden. Bild 6-9 läßt erkennen, daß die Ausgänge durchweg gepuffert sind und darüber hinaus statischen Typus aufweisen, weil die Analogsignale den

Stellgliedern meist relativ lange (Millisekunden- bis Sekunden-Bereich) angeboten werden müssen. Die Pufferung auf der Digitalseite herrscht zwar deutlich vor, ist jedoch nicht zwingend. Bei Parallelbetrieb mehrerer Ausgabeelemente auf einer Flachbaugruppe wird man in der Regel jedes mit einem eigenen Zwischenregister und DAW bestücken und über einen adressierbaren Stellwertverteiler (Demultiplexer) die gemeinsame Verbindung zum Rechner herstellen.

Alternativ dazu könnte man sich auf die Nutzung eines einzigen Registers und DAW im Zeitscheibenmodus beschränken und hinter dem Demultiplexer jedem Ausgang einen separaten Analogspeicher in Form eines Haltegliedes zuordnen. Angesichts der drastisch gefallenen Preise für Digitalbausteine ist diese Lösung allerdings nur noch selten wirtschaftlich, etwa bei großen Wortlängen. Weniger eindeutig zu entscheiden ist die Frage, auf welcher Seite des DAW die aus Sicherheitsgründen häufig notwendige galvanische Trennung zwischen Rechnersystem und Prozeß vorgenommen werden soll. Abhängig davon sind Optokoppler entweder mit einer binären oder einer streng linearen Übertragungscharakteristik auszuwählen.

6.7 Analoge Eingabeelemente

Der klar überwiegende Anteil der zu erfassenden und auszuwertenden Prozeßgrößen ist kontinuierlicher Natur und wird deshalb durch die einschlägigen Meßfühler trotz fortschreitender Digitalisierung noch immer in analoger Form bereit gestellt. Insofern sind die Koppelelemente für die Analogeingabe zweifellos die bedeutendsten in der Prozeßperipherie. Ihre Konzeption und technische Realisierung können sich je nach den Erfordernissen des Anwendungsproblems auf eine Vielzahl gängiger Lösungsvarianten abstützen. Deren Eigenheiten treten keineswegs nur auf dem Gerätesektor in Erscheinung, sondern reichen weit in die Betriebssystemmodule für die E/A-Steuerung hinein. Sie implizieren generell eine beachtliche Komplexität, so daß sich ein Eingabe-Interface stets als ganzes Subsystem aus mehreren Funktionseinheiten mit eigener Ablaufsteuerung präsentiert [JAC 89].

6.7.1 Systemaufbau

Bild 6-11 zeigt ein typisches Blockdiagramm. Der Umschalter für meist $N = 8 \ldots 32$ anschließbare Meßstellen ist hier fast ausnahmslos prozeßseitig plaziert. Als einzige Eingangsgröße akzeptiert er elektrische Spannungen; andere physikalische Größen müssen in vorgelagerten Baueinheiten entsprechend umgeformt werden. Das ihn passierende Analogsignal wird in einem Filter von hochfrequenten Störungen gereinigt und danach in einem sogenannten *Sample & Hold-*

Verstärker abgetastet, d.h. sein Momentanwert wird fixiert, verstärkt und in einem Halteglied gespeichert. Kernstück des Subsystems ist angesichts der Hauptaufgabe, analoge Prozeßgrößen in digitale Datenwörter für die Zentraleinheit umzusetzen, ein Analog/Digital-Wandler (ADW).

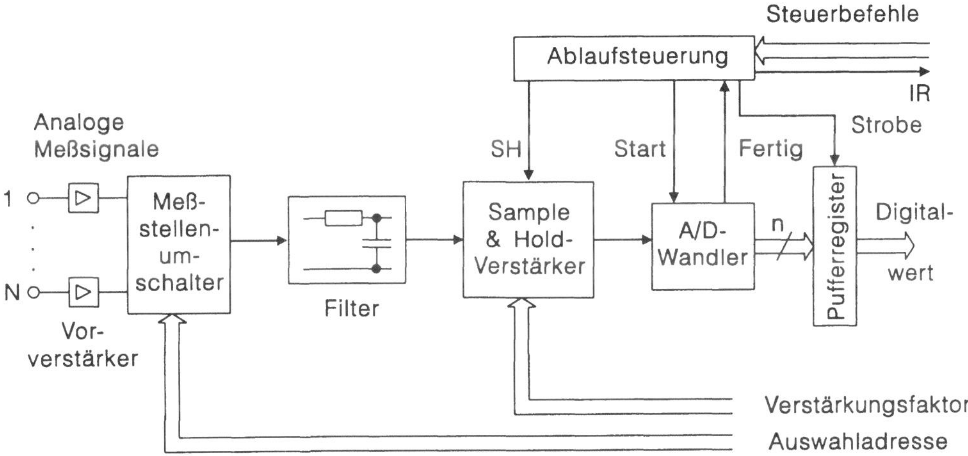

Bild 6-11 Struktur eines Koppelelementes für analoge Eingabegrößen

Die Existenz einer Ablaufsteuerung unterstreicht schon, daß die zeitliche Abfolge einer Analogeingabe mehr sequentielle Einzelschritte als andere E/A-Operationen umfaßt, daß diese Schritte zum Teil längere Phasen beanspruchen und präzis koordiniert werden müssen und daß demnach sowohl hard- als auch softwaremäßig ein höherer Steuerungsaufwand als anderswo anfällt. Konsequenterweise unterliegen dann nicht nur Abtastung und Abfrage einer Programmkontrolle; auch der Wandlungsvorgang wird zentral gestartet. Hingegen wird das Bereitstehen des Digitalwertes – besonders bei variabler Wandlungsdauer – vorzugsweise mittels Alarmmeldung angezeigt, ebenso wie die Eingabe insgesamt durch den Prozeß bzw. das Koppelelement spontan angeregt werden kann.

Analoge Eingangssignale können insoweit als dynamisch gelten, als ihre Amplitude sich sowohl wert- als auch zeitkontinuierlich zu ändern vermag. Ihr inhärent aber eher statischer Charakter wird durch die zeitdiskrete Abtastung hervorgekehrt und durch eine Pufferung festgeschrieben, die außer im Halteglied noch in einem Register hinter dem ADW stattfinden kann.

Im Abschnitt 6.3 wurde darauf hingewiesen, daß aus anwendungstechnischen Gründen vielfach eine zeitgleiche (synchrone) Abtastung mehrerer Prozeßgrößen unbedingt erforderlich ist, auch wenn sie danach nur sequentiell abgefragt werden können. In diesen Fällen muß für jeden Meßkanal ein eigener Sample & Hold-Verstärker bereitgestellt werden, der dann im Schema von Bild 6-11 die Position des Vorverstärkers einnimmt bzw. mit ihm verschmolzen wird. Das bedeutet: Die analoge Signalspeicherung findet nicht wie dort gezeigt hinter, sondern vor dem Meßstellenumschalter statt, was den Schaltungsaufwand natürlich erhöht.

Die Fortschritte in der Integrationstechnik haben es Zug um Zug ermöglicht, nicht nur einzelne Komponenten in hoch komprimierter Bauform herzustellen, sondern auch mehrere davon oder sogar ein komplettes Subsystem gemäß Bild 6-11 auf einem Halbleiterchip zusammenzufassen. Dabei ist gerade die Kombination von sehr präzisen analogen und sehr schnellen digitalen Schaltungsteilen auf engster Fläche ein keineswegs triviales Unterfangen. Bei besonderen Anforderungen an die Genauigkeit weicht man mitunter auf die sogenannte hybride Bauweise aus. Sie bedeutet eine Vereinigung von integrierten Schaltkreisen und miniaturisierten, aber gleichwohl diskreten Bauelementen auf einem mit Außenkontakten versehenen Trägermaterial zu einem Funktionsmodul, der als ganzes verkapselt oder vergossen wird.

Im Hinblick auf die Bedeutung der Analogeingänge für den Prozeßrechner wird wenigstens die prinzipielle Funktionsweise ihrer wichtigsten Komponenten untersucht. Dem Umschalter für analoge Eingangsspannungen fällt die gleiche Aufgabe wie einem digitalen Multiplexer zu, nämlich eines der N anstehenden Signale an den Ausgang weiterzuleiten. Die Auswahl trifft das steuernde Programm durch Vorgabe einer digitalen Meßstellenadresse. Die Realisierungsmöglichkeiten für Schalter (Relais, MOS-Transistoren) unterscheiden sich signifikant in der Schaltzeit und im Durchgangswiderstand. Die von einem Großteil der Sensoren, z.B. Thermoelemente und Dehnungsmeßstreifen, gelieferten Meßspannungen sind so schwach (nur wenige Millivolt), daß sie vor der Weiterverarbeitung einer Verstärkung bedürfen. Die dazu notwendigen Bauelemente können in den Multiplexer mitintegriert sein.

Bei einer modifizierten Auslegung werden statt N Meßsignalleitungen mit einem auf Masse bezogenen Potential bedarfsweise nur N/2 angeschlossen, dafür aber jede mit eigener erdungsfreier Rückleitung zum Meßaufnehmer. Diese sogenannten differentiellen Eingänge bieten besseren Schutz gegen Fremdeinstreuungen, die typischerweise auf beide Leitungen symmetrisch wirken und deshalb bei der nachfolgenden Differenzverstärkung eliminiert werden.

6.7.2 Sample-and-Hold-Verstärker

Der Umsetzvorgang im ADW beansprucht eine endliche Zeit, die bis über hundert Millisekunden währen kann. In diesem Intervall könnte die Amplitude höherfrequenter Signale beträchtlich variieren, weshalb sich kein stabiles und damit eindeutiges Digitalwort erzeugen ließe. Dieses Problem löst der Sample & Hold-Verstärker, indem er analoge Momentanwerte abtastet und über die gesamte Wandlungsdauer konserviert, so daß der ADW eine konstante Eingangsspannung vorfindet. Laut Bild 6-12 besteht er aus zwei Operationsverstärkern, die durch einen binär gesteuerten Transistorschalter getrennt sind, und einem Kondensator. Die Schalterstellung bestimmt den aktuellen Betriebszustand.

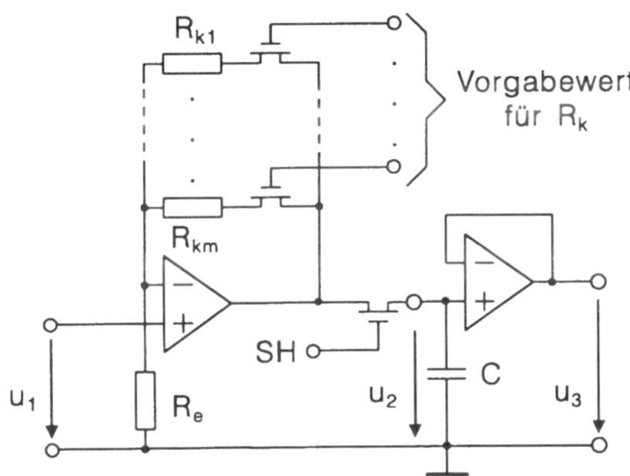

Bild 6-12
Aufbau eines Sample & Hold-Verstärkers

Bei geschlossenem Schalter (erreicht durch SH = High) herrscht Sample-Betrieb. Über den ersten Verstärker wird der Kondensator in seiner Rolle als Analogspeicher auf einen zur Meßspannung u_1 proportionalen Wert aufgeladen. Auch dieser Abtastvorgang erfordert eine endliche Zeit; sie heißt Akquisitionszeit und bewegt sich im Mikrosekunden-Bereich. Nach deren Ende wird durch Öffnen des Schalters (SH = Low) der zuletzt gültige Momentanwert der Spannungsamplitude gleichsam eingefroren. Im anschließenden Hold-Betrieb wird er über den zweiten Verstärker mit sehr guter Konstanz an den Wandler weitergereicht.

Dessen Eingangsspannungsbereich ist starr festgelegt und soll möglichst gut ausgenutzt werden. Daher sind die einzelnen Meßspannungen, deren Niveaus je nach Typ ihrer Signalquelle mehrere Zehnerpotenzen auseinanderliegen können, oft noch individuell an ihn anzupassen. Das schafft man durch variable Gestaltung des Rückkopplungswiderstandes R_k im Abtastverstärker, dessen Verhältnis zu R_e den Verstärkungsfaktor ausmacht. Er kann durch Einstellen der Schalter in den Rückkopplungszweigen vom Rechner her stufenartig vorgewählt und damit beim Übergang zwischen zwei Meßstellen quasi umprogrammiert werden. Automatische Verstärker sind in der Lage, den jeweils günstigsten Verstärkungsfaktor selbsttätig zu wählen. Er muß dann zusammen mit dem Meßergebnis zwecks dessen korrekter Bewertung an den Rechner übergeben werden.

Die vom Sample & Hold-Verstärker geleistete Signaldiskretisierung ist in Bild 6–13 für den Fall einer einzigen zu erfassenden Meßspannung dargestellt, also unter Fortlassung des Multiplexers. Das erste Diagramm zeigt einen kontinuierlichen Zeitverlauf, wie er als *u(t)* am Verstärkereingang aufreten kann.

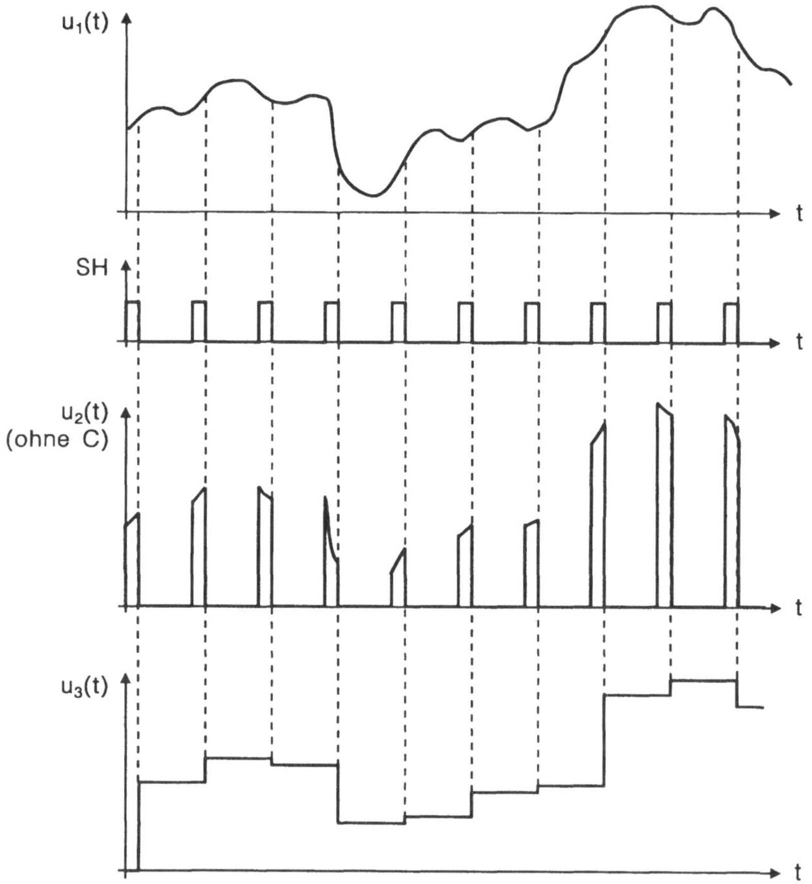

Bild 6-13 Zeitliche Diskretisierung eines Analogsignales im Sample & Hold-Verstärker

In nicht notwendigerweise periodischen Abständen wird er mit SH-Impulsen, die den Schalter schließen, abgetastet und so in eine diskrete Folge von Amplitudenwerten umgesetzt (Rasterung). Die abgebildete Spannungskurve *u(t)* ergäbe sich hinter dem Schalter nur dann, wenn hier kein Kondensator angebracht wäre. Dieser hat indes gerade die Aufgabe, die einzelnen Abtastwerte bis zum Eintreffen des nächsten zu fixieren. Die daraus hervorgehende und am ADW-Eingang anliegende Stufencharakteristik *u(t)* ist zwar zeitdiskret, weil sich Änderungen nur zu definierten Zeitpunkten einstellen können, aber noch immer wertkontinuierlich, da die momentane Spannungshöhe keiner Quantisierung unterworfen ist. Dies geschieht erst im ADW, wo das kontinuierliche Wertespektrum auf einen endlichen diskreten Vorrat abgebildet wird, nämlich auf die Menge der 2^n möglichen n-stelligen Digitalwörter.

6.7.3 Analog/Digital-Wandler

Die Kenngrößen der A/D-Wandler stimmen im wesentlichen mit denen der D/A-Wandler überein:

a) Meßbereich

Er grenzt ab, in welchen Wertezonen sich die Eingangsspannungen zu bewegen haben; recht häufig findet man 0 bis +10 V vor.

b) Auflösungsvermögen und Umsetzungsgenauigkeit

Die Auflösung drückt sich hier sinngemäß in der Anzahl n der ausgangsseitigen Binärstellen aus und ist ein Maß für die feinstmögliche Quantisierbarkeit, d.h. für die Mindestdifferenz, die zwei Meßspannungen aufweisen müssen, damit ihnen verschiedene Digitalwörter zugeordnet werden. Mit ihr ist direkt die erzielbare Abbildungstreue korreliert bzw. die unvermeidliche Ungenauigkeit, die daraus entsteht, daß der Meßbereich in 2^n diskrete Stufen unterteilt und jeweils ein ganzer Ausschnitt des kontinuierlichen Eingangswertespektrums durch denselben Digitalwert repräsentiert wird. Übliche Wortlängen sind wiederum n = 8 . . . 16 Bits.

c) Wandlungszeit und Wandlungsrate

Die Dauer vom Anlegen der Analogspannung bis zur Verfügbarkeit des zugehörigen Digitalwortes weist je nach der gewählten Wandlungsmethode eine recht große Bandbreite auf (ca. 10 ns bis 100 ms). Sie hängt stets von der Größe n ab, teils linear und teils exponentiell, u.U. aber zusätzlich noch vom Eingangswert selbst.

Häufig interessiert mehr die Anzahl der pro Zeiteinheit durchführbaren Wandlungen. Sie ist nur vordergründig der Kehrwert der Wandlungszeit, effektiv jedoch wegen des Steuerungsaufwandes merklich kleiner.

d) Störunterdrückung

Bei manchen Verfahren spielt es eine Rolle, inwieweit Störeinflüsse auf die Meßspannung während des Abtastvorganges auf das Wandlungsergebnis durchschlagen bzw. kompensiert werden können.

e) (Nicht-)Linearität

Die ideale Übertragungskennlinie zwischen der analogen Eingangsspannung und dem Zahlenwert des Ausgangscodewortes D wäre eine Gerade. Wegen des notwendigerweise endlichen Vorrates von 2^n Codewörtern bzw. Werten von D ist der tatsächliche Verlauf eine Treppenkurve, die sich allerdings durch eine Mittelungsgerade approximieren läßt. Ein Maß für deren Verzerrung, d.h. für die maximale Abweichung vom idealen Verlauf ist die Nichtlinearität; sie drückt sich in ungleicher Breite der Treppenstufen aus.

f) Kosten

Ihr Betrag resultiert gleichfalls aus dem Wandlungsprinzip und der damit verbundenen Schaltungskomplexität; meist wächst er annähernd exponentiell mit der Digitalwortlänge.

Für die Implementierung einer A/D-Wandlung sind nicht nur zahllose technische Lösungsvarianten bekannt, sondern es existiert auch eine ganze Reihe grundsätzlich verschiedener Verfahrenskonzepte [SEI 76, M&T 81, TaS 93]. Von ihnen seien nur die allerwichtigsten kurz diskutiert.

A) Paralleler Wandler

Er beruht auf dem Prinzip des Schwellenwertdetektors und zeichnet sich dadurch aus, daß sämtliche Binärausgänge in einem einzigen Zeitschritt endgültig fxiert werden (Bild 6-14a). Die Spannung U_r einer Referenzquelle wird durch eine Widerstandskette in 2^n gleich großen Stufen heruntergeteilt. Hinter jedem Abgriff wird die aktuelle Teilspannung mit der Meßspannung U_M verglichen, und zwar in einem als Komparator betriebenen Operationsverstärker. Er liefert am Ausgang eine Binärgröße, deren Wert sich aus dem Vorzeichen der Differenz der beiden Eingangsspannungen bestimmt.

Sei nun $i * U_r/2^n$ die kleinste Teilspannung, die größer ist als U_M, so werden gemäß Bild 6-14b die ersten i-1 Komponenten von links ein Low- und die übrigen 2^n-i ein High-Signal abgeben. In einem aus Abschnitt 4.3 bekannten Prioritäts-Codierer wird aus dieser 2^n-1-stelligen Binärinformation zunächst die Position des ersten „H“ als relevanter Schwellenwert extrahiert und sodann in ein Digitalwort D mit n Bits verschlüsselt.

Dieser Wandlertyp ist mit Umsetzungszeiten bis klar unterhalb von 20 ns der weitaus schnellste, was ihm auch die Bezeichnung *Flash-Wandler* eingetragen hat, zugleich aber auch aufwendigste. Seine Auflösung muß daher auf n = 6 . . . 8 Bits beschränkt bleiben. Alle anderen Verfahren arbeiten auf irgendeine Weise seriell bzw. mit kalkulierten Zeitintervallen, d.h. es ist stets eine Schrittfolge zu durchlaufen, bis der Digitalwert feststeht.

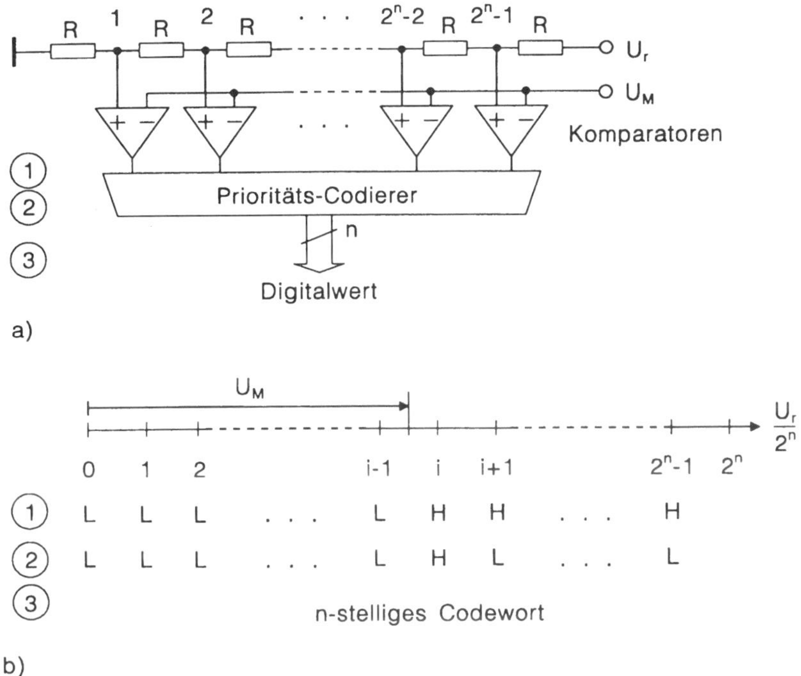

Bild 6-14 Paralleler A/D-Wandler
a) Schaltungsaufbau
b) Arbeitsweise (Umsetzungsschema)

Ein erster Ansatz in diese Richtung ist eine Modifikation des Parallel-Wandlers dahingehend, daß der Umsetzungsvorgang auf zwei Schritte ausgedehnt wird. Im ersten findet gleichsam eine Grobbereichsermittlung statt, indem durch Anlegen von U_M die höherwertigen n Stellen des nunmehr 2n Bits langen Codewortes D bestimmt werden. Danach wird die Differenzspannung $\Delta U_M = U_M - (i-1) * U_r/2^n$ gebildet und auf den Wandlereingang geschaltet. Der zweite Schritt dient der Bestimmung der niederwertigen n Bits von D und entspricht somit einer Feinbereichsermittlung. Auf diese Weise kann das Auflösungsvermögen des Netzwerkes von Bild 6-14a mit relativ geringem Zusatzaufwand verdoppelt werden. Allerdings wächst auch die Wandlungsdauer als Folge der Differenzbildung und Umschaltung, und zwar deutlich überproportional.

Gerade im Hinblick auf die Einhaltung von Echtzeitbedingungen wird dem Flash-Wandler eine immer gewichtigere Rolle für die Analogdatenerfassung zufallen.

B) Zählender Wandler (Sägezahnumsetzer)

Das Verfahren arbeitet gleichfalls mit einem Schwellenwert, und zwar wird die Meßspannung in solcher Funktion laut Bild 6-15a mittels Komparator mit einem in konstanten Stufenhöhen anwachsenden Analogwert verglichen. Diese Sägezahnspannung U_Z gewinnt man durch periodisches Takten eines n-Bit-Aufwärtszählers, dessen Ausgangswort einer D/A-Wandlung unterzogen wird (DAW als Subkomponente eines ADW). Sobald sie die Meßspannung übersteigt, kippt der Komparatorausgang auf „H“ und stoppt damit über ein Steuer-Flip Flop (RS-Typ) den Zählvorgang. Der Zählerinhalt ist jetzt stabil und entspricht als Maß für die Anzahl der benötigten Inkrementierungsschritte mit dem üblichen Quantisierungsfehler dem Eingangswert U_M. Ein programminitiierter Startbefehl leitet jede Wandlungsprozedur ein, indem er den Zähler löscht und zugleich den Takt wieder freigibt.

Diese Wandlungsmethode erlaubt sehr hohe Auflösungen (bis 16 Bits), ist relativ simpel und preiswert implementierbar, jedoch auch recht langsam. Wie Bild 6-15b demonstriert, hängt die Wandlungsdauer proportional vom Meßwert ab; außerdem wächst sie linear mit der Wortlänge n (feinere Unterteilung des Meßbereiches), so daß sie evtl. über 100 ms erreichen kann.

C) Approximierender Wandler (Stufenumsetzer)

Sein Aufbau weist einige Ähnlichkeiten mit dem des zählenden Wandlers auf. Auch hier wird der Inhalt eines n-stelligen Registers mittels DAW in eine wertdiskrete Analogspannung konvertiert und in einem Komparator mit der abgetasteten Meßspannung verglichen (Bild 6-16a). Allerdings kommt das Digitalwort nicht durch Zählen, sondern durch systematisch gesteuertes Vorbesetzen des Registers zustande. Zugrunde liegt ein logarithmisches Suchverfahren, das die künstlich erzeugte analoge Vergleichsspannung U_V in mehreren Iterationsschritten immer näher an die Meßspannung heranführt (*sukzessive Approximation*).

Ausgegangen wird gemäß Bild 6-16b nicht von der Nullstellung des Registers, sondern vom Wort „HLL . . . LL“, das der Mitte des Wertebereiches entspricht. Beim höchstwertigen Bit beginnend wird nun diese Dualzahl pro Arbeitsschritt je nach Vergleichsergebnis nach unten bzw. oben korrigiert, was auf eine fortgesetzte Halbierung des verbliebenen Suchbereiches hinausläuft. Konkret heißt das: Im i-ten Schritt wird das zuvor gesetzte i-te Bit entweder belassen oder invertiert und zugleich das i+1-te Bit gesetzt. Offensichtlich haben damit die höchstwertigen i Stellen bereits ihren endgültigen Wert angenommen, und so ist der Abschluß des Wandlungsvorganges nach n Schritten gesichert.

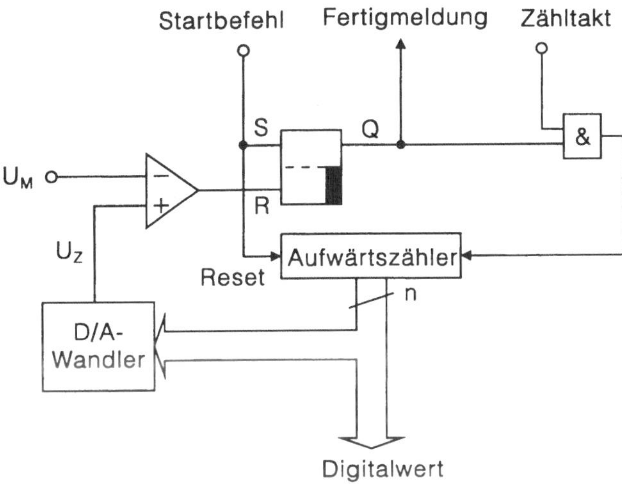

a) Schematischer Aufbau

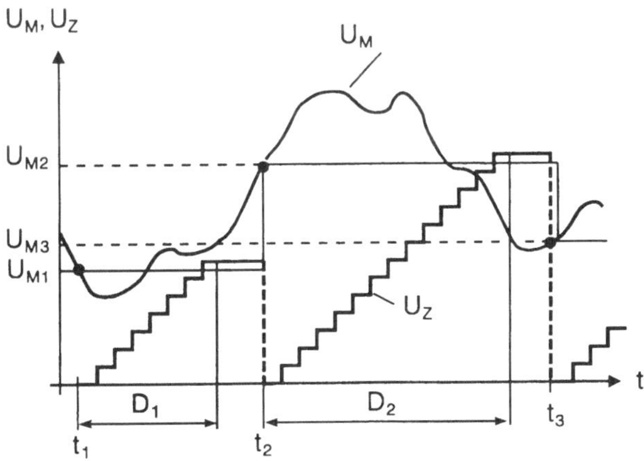

b) Umsetzungsverfahren

Bild 6-15 Zählender A/D-Wandler
U_{Mi}: Abtastwerte der Meßspannung
t_i: Wandlungsstartzeitpunkte
D_i: Als Impulsanzahl ermittelte Digitalwerte

Im Prinzip läuft diese Methode auf eine konsequente Fortführung des bei der Modifikation des Parallel-Wandlers aufgezeigten Gedankens hinaus. Die Anzahl der Umsetzungsschritte wird auf n vergrößert, und jeder Schritt trägt das nächst niederwertige Bit zur Entstehung des Digitalwortes bei. Damit ist lediglich der unvermeidlich einzugehende Kompromiß zwischen hoher Auflösung bei geringem Schaltungsaufwand einerseits und möglichst kurzer Wandlungszeit andererseits zu Lasten der letzteren verschoben.

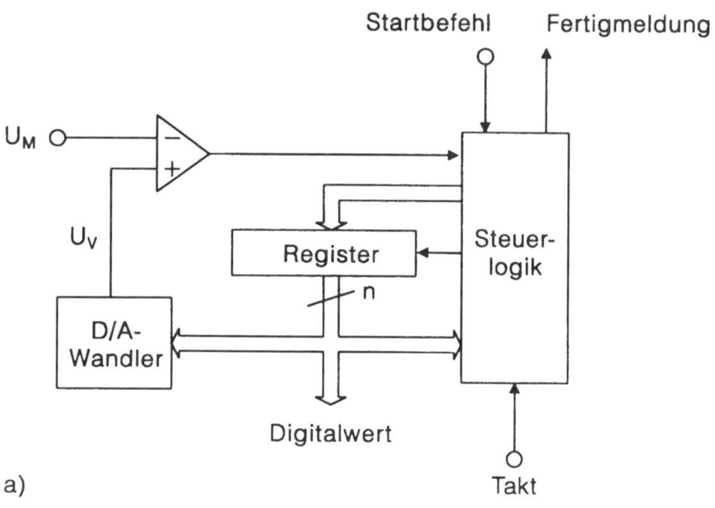

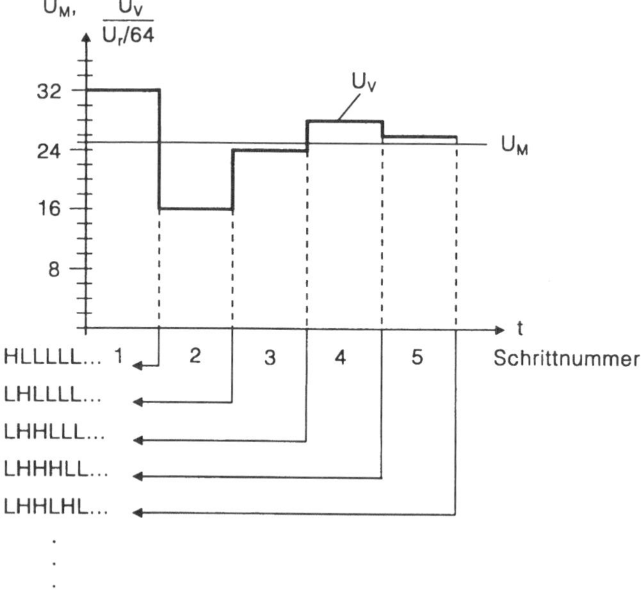

Bild 6-16 Approximierender A/D-Wandler

a) Blockdiagramm

b) Iterative Wandlungsschrittfolge

Demnach wächst der Zeitbedarf nur linear mit der Wortlänge. Der Wandlertypus ist also bei gleichem Auflösungsvermögen deutlich schneller als der zählende (Größenordnung: 10 µs). Hingegen benötigt er einen vermehrten Schaltungsaufwand in Gestalt der Steuerlogik. Sie hat für die korrekte Vorgabe der Iterationswerte zu sorgen und wird angesichts des algorithmischen Ablaufes vorzugsweise firmwaremäßig realisiert.

Den drei vorgestellten Wandlungsprinzipien ist gemeinsam, daß sie einen abgetasteten Momentanwert der Meßspannung verarbeiten, der über die Wandlungsdauer konstant gehalten wird. Ist dieser Wert zufällig mit einer Störgröße behaftet, so geht sie voll in das digitale Ergebnis ein, weil keine Kompensationsmöglichkeit besteht. Solche Verfälschungen sind oft nicht tolerierbar und lassen sich mit anderen Verfahren größtenteils ausschalten.

D) Integrierender Wandler (Zwei-Rampen-Umsetzer)

Er basiert auf einem zweiphasigen Arbeitsmodus (siehe Bild 6-17) und kommt ohne vorgeschaltetes Halteglied aus. In der ersten Phase wird die zeitkontinuierliche Meßspannung $u_M(t)$ - evtl. verstärkt - für eine definierte Referenzdauer T_r an den Eingang eines als Integrator beschalteten Operationsverstärkers gelegt.

Die Spannung $u_C(t)$ am dadurch aufgeladenen Kondensator besitzt eine zur Meßspannung proportionale Anstiegssteilheit und hätte bei konstantem Eingangswert einen Rampenverlauf. Ihr erreichter Spitzenwert U_{CS} resultiert offenbar aus einer zeitlichen Mittelwertbildung über $u_M(t)$. Störimpulse wie in Bild 6-17b beeinträchtigen ihn nur geringfügig, sofern ihre Breite klein gegenüber T_r ist; teilweise kompensieren sie sich sogar.

Nach Umlegen eines Schalters wird der Kondensator in der zweiten Phase mittels einer negativen Referenzspannung $-U_r$ wieder entladen, deren Höhe ein Maß für die Steilheit der abfallenden Rampe darstellt. Die Entladezeit T_Z wird durch Inkrementieren eines n-Bit-Zählers mit bekannter Taktfrequenz digital gemessen, wobei der Komparator den Nulldurchgang von $u_M(t)$ signalisiert. Sie läßt sich aufgrund folgenden Zusammenhanges direkt auf die Analogspannung zurückführen:

$$U_{CS} \cdot R \cdot C = \overline{-u_M(t)} \cdot T_r = -U_r \cdot T_z$$

$$\rightarrow \quad \overline{u_M(t)} = U_M = U_r \cdot \frac{T_z}{T_r}$$

Die Auflösung ist sehr fein wählbar (bis 16 Bits), die Wandlungsdauer indes ziemlich groß (Millisekunden-Bereich) und überdies abhängig vom Meßwert. Zwischen ihr und der gewünschten Störunterdrückung ist stets ein Kompromiß zu schließen. Der Steueraufwand hält sich in bescheidenem Rahmen.

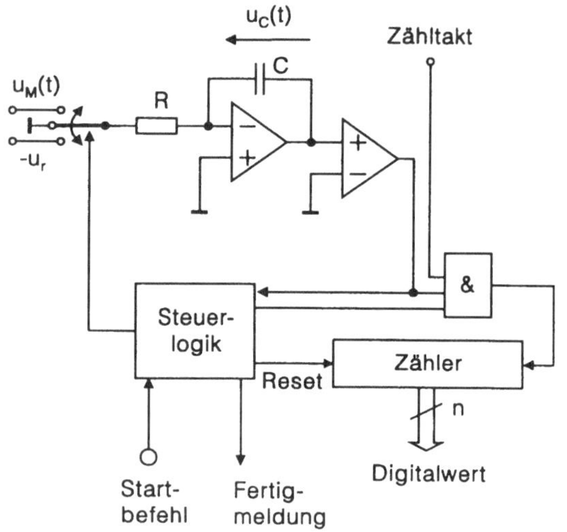

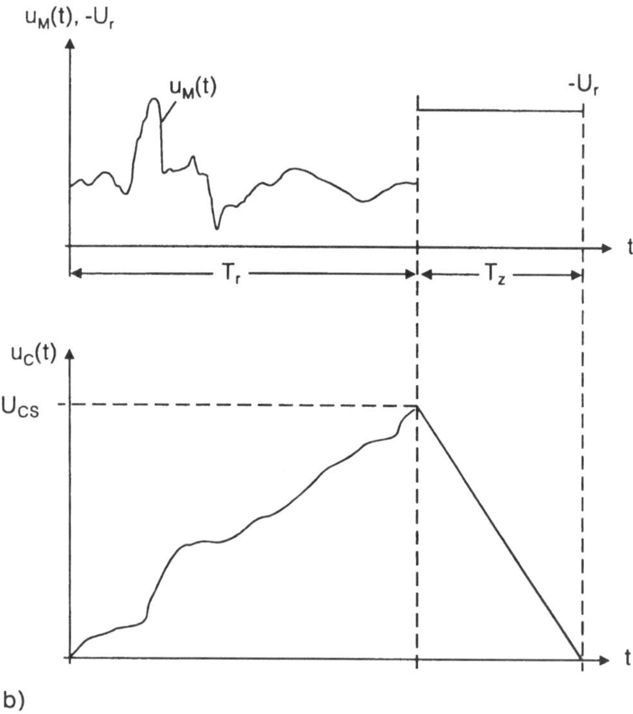

Bild 6-17 Zwei-Rampen-A/D-Wandler

a) Schaltungskonzept

b) Spannungsverläufe am Integratorein- und -ausgang

Ein anderer Typ von integrierendem Wandler ist der Spannungs-Frequenz-Umsetzer. Er generiert zunächst eine Sinusschwingung, deren Frequenz durch die Amplitude der Meßspannung moduliert wird. Daraus werden in einem zweiten Schritt Rechteckimpulse geformt und über eine festgelegte Zeitspanne abgezählt, was zu der benötigten Digitalinformation führt.

6.8 Programmgesteuerte Ein/Ausgabeeinheiten

Es war bereits hervorgehoben worden, daß ihre zeitliche Ausdehnung und ihr Ablauf der Analogeingabe einen exponierten Rang innerhalb des prozeßorientierten Datenverkehrs zuweisen. Der steuernde E/A-Programmodul ist nicht nur für die Meßstellenauswahl und die Abtastoperation zuständig; bei seriell arbeitenden DAW muß er auch den Wandlungsvorgang einleiten und schließlich die Abfrage durchführen. Im Falle kurzer und konstanter Wandlungsdauern ergreift er sogar selbst die Initiative zur Abfrage; bei langsameren Wandlern läßt er sich dagegen durch einen Prozeßalarm, der das Bereitstehen des Datenwortes meldet, anstoßen. Trotz der Hardwareunterstützung durch die Ablaufsteuerung (Bild 6-11), mit der sie in enger Wechselwirkung stehen, sind die einschlägigen Betriebssystemroutinen (Gerätetreiber) dadurch stark belastet. Da sie zudem sehr häufig angefordert werden, kommt ihrer effizienten Auslegung und Einbindung in den gesamten Softwarekomplex gerade im Hinblick auf die Echtzeitverarbeitung ein besonders hoher Stellenwert zu [MAR 76].

Unter diesem Aspekt stellt sich die Frage, ob die im Abschnitt 6.7.1 angesprochene Integration eines ganzen Analogeingabe-Subsystems in einem Halbleiter-Baustein nicht um eine zusätzliche funktionale Dimension erweitert werden kann. Sie bestünde darin, die dortige rein hardware-basierte Ablaufsteuerung so weit aufzuwerten, daß sie ein in ihr selbst gespeichertes Steuerprogramm (Softwareelement) autonom auszuführen vermag. Die betrachteten Einzelaktivitäten, wie Meßstellenauswahl, Veranlassung der Abtastung und Abfrage, Starten eines Wandlungsvorganges, Vorgabe von Verstärkungsfaktoren usw., könnten dann unmittelbar im Prozeßkoppelelement abgewickelt werden und würden weder den korrespondierenden Prozeßrechner noch die dahin führende Übertragungsstrecke belasten. Geht man noch einen Schritt weiter, so können die erfaßten Daten bereits vor Ort allerlei Vorverarbeitungs-Prozeduren unterzogen werden, z.B. Konsistenzprüfungen, Komprimierungen, Filterungen, Sortierungen, Häufigkeitsanalysen und andere Auswertungen. Hieraus resultieren u.U. ganz erhebliche Reduktionen des mit dem Prozeßrechner auszutauschenden Datenvolumens.

Unverzichtbare Voraussetzung für die Realisierung solcher Intentionen ist offenbar die Ausstattung eines Koppelelementes mit gewissen Interpretations-, d.h. Prozessorfähigkeiten, mit hinreichendem Programm- und Datenspeicher, mit einer geeigneten Schnittstelle zum E/A-System des Prozeßrechners sowie evtl. mit weiteren Hilfseinrichtungen. Derartige von einem eigenen Programm gesteuerte E/A-Einheiten werden auch als „intelligent“ bezeichnet [LAU 89]. Sie beschränken sich nicht auf die Erfassung analoger Prozeßgrößen, sondern beziehen auch die Ein- und Ausgabe digitaler Signale ein und weisen somit ein recht breitbandiges Funktionsprofil auf. Mit einigen Abstrichen, die den bescheidenen Ausbaugrad, die relativ mäßige Leistungsfähigkeit sowie die unterentwickelte Flexibilität betreffen, können sie rein qualitativ sogar als eigenständige kleine Prozeßrechner innerhalb des übergeordneten Prozeßrechnersystems mit Verbundcharakter angesehen werden. Zumindest tragen sie entscheidend dazu bei, zentrale Automatisierungsstrukturen aufzulockern und verteilte Systeme zu implementieren, für die sie äußerst wichtige Basiskomponenten darstellen (vgl. Abschnitt 1.2).

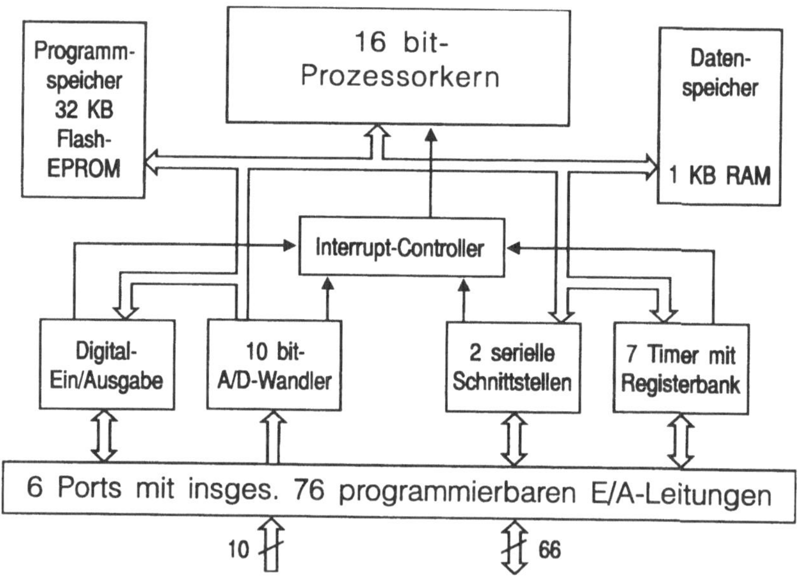

Bild 6-18 Funktionsdiagramm des Mikrocontrollers 88C166

Genau diese Stoßrichtung wurde mit der Einführung der Mikrocontroller-Bausteine verfolgt, die mittlerweile von zahlreichen Herstellern in den unterschiedlichsten Varianten angeboten werden. Als repräsentatives Beispiel sei im Bild 6-18 ein vereinfachtes Blockschaltbild des Ein-Chip-Controllers 88C166 von

Siemens angeführt [SIE 92]. Er enthält einen für 16 Bit Verarbeitungsbreite ausgelegten und mit einem recht üppigen Befehlssatz ausgestatteten kompletten Prozessorkern, einen 1 KB großen Variablenspeicher sowie einen Programmspeicher mit 32 KB in Flash-EPROM-Technologie, so daß der Inhalt über eine Busschnittstelle auf elektrischem Wege austauschbar ist. Für die Kommunikation mit der Umgebung stehen zur Verfügung:

- zwei serielle Schnittstellen (Universal Synchronous and Asynchronous Receiver and Transmitter)
- eine wählbare Anzahl digitaler Ein/Ausgaben;
- ein sukzessiv approximierender 10 Bit-A/D-Wandler mit Sample & Hold-Verstärker und Analog-Multiplexer für zehn Meßkanäle;
- insgesamt sieben auf mehrere Funktionsblöcke verteilte 16 Bit breite Zähler/Zeitgeber (Timer), die zur Erfassung externer Ereignisse, zur Zeitmessung, Zeitvorgabe, Signalerzeugung u.a. dienen.

Verbindungen dieser Komponenten zur Außenwelt lassen sich wahlweise über sechs separate E/A-Ports mit insgesamt 76 Leitungen herstellen, die teils individuell und teils gruppenweise programmierbar sind. Über sie kann auch eine externe Busschnittstelle eingerichtet werden, so daß im Bedarfsfalle die Speicherkapazität mit zusätzlichen IC's zu erweitern geht. Sämtliche Daten- und Funktionsregister des Mikrocontrollers sowie alle Speicherbereiche einschließlich der externen werden über einen einheitlichen Adreßraum von 256 KB Größe angesprochen.

7 Echtzeitbetriebssytem

Laut Abschnitt 3.2.2 bildet neben der Geräteausstattung die Systemsoftware den zweiten Basispfeiler eines Prozeßrechners. Ebenso wurde dort gezeigt, daß von ihren Hauptkomponenten praktisch nur das Betriebssystem im engeren Sinne den spezifischen Charakter des Prozeßrechners prägt. Sein Wesen und seine Zweckbestimmung treten in der allgemeinen Definition von DIN 44300 nur recht unscharf hervor:

Das Betriebssystem bilden die Programme eines digitalen Rechnersystems, die zusammen mit den Eigenschaften der Rechenanlage die Grundlage der möglichen Betriebsarten darstellen und insbesondere die Abwicklung von Programmen steuern und überwachen.

Immerhin kommen darin die Kontrollfunktionen des Betriebssystems über das rechnerinterne Geschehen, speziell die Bearbeitung der Anwendungssoftware, sowie seine enge Verflechtung mit der Hardware zum Ausdruck. Beide Teile müssen, um eine möglichst hohe Systemleistung zu erzielen, bereits konzeptionell so aufeinander abgestimmt werden, daß sich ihre jeweiligen Merkmale, Stärken und Beiträge zum Gesamtverhalten optimal ergänzen. Deshalb gehört zu den ersten Richtungsweisungen in der Entwurfsphase die architektonisch bedeutsame Festlegung, welche Funktionen des Rechners vom Betriebssystem einschließlich der ihm unterlagerten Firmwareebene und welche von der Hardware zu erbringen sind.

In Ergänzung zu Bild 3-4 und Tabelle 3-2 dokumentiert Bild 7-1 nochmals explizit die Einbettung des Betriebssystems in das Gesamtgefüge des Rechners und seine herausragende Rolle darin. Die ausgezogenen Pfeile symbolisieren echte Steuerungsfunktionen, während die gestrichelten für die in Gegenrichtung verlaufenden Aufträge bzw. Dienstleistungsanforderungen oder Zustandsmeldungen stehen.

Der typischen Zielsetzung eines Prozeßrechners entsprechend, muß sein Betriebssystem den oft harten Echtzeitbedingungen des Objektprozesses genügen können. Es muß innerhalb zulässiger Zeitintervalle auf Prozeßereignisse reagieren, es muß konkurrierenden Tasks gemäß ihrem Prioritätsrang die benötigten

Betriebsmittel zur Verfügung stellen, es muß das Zusammenwirken der zahlreichen Tasks organisieren, um den Zeitablauf der Automatisierungsprogramme an das reale Prozeßverhalten anzupassen, kurz: es muß schritthaltende Verarbeitung gewährleisten, also ein Echtzeitbetriebssystem sein. Diese Kardinalforderung durchdringt selbstverständlich sein Aufgabenspektrum wie auch seinen strukturellen Aufbau.

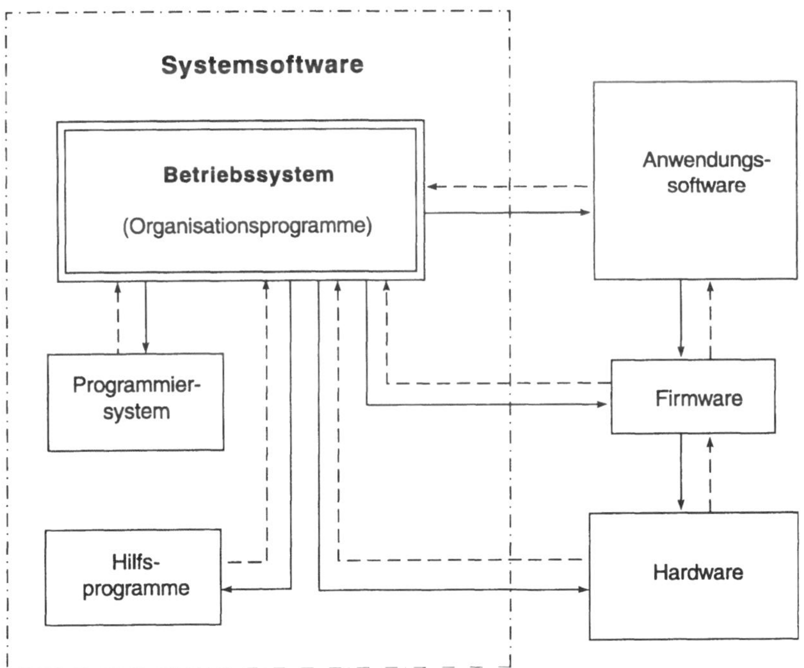

Bild 7-1 Zentrale Stellung des Betriebssystems in einem Prozeßrechner
———> : Steuerungsaktivitäten
---------> : Dienstleistungsanforderungen (Aufträge)

7.1 Aufgaben und Komponenten

Die globale Zweckbestimmung eines Betriebssystems besteht darin, dem Anwender einen komfortablen Fundus an relativ universell nutzbaren Dienstleistungsfunktionen zur Verfügung zu stellen und ihn damit von der Implementierung einer Vielzahl häufig wiederkehrender, vom Objektprozeß unabhängiger und demzufolge standardisierbarer Einzelmechanismen zu befreien. Im Abschnitt 3.3 war dies als Automatisierung der rechnerinternen Vorgänge zur Programmbearbeitung, Einsatzsteuerung der Ressourcen, Fehlerbehandlung usw. apostrophiert worden. Vor allem die Koordination der umfangreichen Prozeßlenkungsaktivitäten mit ihren funktionalen, zeitlichen und oft noch situationsbedingten Verquickungen sowie die Steuerung der Anlagenkonfiguration würde einen Programmierer völlig überfordern. Sie ist aber auch von einem Team, in dem jeder für die Erstellung und Pflege ganz bestimmter Anwendungsmodule zuständig ist, nicht zu beherrschen.

Bereits eine oberflächliche Differenzierung innerhalb des erwähnten Zielrahmens führt auf eine Reihe typischer Organisationsaufgaben, für die jedes Echtzeitsystem eine spezifische Lösung anbieten muß. Zwecks besserer Bewältigung der Komplexität wird man eine weitestgehende Entkopplung dieser Aufgaben sowie eine Modularisierung der einschlägigen Programmeinheiten anstreben. So entstehen mehrere eigenständige und intern wiederum sehr ausgeprägt strukturierte Betriebssystemkomponenten. In der Regel sind sie nicht unabhängig voneinander funktionsfähig, sondern bedürfen extensiver Kooperation. Deswegen kommt einer klaren Festlegung von Schnittstellen sowohl zwischen ihnen als auch zu den Anwenderprogrammen hin größte Bedeutung zu.

Bild 7-2 gibt eine schematische Übersicht über die wichtigsten Teilaufgaben bzw. die ihnen zugeordneten Komponenten eines Betriebssystems. Strukturelle Verbindungen, insbesondere die hierarchischen und netzartigen Wechselbeziehungen gehen daraus noch nicht hervor.

7.1.1 Supervisor

Zentraler Bestandteil im Hinblick auf seine Koordinationsfunktion gegenüber anderen Systemmodulen ist der *Supervisor* als ein Kollektiv aus zahlreichen Subkomponenten. Unter ihnen obliegt der Auftragsverwaltung die Entgegennahme, Aufbereitung und Buchhaltung von Aufträgen, wie sie vom Anlagenbediener, von Prozeßereignissen, von Zeitgebern oder von laufenden Tasks an sie herangetragen werden. Die dadurch angeforderten Aktivitäten erledigt sie nur teilweise selbst. Sie zerlegt die Aufträge in überschaubare und funktional in sich geschlossene, also taskgerechte Teileinheiten; sie analysiert die Auftragsparameter, stellt die notwendigen Organisationslisten zusammen und stößt dann die direkt zuständigen Betriebssystemkomponenten an. So nimmt sie im Rahmen der Dienstleistungserbringung eine Vermittlerfunktion ein zwischen den Auftraggebern und den effektiv ausführenden Programmeinheiten. Dazu gehören vorrangig die Vorbereitung, das Starten, Unterbrechen, Fortsetzen und Beenden aller für die Auftragserfüllung relevanten System- und Anwendertasks.

Die eigentliche Betreuung, Überwachung und Lenkung der momentan existenten Tasks übernimmt die Tasksteuerung oder das Taskmanagement. Sie stützt sich dabei insbesondere auf den *Scheduler* ab und wird oft sogar als synonym zu ihm gesehen. Ihr fällt insofern eine Schlüsselrolle zu, als sie den für Prozeßrechner entscheidenden Multitask-Betrieb, also die vom aktuellen Auftragsprofil bestimmte, scheinbar parallele Bearbeitung mehrerer zum Teil voneinander abhängiger Tasks zu realisieren hat. Diese Aufgabe umfaßt nicht nur die zeitkoordinierte Abfolgeplanung für die Tasks, sondern auch eine Buchführung über deren Augenblickszustände (siehe Abschnitt 7.4.1) und die erwarteten Meldungen von anderen Instanzen sowie die Bereitstellung der von den Tasks beanspruchten Betriebsmitteln.

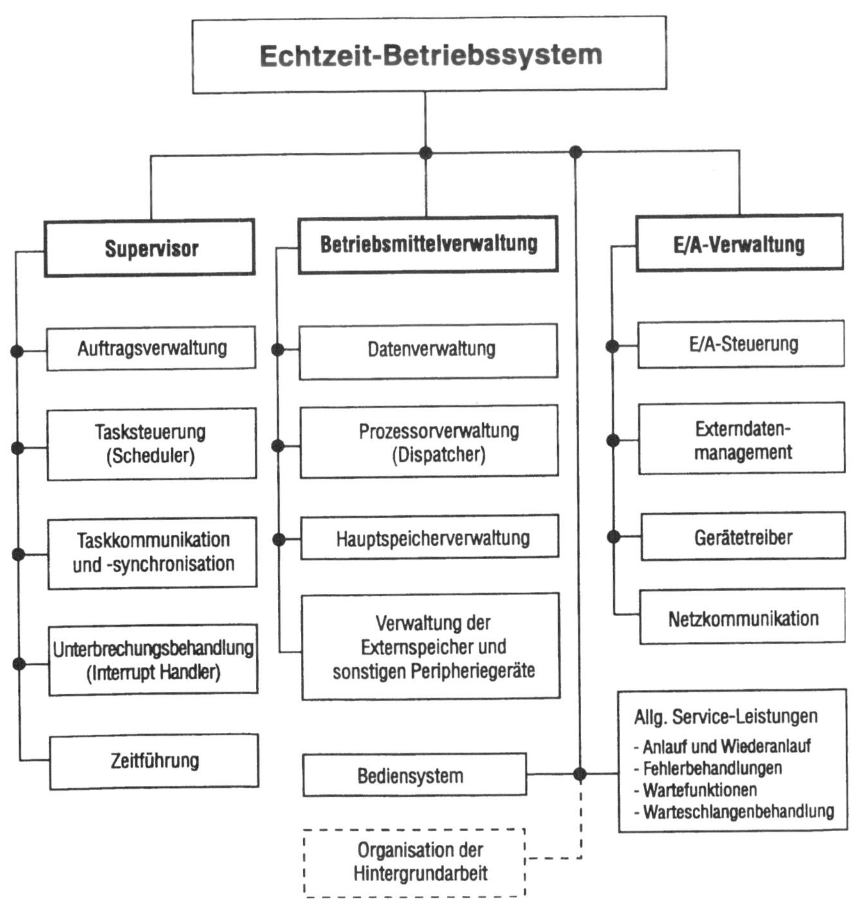

Bild 7-2 Bestandteile und Funktionsgruppen eines Echtzeit-Betriebssystems

Eng damit verknüpft ist der Komplex der Taskkommunikation und -synchronisation. Die einschlägigen Betriebssystemkomponenten beschäftigen sich mit der Abwicklung des Informationsverkehrs zwischen verschiedenen Tasks sowie deren zeitlich und inhaltlich aufeinander abgestimmten Ausrichtung auf ein gemeinsames Auftragsziel. Querverbindungen und gegenseitige Einflußnahmen kommen dadurch zustande, daß eine Task einer anderen generell Mitteilungen (*messages*) übersenden und von dort empfangen kann (vgl. Abschnitt 7.4.2). Darin können Statusmeldungen, Dateneinheiten, Verwaltungsparameter, Adreßlisten, Aufforderungen, Quittungen, aber auch ganze Unteraufträge enthalten sein. Synchronisation bedeutet demgegenüber, Tasks zweckgerecht zu koppeln und zu entkoppeln, etwa beim Aufspreizen eines Arbeitsvorganges in mehrere parallel durchlaufbare Zweige und beim Zusammenführen in einem logischen Vereinigungspunkt, bei der Herstellung bzw. Wahrung einer vorgeschriebenen Bearbeitungsfolge oder bei konkurrierenden Zugriffen auf das gleiche Betriebsmittel.

Ein weiteres Kernelement jedes Echtzeitbetriebssystems ist die Unterbrechungsbehandlung; denn von ihr hängt in besonderem Maße die Einhaltung der zulässigen Reaktionsfristen, also die schritthaltende Verarbeitung auch unter hoher prozeßseitiger Belastung ab. Sie hat, soweit es nicht durch die Hardware geschieht, die eingehenden Unterbrechungswünsche, speziell die Prozeßalarme, nach Herkunft und Art zu analysieren und ggf. eine an ihren Prioritäten orientierte Warteliste aufzubauen. Bei einfacheren Unterbrechungswerken entscheidet sie über Fortsetzung oder Ablösung der laufenden Task, wählt mit Hilfe des Interruptvektors die zuständige Service-Routine aus und stellt deren Laufumgebung her. Außerdem veranlaßt sie andere Komponenten, z.B. Tasksteuerung und E/A-Verwaltung, zu den notwendigen Maßnahmen. Überwiegend wird diese Softwarekomponente mit *Interrupt-Handler* bezeichnet. Zuweilen wird unter diesem Begriff jedoch diejenige anwendungsorientierte Interrupt-Service-Routine verstanden, die ganz spezifisch auf die Bearbeitung eines bestimmten Unterbrechungstyps zugeschnitten ist. Insofern ist bei der Auslegung dieses Terminus etwas Vorsicht geboten.

Die Zeitführung fungiert als Software-Pendant und zugleich Kontrollinstanz der Echtzeituhr. Sie verwaltet nicht nur die Bildung von Absolutzeit und Datum, sondern stellt auch für andere Systemkomponenten sowie für Anwenderprogramme eine Reihe von Zeitdiensten bereit. So realisiert sie mit Unterstützung der Absolut- und Differenzzeitgeber Verzögerungsintervalle, Überwachungsvorhaltezeiten (*watch dogs*), Weckaufrufe und Wartezeiten. Damit stellt sie die gewünschte Zeitkorrelation zwischen Prozeßautomatisierungsaufgaben und Programmabläufen her. Die Erfüllung eines Auftrages meldet sie generell mit einer Unterbrechungsanforderung.

7.1.2 Betriebsmittelverwaltung

Ein zweiter großer Aufgabenbereich des Betriebssystems ist gemäß Bild 7-2 die Verwaltung der Betriebsmittel im weitesten Sinne. Zu ihnen gehören sowohl die Softwareelemente, wie Programme und Daten, als auch das breite Spektrum an Hardwarefunktionseinheiten (Geräte). Ihnen allen gemeinsam ist, daß sie für Tasks unentbehrliche Werkzeuge bzw. Materialien zur Bearbeitung von Aufträgen darstellen. Die Tasks werden daher auch als Subjekte und die Betriebsmittel als Objekte im Betriebssystem bezeichnet [WET 93]. Da typischerweise mehrere Tasks um die Ausführung im Rechner konkurrieren, wird in der Regel zwischen ihnen ein Wettbewerb um die Verfügungsgewalt über die nur beschränkt vorhandenen Betriebsmittel herrschen. Den einschlägigen Systemkomponenten fällt somit im extensiven Zusammenwirken mit dem Taskmanagement die Koordination der Belegungswünsche der Tasks zu. Oberstes Kriterium ist dabei natürlich die Sicherung der schritthaltenden Verarbeitung; daneben wird Wert gelegt auf eine möglichst ökonomische Auslastung der Betriebsmittel.

Daraus leiten sich für die Betriebsmittelverwaltung zahlreiche Einzelaufgaben ab. Sie gewährleistet eine konfliktfreie Bereitstellung und unterstützt im Zuge dessen den Scheduler durch die Vergabe freier Betriebsmittel an die anfordernden Tasks. Zu diesem Zweck führt sie für jedes Betriebsmittel Buch über dessen Belegungszustand, baut je eine Warteschlange auf und aktualisiert diese laufend, indem sie neue Anforderungen gemäß ihrem Prioritätsrang einreiht und bewilligte Belegungswünsche entfernt. Zugleich mit der Zuteilung eines Betriebsmittels an eine Task sperrt sie es i.a. für alle anderen Tasks, um Übergriffe ebenso wie Verklemmungen auszuschließen. Analog gibt sie es nach Belegungsende wieder frei für die Bedienung der vordersten Task in der Warteschlange. Dabei sind zwei vom Prinzip her recht konträre Strategien gebräuchlich [RaL 94]. Im Falle der statischen Zuteilung werden die benötigten Betriebsmittel einer Task für deren gesamte Lebensdauer überlassen und erst danach wieder freigegeben. Dagegen sieht die dynamische Zuteilung vor, zumindest einen Teil der Betriebsmittel während der Lebensdauer einer Task erst bereitzustellen, aber auch schon wieder aufzulassen, ganz in Anpassung an das aktuelle Anforderungsprofil. Sie unterstützt das Echtzeitverhalten insofern besser, als sie bedarfsweise sogar den Entzug eines Betriebsmittels und dessen Vergabe an eine höherrangige Task ermöglicht.

Hinsichtlich ihrer Zuteilung an bzw. Belegung durch Tasks lassen sich unter den Betriebsmitteln drei Gruppen ausmachen:

a) Nur exklusiv nutzbare

Sie können für eine gewisse Arbeitsperiode (Sekunden- bis Minutenbereich) nur einer einzigen Task zugewiesen sein. Beispiele dafür sind Drucker,

Plotter, Belegleser, Selektorkanäle, Bandspeicher, manche Prozeßkoppelelemente, die meisten Sichtgeräte sowie veränderbare Dateien.

b) Im Zeitmultiplexbetrieb nutzbare

Sie können in kurzen Zeitabständen verschiedenen Tasks zugeordnet, von diesen also in logischer Hinsicht quasisimultan belegt werden. Zu ihnen gehören Prozessoren, Multiplexkanäle, Plattenspeicher, A/D-Wandler, Signalumformer, Übertragungsstrecken u.v.a.m..

c) Mehrfach simultan nutzbare

Sie dürfen von diversen Tasks in echter zeitlicher Überlappung belegt werden, sind also zu bestimmten Zeitpunkten mehreren Nachfragern gemeinsam dienstbar. Das trifft primär auf den Hauptspeicher zu, der im Hinblick auf kurze Reaktionszeiten und wirtschaftliche Betriebsführung stets die Softwareobjekte für viele Tasks zugleich bereithalten muß. Unterteilt man ihn in einzelne Speicherbereiche – ein real absolut dynamischer Vorgang! – und betrachtet sie als die eigentlichen Betriebsmittel, so sind sie häufiger der Kategorie b zuzurechnen. Dennoch können auch sie simultan nutzbar sein, nämlich dann, wenn die darin eingelagerten Programme im Sinne statischer Gebilde ebenfalls für mehrere Tasks zugleich als Betriebsmittel fungieren. Dasselbe gilt für dort abgelegte Dateien, sofern verschiedene Tasks nur lesend auf sie zugreifen wollen. Analoge Überlegungen lassen sich für Teilbereiche (Spuren, Zylinder) in einem Plattenstapel anstellen.

Das sensibelste Betriebsmittel ist fraglos der bzw. die Zentralprozessor(en). Es wird als einziges (neben dem Hauptspeicher als ganzem gesehen) von sämtlichen Tasks (anwender- und systemseitigen!) beansprucht und bildet somit eine Art Flaschenhals in der rechnerinternen Ablauforganisation. Zur Vermeidung kostspieliger oder gar gefährlicher Nutzungsausfälle dürfen die Zentralprozessoren erst dann an eine Task vergeben werden, wenn schon alle anderen von ihr zum Start oder zur aktuellen Fortsetzung benötigten Betriebsmittel bereitstehen. Die Prozessorverwaltung im engeren Sinne beschränkt sich im wesentlichen auf die Abarbeitung der vom Scheduler erstellten Warteschlange ablauffähiger Tasks, d.h. sie teilt dem ersten Element aus dieser Liste den Prozessor zu. Effektiv führt sie eine Taskumschaltung (Task- oder Kontext-switching) durch, indem sie den TCB der bisher ablaufenden Task aus seiner Steuerfunktion verdrängt und durch den TCB der neuen Task ersetzt. Die einschlägige Betriebssystemkomponente heißt üblicherweise *Dispatcher*. Ihre Arbeitsweise beeinflußt die Gesamteffizienz gerade bei Prozeßrechnern insofern recht stark, als hier Taskwechsel besonders häufig vorkommen und im Hinblick auf das Echtzeitverhalten nur minimale Zeit beanspruchen dürfen. Das Niveau der ihr gestellten

Aufgaben wächst beträchtlich, wenn nicht ein einzelner Prozessor zur Verfügung steht, sondern eine Multiprozessorarchitektur zugrunde liegt.

Die für Automatisierungsaufgaben typische Vielzahl von Tasks bringt auch für die Verwaltung des Hauptspeichers beachtliche Probleme mit sich; denn für jede Task muß, damit sie sich um die Prozessorzuteilung bewerben kann, eine gewisse Mindestausstattung an Daten und Code bereitstehen. Die Allozierung der dafür nötigen Hauptspeicherbereiche führt angesichts des beschränkten Vorrates unvermeidlich zu Konfliktsituationen, die grundsätzlich durch Auslagern einzelner Programm- und Datenfragmente zugunsten anderer geschlichtet werden müssen. Um diese im Detail recht diffizilen Vorgänge vor dem Benutzer zu verbergen, wird seit langem standardmäßig das Konzept des *virtuellen Speichers* praktiziert. Analog verfährt man bei der Verwaltung der peripheren Speicher sowie der übrigen Geräte. Auch hier soll der Anwendungs- und weitgehend sogar der Systemprogrammierer gegen die Hardware-Maschine abgeschirmt werden. Deshalb bedarf es an dieser Stelle einer Umsetzung von noch nicht exakt spezifizierten Geräteanforderungen einer Task (z.B. nach irgendeinem graphischen Farbmonitor) in konkrete Zuteilungen ganz bestimmter Geräte dieser Kategorie an die Task.

Zwischen Hardwarebetriebsmitteln, wie Peripheriegeräte, Haupt- und Externspeicherplatz, einerseits und den darin eingelagerten Softwarebetriebsmitteln, wie Programme, Daten, Systemtabellen und Verwaltungslisten, andererseits ist nur äußerlich scharf zu trennen; hinsichtlich ihrer Administration gibt es viele Parallelen. So versteht sich auch die Datenverwaltung als ein Gebilde aus Verzeichnissen, in denen alle im Rechner verfügbaren Softwareobjekte zusammen mit ihren wesentlichen Merkmalen, Benutzungsmöglichkeiten und aktuellen Zuständen katalogisiert sind, sowie aus den zur Handhabung dieser Verzeichnisse notwendigen Programmodulen. Sie leisten neben der Bestandshaltung vor allem die Zuteilung an Tasks, die Kontrolle der Inanspruchnahme (Belegung) durch Tasks und die Aktualisierung der Warteschlangen.

7.1.3 Ein/Ausgabe-Verwaltung

Als weiteren wesentlichen Funktionskomplex weist Bild 7-2 die E/A-Verwaltung aus. Bei ihr geht es – im Gegensatz zur Betriebsmittelverwaltung – nicht um die Einsatzkoordination von Peripheriegeräten und Dateien. Ihr Zweck ist vielmehr die Einleitung und Abwicklung der taskinhärenten E/A-Aufträge, genauer: sie hat dem Anwender die Organisation der E/A-Vorgänge abzunehmen, indem sie ihm bzw. seinen Tasks diese als Dienstleistung verfügbar macht. Dank ihrer Vermittlung wird gewissermaßen die Benutzerumwelt auf die realen Maschinenverhältnisse projiziert; insbesondere wird nach außen hin eine zumindest partielle Geräteunabhängigkeit gewährleistet. Dies drückt sich darin aus, daß der Programmierer Geräte oder extern gespeicherte Dateien mit selbst gewählten symbolischen Namen, also auf logischem Wege über einen sog. *virtuellen Kanal* ansprechen kann. Die jeweilige Implementierung braucht und soll er oft auch nicht kennen. Dementsprechend befaßt er sich etwa mit Datensätzen oder -blöcken und mit Meßwerten, aber nicht mit Plattenspuren oder -sektoren und mit physikalischen Adressen von A/D-Wandlern.

Die Zuweisung eines konkreten Gerätes ist somit vom Programmiergeschehen abgekoppelt und zugleich variabel. Sie kann bei Inbetriebnahme per Kommando vorgenommen und im Bedarfsfalle, z.B. bei Konfigurationsänderungen, revidiert werden. Wie Bild 7-3 veranschaulicht, sind dazu lediglich die Einträge in Organisationslisten zu modifizieren, die effektiv ein softwaretechnisches Zuordnungsnetzwerk realisieren.

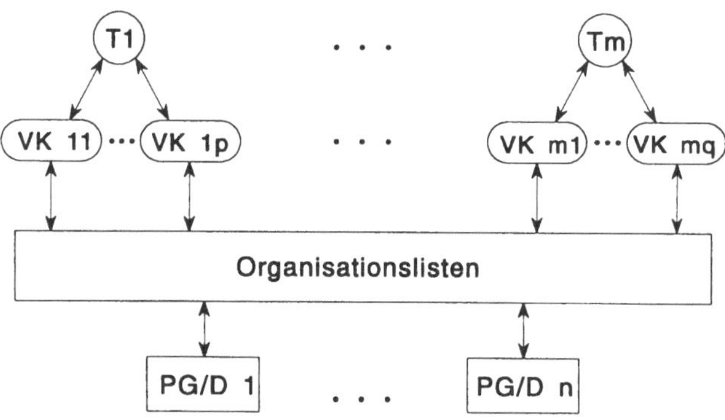

Bild 7-3 Virtuelles Kanalkonzept der E/A-Verwaltung
T_i: Tasks VK_{ij}: Virtuelle Kanäle
PG/D_k: Angeschlossene Peripheriegeräte und verfügbare Dateien

Der Rahmen der E/A-Verwaltung umfaßt zwei funktionale Ebenen: die logische und die physische. Auf der logischen Ebene laufen alle Schritte des erwähnten Abbildungsprozesses virtueller auf reale Zugangswege bzw. Geräte ab. Die einschlägigen Mechanismen haben letztlich dem Anwender standardisierte Schnittstellen anzubieten. Sie heißen als ganzes *E/A-Steuerung* und sind für die geräteübergreifenden Aufgaben zuständig. Diese beinhalten die Analyse der E/A-Aufträge, die Auswertung der Parameter, wie Speicher-, Kanal- und Geräteadressen, Datentyp, -format und -codewahl, sodann die Aktivierung der betreffenden Gerätesteuerprogramme und schließlich die Fehlerbehandlung sowie das Aufbereiten von Rückmeldungen.

Eine gewisse Sonderrolle unter den peripheren Einrichtungen spielen in diesem Zusammenhang die Externspeicher; mit ihnen werden typischerweise recht große und oft hochgradig strukturierte Datenmengen ausgetauscht. Das erfordert ein spezielles Haltungs-, Zugangs- und Bearbeitungssystem für die ausgelagerten Softwarebetriebsmittel, also Programme und Daten. Es hat den mit dieser Tatsache ihrer externen Aufbewahrung verbundenen organisatorischen Randbedingungen des physischen Anordnungsmodus auf dem Speichermedium, der Wiederauffindung und des Transportes Rechnung zu tragen.

Diese Systemkomponente wird meist als Dateiverwaltung bezeichnet, sei aber hier, um Verwechslungen mit der Datenverwaltung auf der Betriebsmittelseite zu begegnen, *Externdatenmanagement* genannt. Ihr fällt es zu, von Tasks angeforderte Programm- und Dateneinheiten in ein für sie direkt verwendbares Ordnungs- und Darstellungsschema zu bringen und ggf. wieder in die Externspeicherumgebung zu retransformieren. In diesem Rahmen überwacht sie die Zugriffsrechte der anfordernden Tasks und bereitet deren logische Zugriffswege zu den, innerhalb und zwischen den Dateien. Damit unterstützt sie den Aufbau und die anwendungsbezogene Handhabung von Dateistrukturen, die geprägt sind durch inhalts- bzw. problemorientierte Zusammenhänge zwischen einer Vielzahl von Datenobjekten sowie durch ein anwenderseitig gewähltes Organisationskonzept (z.B. sequentiell, indexsequentiell, gestreut) [REM 91]. In Verbindung damit erfüllt sie Funktionen der Anlage und Aktualisierung von Verzeichnissen und Suchbäumen, des Öffnens und Schließens von Dateien, der Pufferung, Blockung und Entblockung, der Umcodierung, Formatierung, Datensicherung, Fehlererkennung und -analyse [POL 81].

Beim Betrieb von Geräten der Standard- und Prozeßperipherie stellen sich ähnliche Probleme, wenngleich in simplerem Ausmaß; denn hier sind nur Einzeldaten oder kleinere unstrukturierte Datenblocks ein- und auszugeben.

Gleichsam den Unterbau zum logischen Komplex verkörpert die physische E/A-Ebene. Ihr Betätigungsfeld ist die Durchführung der eigentlichen Transportvorgänge, d.h. die Steuerung der Datentransfers zwischen Hauptspeicher und peripheren Einheiten. Zu diesem Zwecke ist sie mit einem Konglomerat gerätespezifischer Steuerprogramme besetzt, allgemein bekannt unter dem Oberbegriff *Treiber*. Ihre Bedeutung kann in zweierlei Hinsicht kaum überschätzt werden, und zwar bezüglich der

- Effizienz ihrer Implementierung, weil davon die Dauer zahlloser E/A-Vorgänge abhängt und folglich auch das Leistungs- und Reaktionsvermögen des Prozeßrechners;
- Kosten, weil nicht nur jede Gerätekategorie, sondern fast jeder Fabrikationstyp eine maßgeschneiderte Softwareanpassung benötigt, d.h. verschiedene

Drucker oder A/D-Wandlereinheiten brauchen in der Regel verschiedene Treiber. Bereits daraus erhellt die Relevanz künftiger Gerätestandardisierungen.

Charakteristisch für Treiber ist, daß sie die Dateien nicht semantisch behandeln, sondern quasi als verpacktes Transportgut. Allerdings übernehmen sie im Umfeld der Transfers auch echte Gerätesteuerungsoperationen, z.B. Positionieren des Schreib/Lesekopfes über einer Plattenspur, Seitenvorschub bei Druckern, Skalierung oder Verstärkungseinstellung bei Meßwertaufnehmern, Initialisierung von Zählern oder Impulsgebern. Außerdem fangen sie innerhalb von E/A-Prozessen Interrupts in der Bedeutung von Gerätefertigmeldungen ab und bearbeiten sie selbständig, also ohne Belastung des Unterbrechungssystems, desgleichen einfachere Fehlerfälle.

Auch die Steuerprogramme für die unteren Ebenen der Kommunikation mit einem angeschlossenen Rechnernetz kann man prinzipiell als eine Art Gerätetreiber auffassen. Angesichts der von ihnen zu bewältigenden, oft sehr umfangreichen und rechnerunabhängigen Normen unterliegenden Protokolle nehmen sie jedoch einen exponierten Platz ein.

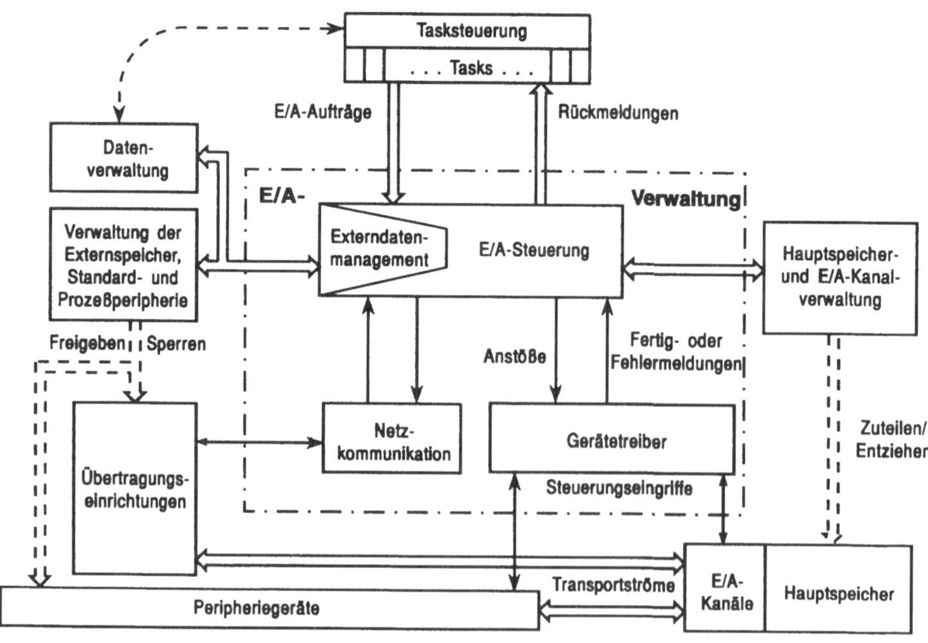

Bild 7-4 Funktionale Verflechtung der E/A-Verwaltung mit anderen Betriebssystem-Komponenten

Bild 7-4 zeigt auf, in welche Systemumgebung die E/A-Verwaltung hineingebettet ist. Sie kooperiert eng mit dem Taskmanagement, indem sie von dort bzw. von den Tasks selbst die E/A-Aufträge samt Beschreibungsparameter entgegennimmt und den nach Vollzug bzw. Fehlerfall erreichten Status zurückmeldet. Daneben hält sie ständigen Kontakt mit Komponenten der Betriebsmittelverwaltung. Einerseits müssen sich die über ihr kreierten Systemtasks von dort die notwendigen Hardwareeinrichtungen besorgen: Haupt- und Externspeicherbereiche, E/A-Kanäle, Bedienungs- und Prozeßperipheriegeräte. Andererseits stellen die zwischen diesen Betriebsmitteln fließenden Informationseinheiten als Transportobjekte für sie die eigentliche Nutzlast dar.

Eine weitere Berührfläche besitzt die E/A-Verwaltung zur Datenverwaltung hin. Über die Zugriffsberechtigung zu Programm- und Dateneinheiten hinaus bezieht speziell das Externdatenmanagement von dort Angaben über die logischen Dateistrukturen mit ihren teils recht komplexen Relationen, um sie zusammen mit seiner Kenntnis über die Ablageorte in die physischen Abspeicherungsordnungen zu überführen. Damit konstruiert sie die physischen Zugriffspfade als Elemente von Datenwiedergewinnungsvorgängen. Die Schnittstelle zur Datenverwaltung ergibt sich am sinnvollsten aus der Unterscheidung zwischen betrieblichen und administrativen Funktionen [WET 93].

7.1.4 Kommandosystem und Servicefunktionen

Unter den übrigen Teileinheiten in Bild 7-2 ist das Kommando- oder Bediensystem hervorzuheben. Seine Aufgabe ist die Abwicklung der Mensch-Maschine-Kommunikation, die sich überwiegend im Dialog vollzieht und für die eine Initiative von beiden Seiten ausgehen kann. Der Benutzer kann für ihn wichtige Zustände sowohl innerhalb des Rechners als auch des Objektprozesses abfragen; er kann Programme laden, Programmläufe starten oder beenden, Parameterwerte neu eingeben oder vorhandene modifizieren und damit nicht nur in das momentane Betriebsverhalten des Rechners eingreifen, sondern auch den Prozeßüberwachungs- oder -lenkungsvorgang beeinflussen. Umgekehrt vermag das Rechnersystem spontan sowohl rein informative Meldungen abzusetzen als auch Anforderungen, die den Benutzer zu einer Reaktion veranlassen. So entsteht ein Wechselspiel von Eingaben und Quittungen, Anfragen und Antworten, für dessen ordnungsgemäße Durchführung das Betriebssystem verantwortlich zeichnet und sich dabei insbesondere auf einen Kommandointerpreter stützt. Auch hier handelt es sich letztlich um eine Adaption zwischen Benutzer- und Maschinenumfeld und damit um ein sehr wesentliches Gestaltungselement der Benutzeroberfläche.

Die restlichen Betriebssystemaufgaben lassen sich unter dem Terminus „Allgemeine Servicefunktionen“ zusammenfassen. Sie sind als Module eines Dienstleistungspools implementiert, auf die wiederum andere Betriebssystemkomponenten nach Bedarf zurückgreifen. So existiert für den Problemkreis der Fehlerbehandlung (Erkennung, Analyse, Lokalisierung, Eingrenzung bezüglich Folgeschäden, Ausmerzung bzw. Umgehung von Fehlern) eine Vielzahl von Maßnahmen; davon sind die funktions- bzw. fehlerspezifischen in den einschlägigen Verwaltungseinheiten angesiedelt, andere wegen ihres universellen Charakters außerhalb konzentriert. Sie erstrecken sich auf Fehlfunktionen und Störungen sowohl in der Hard- als auch in der Software einschließlich des Betriebssystems selbst und müssen stets die Aufrechterhaltung zumindest eines geordneten Grundbetriebes zum Ziele haben.

Zur Unterstützung der Tasksteuerung und -synchronisation sind Wartefunktionen vorgesehen. Mit deren Hilfe kann die Fortführung von Tasks bis zum Eintritt eines vereinbarten Zustandes oder Ereignisses ausgesetzt werden. Mechanismen zur Einrichtung, Aktualisierung, Kontrolle, Auswertung und Auflösung von Warteschlangen kommen den einzelnen Betriebsmittelverwaltungen zugute, wenn sie bei zeitüberlappenden Anforderungen verschiedener Tasks etwa an dasselbe Gerät eine prioritätsorientierte Sequentialisierung vorzunehmen haben. Eine weitere nicht zu unterschätzende Serviceaufgabe bilden das Anfahren des Rechners aus dem Ruhezustand (*Kaltstart*) sowie der Wiederanlauf nach einer relevanten Betriebsstörung (*Warmstart*), z.B. bei Spannungswiederkehr nach einem Versorgungsausfall. Hier gilt es jeweils, eine Systeminitialisierung durchzuführen, d.h. alle Hard- und Softwareeinrichtungen in einen definierten Anfangszustand zu versetzen, aus dem heraus ein korrekter Erststart oder Neustart oder die Fortsetzung von zuvor suspendierten Tasks möglich wird.

Schließlich ist die gerade für Prozeßrechner bedeutsame Organisation von Hintergrundaktivitäten nicht zu vergessen, also die zwischengeschobene Bearbeitung prozeßfremder Aufträge in Phasen schwächerer Rechnerauslastung. Als Hauptproblem stellt sich dabei, eine Rückwirkung der betreffenden Tasks auf die Prozeßlenkungsvorgänge auch in Fehlerfällen mit Sicherheit auszuschließen. Angesichts dieser Schwierigkeiten geht man im Zeichen fortschreitender Dezentralisierung zusehends von prozeßfremder Hintergrundarbeit ab. Die betreffenden Aufgaben werden in mehr und kleineren Paketen immer mehr und kleineren Rechner- bzw. Prozessoreinheiten zugewiesen, so daß eine möglichst hochgradige Auslastung der einzelnen Einheiten keine vorrangige Bedeutung mehr hat und dem Sicherheitsbedürfnis unterzuordnen ist.

7.2 Grobstruktur

Die Echtzeitqualitäten eines Betriebssystems hängen nicht allein von der Vielfalt, Funktionskomplexität und Effizienz seiner Komponenten ab. Gleichermaßen entscheidend sind die konkrete Aufgabenzuweisung, die Organisation des Zusammenwirkens und die möglichst unverzügliche Verfügbarkeit, letztlich also die Konzeption und Strukturierung des Betriebssystems. Beides kann in der Wettbewerbssituation des Marktes ebenso wenig konfektioniert sein wie die Struktur der zu steuernden Hardware, weil gerade daraus essentielle Eigenschaften und Leistungsmerkmale des Gesamtsystems entspringen. Dennoch zeichnen sich umrißhaft gewisse Vereinheitlichungstendenzen ab mit dem Ziel, zumindest ansatzweise eine Portabilität von Anwendungssoftware zwischen verschiedenen Prozeßrechnersystemen zustande zu bringen.

7.2.1 Schichtenmodell

Sehr hilfreich in dieser Richtung ist die Modellierung des Betriebssystems in mehrere Funktionsebenen oder Schichten, hierarchisch geordnet nach ihrer Position auf einer Skala, die sich zwischen der Benutzeroberfläche bzw. Anwendungssoftware und den Hardwarebetriebsmitteln erstreckt. Selbstverständlich schwanken die Anzahl dieser Ebenen, die aufgabenbezogene Abgrenzung sowie die Realisierung der Schnittstellen zwischen ihnen. Dennoch ist damit in groben Zügen ein gewisses Gerüst für die weiteren Spezifikationen vorgezeichnet, weil die Funktionen jeder Schicht vereinbarungsgemäß auf die Dienste der nächst tieferen Schicht zurückgreifen. Dagegen ist eine Inanspruchnahme höherer Schichten ausgeschlossen, weil sie der hierarchischen Grundstruktur widerspräche.

Ein exemplarisches Schichtenmodell sei in Bild 7-5 vorgestellt. Es stützt sich auf die Unterteilung in einen inneren, d.h. hardwareseitigen Kern und eine äußere, dem Benutzer zugewandte Schale, beide noch weiter differenziert. Nicht alle Betriebssystemkomponenten aus Bild 7-2 lassen sich einer dieser Ebenen eindeutig zuordnen. Gerade die Rahmeneinheiten sind so komplex, daß sie selbst einer vertikalen Strukturierung bedürfen und daher die Schichtung nachvollziehen müssen.

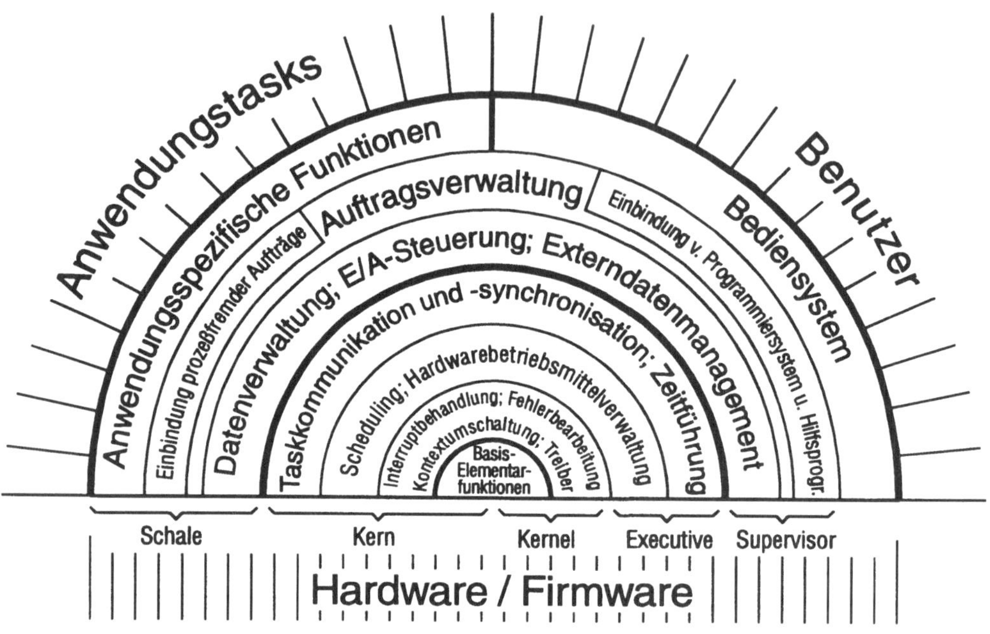

Bild 7-5 Funktionales Schichtenmodell eines Echtzeit-Betriebssystems

Die vertikale Gliederung wird ergänzt durch eine eher horizontal orientierte. In jeder Schicht sind mehrere Komponenten etabliert, die logisch parallel (nebenläufig) operieren können. Jede von ihnen besteht aus etwa fünf bis zehn Modulen (Programmbausteinen), die gemeinsam und speziell in Kooperation und Wechselwirkung miteinander die Funktion der Komponente realisieren. Diese zweidimensional angelegte Konstruktionsmethodik ermöglicht es, ein Betriebssystem annähernd baukastenartig zusammenzusetzen und dabei auf das Anforderungsprofil seines Einsatzfeldes optimal abzustimmen [RÜB 83, JAC 89].

7.2.2 Betriebssystemkern

Der Kernbereich wird auch *Basisbetriebssystem* genannt. Seine innerste Schicht ist unmittelbar auf den Hardwareeinrichtungen bzw. deren Mikroprogrammsteuerungen aufgesetzt und besteht aus einem Repertoire an Basis- oder Elementarfunktionen für direkte Steuereingriffe und Beobachtungen der elektronischen Schaltvorgänge in den Geräten. Sie erfüllen noch keine ganzheitliche Aufgabe, sondern bilden gleichsam die Bausteine für die Funktionen in den übergeordneten Schichten, von denen sie auch gemeinsam genutzt werden, also eine Art Dienstleistungspool. Neben ihrem häufigen Aufruf und ihrer relativ breitbandigen Verwendbarkeit sind sie gekennzeichnet durch größte Zeitsensitivität; ihre Implementierung beeinflußt wesentlich die Leistungsfähigkeit des Prozeßrechners. Deshalb wurden gerade hier die ersten Ansätze für eine Verlagerung von Betriebssystemfunktionen in den Firmwarebereich unternommen – ein Phänomen, das unter dem Terminus *vertikale Migration* zunehmend auch in anderen Sektoren der Systemarchitektur zum Tragen kommt [HaS 80, GIL 93].

Die nächsten Schichten des Kerns enthalten einige Betriebssystemkomponenten bzw. zentrale Teile davon in einer durch deren Hardwarenähe bestimmten Reihenfolge:

1) Zunächst findet man die Mechanismen

- der Unterbrechungsbehandlung,
- der Prozessorverwaltung, speziell der Kontextumschaltung in der Bedeutung des realen Vollzuges von Taskwechseln,
- der Gerätetreiber für die hardwarenahen Basisfunktionen der Peripherie als dem physischen Teil der E/A-Verwaltung,
- der Reaktion auf Fehler in der Hardware oder Befehlsinterpretation, die durch besondere Schutzeinrichtungen überwacht werden.

2) Darauf folgen die Dienste

- der Tasksteuerung als der strategischen Ablaufplanung und -vorbereitung, also des Scheduling, einschließlich der Aktualisierung der Taskzustände,
- der Partitionierung und Vergabe des Hauptspeicherplatzes an konkurrierende Tasks, insbesondere vor dem Hintergrund virtueller Speichertechniken,
- der Verwaltung der übrigen Hardwarebetriebsmittel samt der zugehörigen Listenführungen und Warteschlangenbehandlungen.

3) Oberhalb davon rangieren die Funktionen, die der Handhabung einzelner Tasks übergeordnet und damit für die Realisierung des Multitask-Betriebes zuständig sind. Sie betreffen die Kommunikation und Kooperation zwischen den Tasks sowie deren Koordination und Synchronisation; auch die taskbezogene Zeitführung ist hier angesiedelt.

Ausführlicher wird auf diesen Komplex im Abschnitt 7.4 eingegangen.

7.2.3 Betriebssystemschale

Die den Kern umgebende Schale des Betriebssystems ist ihrerseits so untergliedert, daß die Funktionen der verschiedenen Schichten einen differierenden Abhängigkeitsgrad von den Tasks der Anwendersoftware bzw. unterschiedliche

Benutzernähe aufweisen. Gänzlich anwendungsunabhängig sind die Verwaltung der Programme und Daten sowie die logische Abwicklung der peripheren Kommunikationsvorgänge, sprich: die E/A-Steuerung und speziell das Externdatenmanagement einschließlich der Maßnahmen zur Behandlung fehlerhaft ausgeführter E/A-Transfers.

Dieser Schicht ist die gleichfalls anwendungsneutrale Auftragsverwaltung als zentrale Koordinationsinstanz überlagert. Ihrer bedienen sich neben den Benutzerpersonen und den Betriebssystemtasks nicht nur die prozeßbezogenen Anwendungstasks, sondern auch prozeßfremde, die mit dem Charakter einer Hintergrundarbeit Leerlaufzeiten des Prozeßrechners ausfüllen, um seine Auslastung zu verbessern. Um die Prozeßlenkungsaktivitäten nicht zu behindern oder gar zu stören, bedürfen sie einer sorgfältigen Integration in die Kontrollorgane des Betriebssystems mittels einer eigenen Teilebene. Dasselbe gilt für die beiden anderen Großkomplexe der Systemsoftware, nämlich das Programmiersystem und die Dienstprogramme.

Die äußerste Schalenschicht erscheint gleichsam zweigeteilt. Das Bediensystem ist nicht eigentlich anwendungs-, wohl aber benutzerorientiert, weil es zusammen mit den E/A-Geräten – allerdings auf logischer Ebene – die ergonomische Verbindung zwischen dem System und den daran tätigen Personen herzustellen hat. Es prägt den Bedienungskomfort der Anlage und somit wesentliche Eigenschaften der virtuellen Maschine, also des Rechners aus Benutzersicht.

Daneben stehen Betriebssystemmodule, teilweise in Form von Makros, die auf recht spezielle Anforderungen der Anwenderseite hin konzipiert sind, beispielsweise für zyklische Meßstellenabfragen, Sollwertvorgaben in instationären Prozeßphasen, maßgeschneiderte Prüfabläufe, selektive Protokollierungen, mathematische Standardroutinen u.v.a.m.. Es handelt sich durchweg um anwendungsspezifische Bausteine, von deren Erstellung der Automatisierungsfachmann entlastet werden soll, die jedoch von dessen Tasks häufiger in Anspruch genommen werden. Als Gesamtheit kommt ihnen durchaus eine Art Bibliothekscharakter zu.

7.2.4 Privilegierungen

Der Kernbereich des Betriebssystems ist gegenüber der Schale in mehrfacher Hinsicht privilegiert. Das manifestiert sich in seinem mächtigeren Instruktionsvorrat, der um die in den Abschnitten 3.3 und 4.2 erwähnten Organisationsbefehle angereichert wurde. Sodann ist seine Unterbrechbarkeit erheblich eingeschränkt, d.h. seine Aktivitäten können nur durch ganz wenige und besonders gravierende Ereignisse verdrängt werden. Die Rechtfertigung dafür ergibt sich aus der bei ihm angesiedelten Verantwortlichkeit für die Einhaltung der zulässigen Reaktionszeiten und damit für die Gewährleistung des Echtzeitverhaltens.

Demgegenüber werden die aus der Schale hervorgehenden Tasks von den Kernkomponenten in gleicher Weise verwaltet wie die Anwendertasks. Sie sind demnach ebenso unterbrechbar wie jene und werden bei gleichem Prioritätsrang kein besseres Reaktionsverhalten aufweisen, was angesichts ihres Aufgabenprofiles auch nicht erwartet wird.

Dank dieses Umstandes können die zugrunde liegenden Programmodule auf höherer (problemorientierter) Sprachebene abgefaßt werden; wegen ihrer beachtlichen Komplexität und den damit verbundenen Zuverlässigkeitsproblemen müssen sie es meist sogar. Hingegen kommt es bei den zeitkritischen Funktionen im Kern primär auf Laufzeitminimalität an, weshalb sie wenigstens partiell, oft sogar überwiegend in Assemblersprache zu formulieren sind.

Ein weiterer Unterschied betrifft die Lokalisierung der Betriebssystemschichten innerhalb der Speicherhierarchie und resultiert gleichfalls aus abgestuften Geschwindigkeitsanforderungen. Je kleiner die von einer Softwarekomponente erwartete Reaktionszeit ist, in desto höherer Speicherebene bzw. größerer Prozessornähe muß sie plaziert sein. Bild 7-6 soll dies näher illustrieren. So werden gelegentlich einige besonders sensitive Teilfunktionen in Festwertspeichern des Zentralprozessors aufbewahrt. Die meisten Module des Systemkerns sind *hauptspeicherresident*, d.h. sie belegen permanent einen reservierten Bereich des Hauptspeichers, und zwar zusammen mit ihren zugehörigen Datenkomplexen, wie Auftragslisten, Verwaltungstabellen, Taskkontrollblöcken, Warteschlangen, Botschaften für die Intertaskkommunikation usw.

Der Rest sowie die Betriebssystemschale lassen sich schon aus Kapazitätsgründen nicht durchgehend im Hauptspeicher unterbringen und gelten daher als *transient*. Sie werden ebenso wie die überwältigende Mehrheit der Anwenderprogramme auf Plattenspeicher gehalten und im Bedarfsfalle partitionsweise, d.h. in Seiten- oder Segmenteinheiten, samt ihren angegliederten Dateien temporär in die Zentraleinheit geholt. Dies geschieht unter Kontrolle des Ladeprogrammes in Verbindung mit der Hauptspeicherverwaltung; sie teilt den neu aufzunehmenden Modulen oder Modulfragmenten Speicherplatz innerhalb des transienten Bereiches zu und entzieht ihn damit einigen gerade inaktuellen oder niederrangigen Tasks.

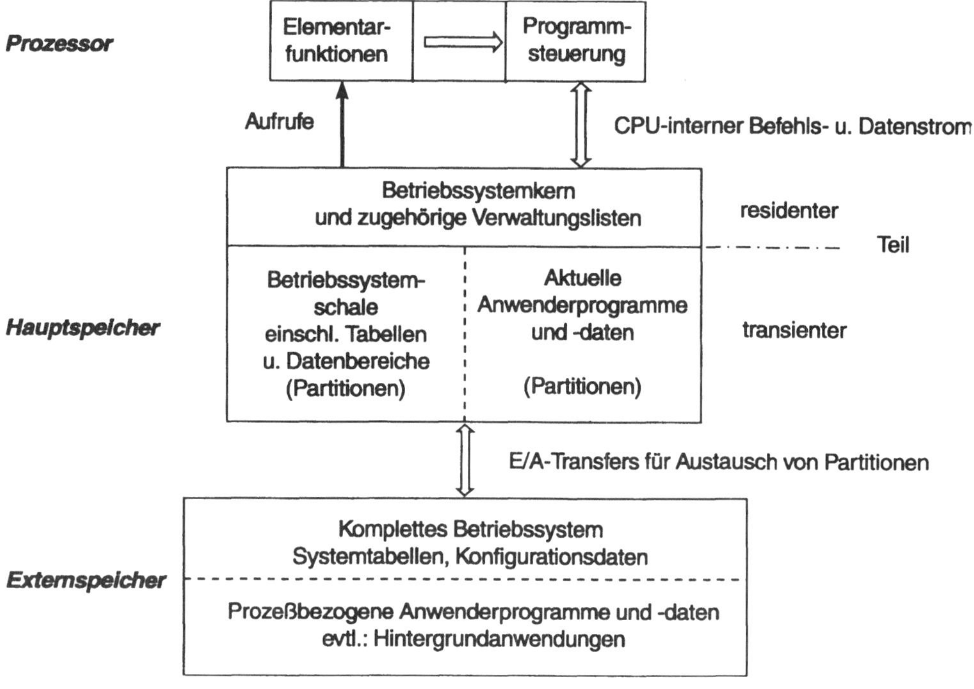

Bild 7-6 Lokalisierung des Betriebssystems in der Speicherhierarchie

Eng damit verkoppelt ist eines der relevantesten Probleme in Echtzeit-Betriebssystemen, nämlich für jede ablaufende und ablaufbereite Task möglichst permanent ihren sogenannten *working set* im Hauptspeicher bereitzuhalten. Darunter versteht man die von einer Task in einem momentan beginnenden Zeitintervall der Länge Δt benötigte Menge an Programm- und Datenteilen, an Tabellen- und Stackbereichen, genauer noch: den Unteradreßraum dieser Menge. Ein Überschreiten des aktuell gültigen working set erfordert stets einen Nachladevorgang vom Plattenspeicher und führt daher zu einer Verdrängung der Task und somit zu einer verlängerten Antwortzeit. Eine prinzipiell mögliche vorausschauende Nachladestrategie verursacht viele effektiv unnötige E/A-Transfers, was zulasten der Rechnerdurchsatzleistung und wiederum der Antwortzeit geht. Eine Optimierung ist praktisch unerreichbar, weil sie selbst viel zu zeitaufwendig wäre und weil die meisten Unterbrechungsverlangen wegen ihrer Unvorhersehbarkeit gar nicht berücksichtigt werden können.

7.3 Schnittstellen

Nicht weniger als die statische Struktur eines Echtzeitbetriebssystems interessieren die dynamischen Übergänge zwischen den einzelnen Schichten, und übergeordnet sogar das Zusammenspiel von Betriebssystem- und Benutzertasks, also der Wechsel zwischen Organisations- und Anwendungszustand. Angesichts der aufgezeigten Struktur sowie der echtzeitorientierten Arbeitsweise des Prozeßrechners liegt es nahe, als Ursachen solcher Übergänge generell irgendeinen Typus von Unterbrechung zu erkennen. Gemäß Abschnitt 4.3.1 können sie entweder in der aktuellen Task begründet sein (Softwareinterrupts), oder sie entstammen einem Hardwaremechanismus. Dieser Unterschied schlägt sich nicht nur in verschiedenartiger Behandlung der Unterbrechungen durch das Betriebssystem nieder, sondern auch in der konkreten Ausprägung der Zustandsübergänge. Deren Modalitäten spezifizieren die Schnittstellen sowohl innerhalb des Betriebssystems als auch zwischen ihm und der Anwendersoftware. Wesentliches Element sind dabei die Aufrufe; ihr Charakter eignet sich sogar zur Klassifizierung und Beschreibung der wichtigsten Schnittstellen, wie sie in Bild 7-7 symbolisiert sind.

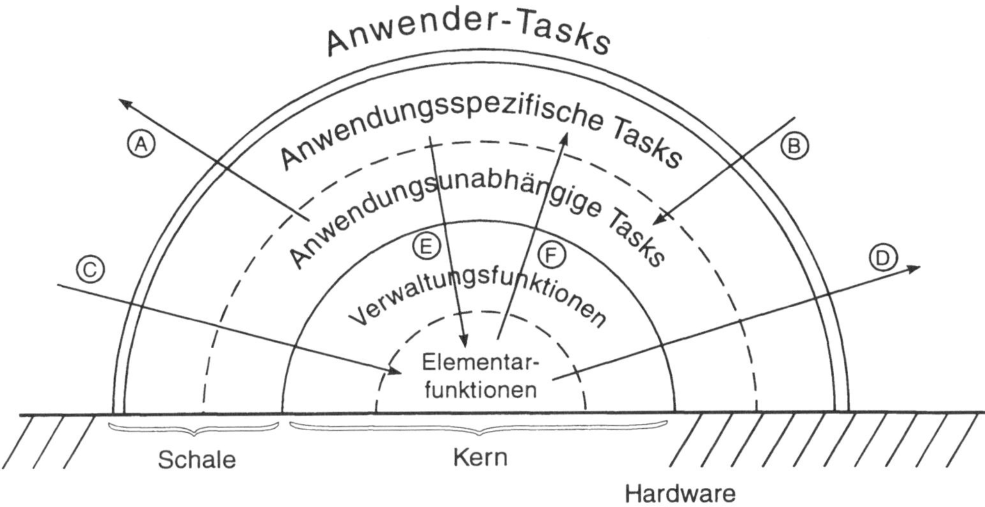

Bild 7-7 Interne und externe Schichtenübergänge mittels Aufrufe

Übergangsursachen:

- A Privilegierter Befehl
- B Benutzerauftrag
- C Hardwareinterrupt aufgrund externer Ereignisse
- D Ende der Interrupt-Bearbeitung
- E, F Taskwechsel als Folge eines Hard- oder Softwareinterrupts

7.3.1 Betriebssystemschale – Anwenderprogramme

Hier handelt es sich um Übergänge zwischen dem Organisations- und Anwendungszustand, die sich eigentlich nur bei makroskopischer Betrachtung nach diesem Schema vollziehen. In lupenreiner Form sind sie prinzipiell gar nicht möglich, weil die dazu erforderlichen Taskwechsel (Kontextumschaltungen) in der inneren Kernschicht stattfinden. Trotzdem erscheint es sinnvoll, für die Erklärung der folgenden Phänomene dieses Abstraktionsniveau zugrunde zu legen.

Das Übertragen der Systemkontrolle an eine Benutzertask bedarf laut Bild 3-7 eines privilegierten Befehles. Er stellt insofern einen Aufruf dar, als er nach Art eines speziellen Sprungbefehles ausgebildet ist, der – meist indirekt in Zeigerform – die Start- bzw. Fortsetzungsadresse der zuvor ausgewählten Task enthält. Verwendet wird er

- am Ende einer Initialisierungsphase (Anlauf des Rechners);
- zwecks Neustart einer Task aufgrund einer hard- oder softwaremäßigen Anforderung, z.B. Interrupt-Service-Routine;
- zur Wiederaufnahme einer zuvor unterbrochenen oder prioritätsmäßig zurückgestellten Task.

Der umgekehrte Übergang wird immer dann fällig, wenn die laufende Anwendertask Dienstleistungsfunktionen des Betriebssystems in Anspruch nehmen will. Sie erteilt dazu einen entsprechenden Auftrag, an dessen Beginn ein Aufruf an den Supervisor steht (SVC). Damit verzichtet sie auf die weitere Kontrollausübung und unterbricht sich selbst, löst also einen Softwareinterrupt aus. Realisiert wird dies mittels Sprung zu einer einschlägigen Systemadresse, die während des Übersetzungsvorganges, etwa bei der Aufbereitung eines E/A-Befehles, in den Maschinencode eingefügt worden war. Zusammen mit dem Aufruf erhält der Supervisor eine Reihe von Parametern zur näheren Spezifikation des Auftrages. Sie betreffen u.a. den auszuführenden Operationstyp, die Auftragspriorität, die Speicheradresse und evtl. Blocklänge von Daten, die Bezeichnung benötigter Peripheriegeräte, die Rettungsaktionen oder andere Maßnahmen im Fehlerfalle und ggf. eine Fortsetzungsadresse. Meist übergibt jedoch die aufrufende Task nicht die gesamte Parameterliste, sondern einen darauf gerichteten Adreßzeiger. Es genügt dann, für jeden vorkommenden SVC-Typ eine geeignete Tabelle im Speicher zu hinterlegen.

Die wichtigsten Aufrufe des Betriebssystems aus dem Anwendungszustand heraus seien kurz umrissen.

a) Task-Aufrufe

Eine Anwendertask vermag sowohl Tasks in der Betriebssystemschale als auch andere Anwendertasks aufzurufen, allerdings nur auf dem Umweg über die Tasksteuerung. Durch deren Vermittlung können sich verschiedene Tasks zur Prozeßsteuerung gegenseitig starten, aber auch anhalten. Außerdem kann sich eine Task mittels eines Haltbefehles selbst beenden.

b) Kommunikationsaufrufe

Darüber hinausgehend können Tasks untereinander Botschaften austauschen – die erwähnten messages – und so einen regelrechten Nachrichtenverkehr zur Daten- oder Parameterübermittlung unterhalten. Selbstverständlich ist kein direkter Kontakt zwischen Anwendertasks möglich; als Vermittlungsinstanz ist stets der Kommunikationsdienst einzuschalten. Genau diesem Zweck dienen die Kommunikationsaufrufe, mit denen sendewillige Tasks ihre Botschaft in Form eines Auftrages dem Supervisor zuleiten.

c) Warteaufrufe

Häufig ist es sinnvoll, eine Anwendertask erst nach Erfüllung einer spezifizierten Bedingung bzw. Eintritt eines Ereignisses fortzusetzen, z.B. Meldung eines Endschalters über den Vollzug einer bestimmten Bahnbewegung. Den einschlägigen Auftrag erteilt die Task selbst vermöge eines Warteaufrufes. Das Betriebssystem überprüft die darin enthaltene Bedingung und reaktiviert die Task frühestmöglich. Durch sequentiell angeordnete Warteaufrufe läßt sich eine logische Konjunktion mehrerer Bedingungen realisieren. Analog erreicht man bei Angabe verschiedener Bedingungen im Aufruf eine ODER-Verknüpfung zwischen ihnen.

Oftmals bestehen derartige Bedingungen im Abschluß eines Auftrages, den die Anwendertask gemeinsam mit dem Warteaufruf an die Betriebssystemschale delegiert hat. Soll die Task grundsätzlich erst danach weitergeführt werden, spricht man von einem *impliziten Warten*. Demgegenüber läßt ein *expliziter Warteaufruf* eine Fortsetzung bereits vor Beendigung des Auftrages zu. Die jeweilige Bedeutung manifestiert sich besonders klar in Verbindung mit einem E/A-Aufruf.

d) E/A-Aufrufe

Sie bilden den Anstoß für das Betriebssystem, entweder selbst eine E/A-Operation mit einem Peripheriegerät über einen programmgesteuerten Kanal vorzunehmen oder einen autonomen Kanal damit zu beauftragen. Sollen dabei z.B. Daten in den Hauptspeicher geholt werden, die zur sofortigen

Verarbeitung bestimmt sind, ohne die also die anfordernde Task gar nicht weiterlaufen kann, ist der E/A-Auftrag mit einem impliziten Warteaufruf zu kombinieren (siehe Bild 7-8a). Wird indes erst später auf die Daten Bezug genommen, so genügt ein expliziter Warteaufruf. Die Task kann dann bis zu der Stelle, wo sie auf die Daten zugreift, fortschreiten und in der Zwischenzeit evtl. weitere E/A-Aufrufe absetzen (siehe Bild 7-8b). Auf diese Weise erzielt man eine größere Flexibilität und günstigere Anlagenausnutzung. (Die effektive Nebenläufigkeit des E/A-Auftrages zur Task stellt sich allerdings nur bei dessen Ausführung durch einen E/A-Prozessor ein.)

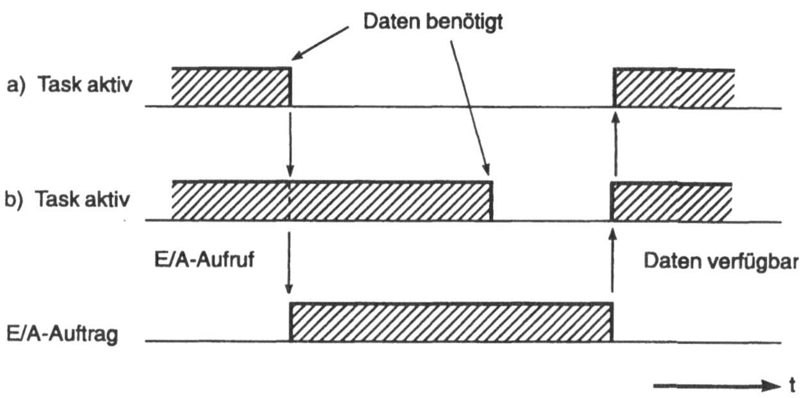

Bild 7-8 Kombination eines E/A-Aufrufes mit einem
a) impliziten Warteaufruf
b) expliziten Warteaufruf

e) Freigabe- und Sperraufrufe

Das Zuteilen von Betriebsmitteln ist zwar Angelegenheit des Betriebssystems, läßt sich aber durch Anwendertasks durchaus beeinflussen. So kann sich eine Task mittels Sperraufruf die exklusive Verfügungsgewalt z.B. über einen Speicherbereich, Datei, Drucker, D/A-Wandler sichern und mittels Freigabeaufruf wieder darauf verzichten. Im betreffenden Zeitintervall ist dann ein gegenseitiges Überschreiben von Daten oder gar eine Zerstörung von Steuerinformation an diesem Betriebsmittel durch konkurrierende Tasks ausgeschlossen. Die dazu verwendeten Semaphore werden im Abschnitt 7.4.2 eingeführt.

f) Weckaufrufe

Mit ihnen erhalten Anwendertasks die Möglichkeit, eine bestimmte Aktivität exakt nach Ablauf einer wählbaren Zeitspanne oder bei Eintritt einer definierten Absolutzeit auszulösen. So könnte z.B. eine Task berechnen, wie lange ein Antriebsmotor laufen muß, damit eine Fördereinrichtung eine vorgegebene Strecke zurücklegt. Danach würde sie den Motor einschalten und den Zeitwert mittels Weckaufruf über das Betriebssystem an die Echtzeituhr schicken. Der am Intervallende auftretende Interrupt müßte dann den Start einer Task zur Abschaltung des Motors veranlassen.

Sehr gebräuchlich ist die Kombination eines Weck- mit einem Warteaufruf. Damit kann die aufrufende Task sowohl den Fortgang einer anderen als auch den eigenen gezielt suspendieren, etwa um das Ende der Wandlungsdauer eines langsamen A/D-Wandlers abzuwarten.

7.3.2 Betriebssystemkern – Anwenderprogramme

Auslöser für Übergänge vom Anwendungszustand in den Betriebssystemkern sind keine Soft-, sondern Hardwareinterrupts. Sie werden also nicht von der laufenden Benutzertask mittels Aufruf selbst initiiert, sondern ihr extern und somit asynchron vom Unterbrechungswerk gleichsam aufgezwungen, veranlaßt durch ein prioritätsmäßig übergeordnetes Ereignis. Demzufolge wird unmittelbar die Unterbrechungsbehandlung (Interrupt-Handler) aktiviert (vgl. Abschnitt 4.3.3). Sie prüft den Charakter des vorliegenden Interrupts und ergreift die darauf zugeschnittenen Maßnahmen.

Vielfach sind diese von so geringem Umfang und simpler Qualität, z.B. Dateneintrag in eine Liste ohne weitere organisatorische Konsequenzen, daß sich in der kurzen Bearbeitungszeit am Gesamtzustand des Systems einschließlich des Objektprozesses nichts ändert. In derartigen Fällen bedarf es keiner eigenen Bedienungstask und daher auch keines aufwendigen Kontextwechsels im Prozessor. Angesichts dieser gravierenden Vereinfachung spricht man nicht von Unterbrechung im üblichen Sinne, sondern von einem punktuellen Anhalten der Benutzertask. Nach Vollzug der zwischengeschobenen Aktion geht die Systemkontrolle vermöge privilegierter Befehle (Aufrufe) vom Betriebssystemkern direkt an sie zurück, also ohne Inanspruchnahme der Schalenfunktionen.

7.3.3 Betriebssystemschale – Betriebssystemkern

Die von Anwendertasks abgesetzten SVC's werden zwar von der Betriebssystemschale entgegengenommen; jedoch zeigt ein Vergleich mit dem Schichtenmodell von Bild 7-5, daß die meisten damit verknüpften Aufträge für Komponenten im Kern bestimmt sind. Ihre Ausführung setzt deshalb nach einer gewissen Aufbereitung (Vorinterpretation) in der Auftrags-, Programm-, Daten- oder E/A-Verwaltung einen weiteren Übergang in den Kern voraus, wiederum mit Hilfe von Aufrufen. Eine nur vordergründig gleiche Wirkung erzielen die von taskfremden Ereignissen verursachten Interrupts, die während des Ablaufes einer Task aus dem Schalenbereich eintreffen.

Dementsprechend kann der umgekehrte Übergang vom Kern zur Schale verschiedene Vorgeschichten aufweisen. Hatte zuvor eine Schalenfunktion den Kern aktiviert, so wird dieser die Erledigung des Auftrages mit einem Softwareinterrupt zurückmelden, was in der Regel einen Einstieg in die Schale an anderer Stelle bedeutet als dort, wo sie verlassen wurde. War hingegen eine Betriebssystemtask durch einen Hardwareinterrupt unterbrochen worden, wird sie jetzt ohne weitere Verwaltungsmaßnahmen fortgesetzt werden. Schließlich besteht die Möglichkeit, daß ein Hardwareinterrupt während einer Benutzertask aufgetreten war und aufgrund seiner spezifischen Bedeutung oder längeren Bearbeitungsdauer einen Taskwechsel verlangt hatte. In diesem Falle, wo die ursprüngliche Task echt unterbrochen und von einer höherprioren verdrängt wird, kann die Rückkehr in den Anwendungszustand nur auf dem Weg über die Betriebssystemschale vonstatten gehen. Als verdrängende Task kommen sowohl eine Benutzer- als auch eine Schalentask in Betracht, letztere z.B. wenn der Interrupt von einem Uhrzeitalarm oder einer E/A-Meldung herrührt.

7.4 Elemente des Betriebssystemkerns

Ein Großteil der im Abschnitt 7.1 angesprochenen Aufgaben stellt sich – unbeschadet ihrer sehr unterschiedlichen Lösungsansätze – prinzipiell in nahezu allen Betriebssystemen gehobenen Niveaus, ist also nicht Prozeßrechner-spezifisch. Dazu gehören die Verwaltung von Daten, Hauptspeicher und Peripheriegeräten ebenso wie der gesamte E/A-Komplex und die übrigen Schalenfunktionen. Auch die eingesetzten Lösungsmethoden, speziell die Verwaltungsstrategien heben sich kaum von denen in universellen Betriebssystemen ab. Deshalb mag es genügen, die weiteren Betrachtungen auf einige wenige Elemente zu konzentrieren, die auf exponierte Weise das charakteristische Funktionsprofil mit prioritätsbezogener Bearbeitungsstrategie, Multitask-Betrieb und Echtzeitverhalten zu realisieren helfen. Wegen ihrer fundamentalen Bedeutung für die Leistungsstärke des Betriebssystems sowie ihrer häufigen Inanspruchnahme sind sie durchweg im Kernbereich angesiedelt.

7.4.1 Tasksteuerung

Die Tasksteuerung (Taskmanagement) ist eine der herausragenden Komponenten von Echtzeit-Betriebssystemen. Speziell den Prozeßrechner befähigt sie maßgeblich zur echt oder wenigstens quasisimultanen Überwachung und Steuerung einer Vielzahl teils beziehungsloser und teils voneinander abhängiger Einzelabläufe im Objektprozeß. Hierfür muß sie alle relevanten Tasks bereithalten, koordinieren, deren Interdependenzen regeln, ihnen die benötigten Betriebsmittel beschaffen, also letztlich das Multitasking organisieren. Insbesondere bedeutet das: Gemäß den anstehenden Aufträgen und deren Dringlichkeit sowie in Anbetracht der aktuellen Verarbeitungssituation sind die vorhandenen Tasks nach einem solchen Zeitplan zu starten, zu unterbrechen bzw. anzuhalten, fortzusetzen und abzuschließen, daß alle so zum Zuge kommen, wie es die termingerechte Erledigung der Aufgaben gebietet.

Aus Sicht der einzelnen Task folgt daraus, daß sie von der Tasksteuerung zu Beginn kreiert, zuletzt mittels Streichung aus der Auftragsliste beendet und während ihrer ganzen zwischenzeitlichen Existenz begleitet wird. Diese umfaßt nicht nur die eigentlichen Ausführungsphasen im Prozessor, sondern auch eingeschobene Pausenzeiten, die vom Programmierer eingeplant, von anderen Tasks veranlaßt oder vom Belastungszustand im Gesamtsystem erzwungen werden können. Bekanntlich vermag in Einprozessorsystemen zu jedem Zeitpunkt nur eine einzige Task real abzulaufen, und auch in Mehrprozessorsystemen sind fast immer mehr arbeitswillige Tasks als Prozessoren vorhanden.

Die daraus resultierenden Konflikte hinsichtlich der Betriebsmittelzuteilung werden entschärft durch die Einführung verschiedener Bearbeitungszustände für die Tasks sowie eine darauf basierende dynamische (d.h. zeitveränderliche) Kennzeichnung der Tasks seitens des Managements. In den so gebildeten Zustandsklassen von Tasks sind dann noch jeweils einzelne Vertreter mittels Prioritätsstrategien für eine Versetzung in andere Klassen auszuwählen.

Gleichsam ein Minimalmodell dafür symbolisiert das Zustandsdiagramm von Bild 7-9, in dem die Taskzustände als Knoten und die Übergänge zwischen ihnen als Kanten eines Graphen dargestellt sind. Den fünf Zuständen werden folgende Bedeutungen unterlegt:

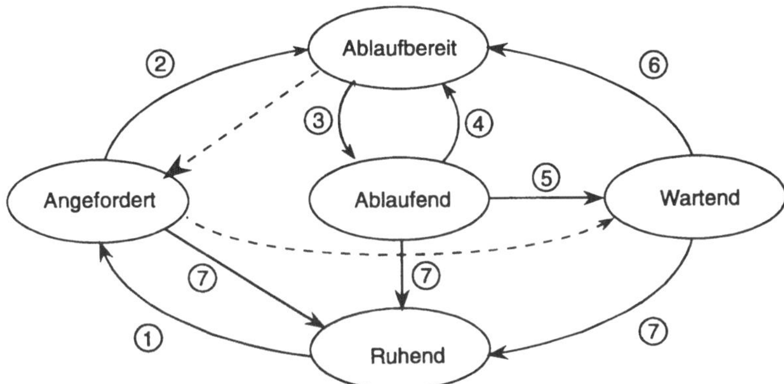

Bild 7-9 Taskzustände und ihre Übergangsbedingungen

① Startauftrag
② Bereitstellung der Betriebsmittel
③ Erhebung zur höchstprioren Task
④ Verdrängung durch höherpriore Task
⑤ Temporäre Suspendierung
⑥ Erfüllung der Wartebedingung
⑦ Terminierung bzw. Annullierung

- *Ruhend.*

  Es ist eher ein unechter Zustand, weil noch gar keine Task im definierten Sinne vorliegt. Dem Supervisor ist hier lediglich ein Auftrag übergeben worden, dessen Erledigung einer oder mehrerer Tasks bedarf.

- *Angefordert.*

  Erst ein Startauftrag des Supervisor oder einer anderen Task oder aber ein Hardwareinterrupt ruft das Management auf den Plan, das nun eine Kreation vornimmt. Im angeforderten Zustand existiert zwar die Task als dynamisches Subjekt, aber es fehlen ihr noch die Voraussetzungen für Eigenaktivitäten.

- *Ablaufbereit.*

  Diese Voraussetzungen sind hier insofern erfüllt, als die Task über alle für den Ablauf erforderlichen Betriebsmittel verfügen kann mit Ausnahme des bzw. eines Zentralprozessors.

- *Ablaufend (Aktiv).*

  Eine nach speziellen Kriterien ausgewählte Task darf auch die Prozessorkontrolle ausüben und somit in der Bearbeitung fortschreiten. Die Anzahl aktiver Tasks ist folglich niemals größer als die der Zentralprozessoren im System.

- *Wartend (Blockiert).*

  Die Task hat sich entweder selbst oder sie wurde temporär suspendiert, nachdem neue Bedingungen für die Ablaufbereitschaft aufgetreten sind. Sie hat den Eintritt eines oder mehrerer Ereignisse abzuwarten, z.B. Ende einer programmierten Verzögerungszeit (Weckaufruf), Zuteilung eines weiteren Betriebsmittels, Botschaft von einer anderen Task, Abschluß irgendeiner Aktion wie etwa eines E/A-Vorganges, Rückmeldung eines Peripheriegerätes.

Der Zustandsgraph von Bild 7-9 berücksichtigt nicht, daß die meisten System- und Anwendungsprogrammteile transient sind, also im Bedarfsfalle gar nicht im Hauptspeicher bereit stehen, sondern erst von Externspeichern geladen werden müssen. (Die Softwarebetriebsmittel von wartenden Tasks werden durch die Speicherverwaltung sogar systematisch ausgelagert.) Dieser Umstand vergrößert die Anzahl der effektiv zu unterscheidenden Taskzustände je nach Komplexität des Echtzeit-Betriebssystems auf das doppelte und mehr. Zugleich behindert er merklich den Ablauf der scheinbaren Simultanarbeit.

Die Übergänge zwischen den fünf spezifizierten Zuständen lassen sich ursächlich mehr oder weniger direkt auf Unterbrechungen zurückführen. Teils werden sie durch Betriebssystemaufrufe mit Auftragscharakter ausgelöst, etwa durch Aktionen der Tasks selbst, die Anwendertasks oder Systemdienste aktivieren wollen (gegenseitige Aufrufe); teils resultieren sie aus externen Interrupts, wie Alarme und Gerätemeldungen, die eine Neuvergabe von Betriebsmitteln und speziell des Prozessors verlangen. Auch diese Ursachen weist Bild 7-9 zumindest summarisch aus und gibt damit zugleich Aufschlüsse über die Funktionen der beteiligten Verwaltungs- und Steuerungsinstanzen.

Eine zentrale Rolle spielt dabei der Scheduler. Er hat die Aufgabe, jede Task in einen dieser Zustände einzuordnen, sie ggf. in andere Zustände überzuleiten und diese Vorgänge exakt zu registrieren, damit der gesamte Systemzustand jederzeit dokumentiert ist. In diesem Rahmen obliegt es ihm insbesondere, den angeforderten Tasks die laut den für sie angefertigten Auftragsbeschreibungen (Parameterlisten) nötigen Betriebsmittel zu beschaffen und sie so in den Zustand der Ablauffähigkeit zu befördern. Offenbar muß er dabei eine gewisse Auswahl treffen, weil die Tasks i.a. schon ab hier um die Betriebsmittel konkurrieren. Speziell im Hinblick auf die Prozessorzuteilung muß der Scheduler die ablaufbereiten Tasks in die für die Ausführungsreihenfolge beabsichtigte Rangordnung bringen.

Für die einschlägigen Entscheidungen lassen sich durchaus mehrere Kriterien heranziehen, deren Verwendung – ggf. auch in Kombination – eine Reihe recht unterschiedlicher *Scheduling-Strategien* begründet [SCH 93, TAN 90]. Ihnen durchweg gemeinsam ist in Multitasking-Systemen der Grundsatz, daß bei Vorliegen bestimmter Voraussetzungen eine Task verdrängt, d.h. ihr der Prozessor entzogen werden darf. Diese Basiseigenschaft geht weit über die übliche Unterbrechbarkeit (Interrupt-Fähigkeit) eines Rechners hinaus und wird mit *preemptive scheduling* beschrieben.

Der einfachste und vordergründig auch fairste Vertreter dieser Klasse ist das *Round-Robin-Verfahren*. Hier wird jede ablaufbereite Task für ein bestimmtes, aber nicht unbedingt einheitliches Zeitintervall in den aktiven Zustand erhoben und danach wieder zurückversetzt; effektiv wird also der Prozessor unter den Tasks zyklisch herumgereicht. Den differenzierten, auf die Beherrschung des technischen Prozesses abzielenden Bedürfnissen von Tasks wird mit einem prioritätsorientierten Vergabemodus sicherlich besser Rechnung getragen. Damit stellt sich jedoch sofort die Frage, nach welchen Kriterien die Priorität selbst bemessen werden sollte. Folgende Möglichkeiten kommen u.a. in Betracht:

- *First-Come-First-Serve (FCFS).*

  Die Tasks werden in der gleichen Reihenfolge zur Ausführung gebracht, wie sie 'Angefordert' bzw. 'Ablaufbereit' geworden sind. Ihre Priorität ergibt sich also aus ihrem zeitlichen Auftreten in einer Warteschlange. Dieser Sachverhalt ist auch als FIFO-Prinzip (First-In-First-Out) bekannt.

- *Laufzeitstaffelung.*

  Die Tasks werden in aufsteigender Folge nach ihrer geschätzten Gesamt- oder verbliebenen Restlaufzeit geordnet. So ist sichergestellt, daß „kurze" Tasks durch langlaufende nicht unangemessen blockiert werden und insgesamt eine minimale Verweildauer für die Tasks erzielt wird.

- *Einhaltung der kritischen Antwortzeit.*

  Die Priorität jeder Task wird an deren inhaltlicher Bedeutung für die Erreichung des Prozeßzieles ausgerichtet. Sie ist daher um so höher, je rascher eine Aktivität aufgrund des für t_{Akr} festgelegten Wertes durch die betreffende Task abgewickelt werden muß.

Offenkundig ist nur die letzte Methode unmittelbar geeignet, die für ein Echtzeitsystem typische schritthaltende Verarbeitung zu gewährleisten. Allerdings würde eine individuelle Prioritätsvergabe an jede Task wegen der stark schwankenden und zeitweise recht großen Quantität einen enormen Verwaltungsaufwand nach sich ziehen. Dem begegnet man – wie im Abschnitt 2.5 gezeigt – durch Implementierung einer festen Anzahl von Prioritätsebenen, auf die sämtliche anfallenden Tasks gemäß der Dringlichkeit der von ihnen zu lösenden Aufgaben verteilt werden.

Als Ergebnis eines Scheduler-Durchganges entstehen zwei neue bzw. aktualisierte Listen: eine mit den zum Ablauf fertig vorbereiteten Tasks und eine mit solchen Tasks, die wegen noch nicht befriedigter Anforderungen vorläufig zurückgestellt sind und im Wartezustand verharren müssen.

Die Liste der ablaufbereiten Tasks wird vom Dispatcher weiterbearbeitet. In ihm berühren sich Funktionen der Task- und der Prozessorverwaltung; denn der Zentralprozessor darf als wichtigstes und begehrtestes Betriebsmittel erst dann einer Task zugeteilt werden, wenn alle anderen Voraussetzungen einschließlich Dringlichkeitsstufe erfüllt sind. Deshalb überprüft der Dispatcher bei jeder echten Unterbrechung, ob die ablaufende Task noch die höchste Priorität besitzt oder ob sie durch die höchstpriore unter den bereiten Tasks abzulösen ist. Ggf. nimmt er eine Kontextumschaltung, effektiv also einen Taskwechsel vor.

Für das weitere Schicksal einer aus dem Prozessor verdrängten Task gibt es nach Bild 7-9 drei Möglichkeiten: Wurde sie nur aus Prioritätsgründen abgelöst, so bleibt sie ablaufbereit und wird erneut in die entsprechende Liste eingereiht. Hatte sie ihr natürliches Ende erreicht, so wird sie sich durch Abgabe einer Meldung indirekt selbst in den Ruhezustand überführen. Die gleiche Wirkung hat ein gewaltsamer Abbruch aufgrund eines nicht behebbaren Fehlers. Konnte sie dagegen wegen Fehlens oder Wegfalls einer Voraussetzung oder auch aus der Programmlogik heraus nicht fortgesetzt werden, gelangt sie unter Betreuung des Schedulers in den Wartezustand. Hier verweilt sie in der einschlägigen Liste bis zur Erfüllung ihrer Wartebedingungen und wird dann abermals in den ablaufbereiten Zustand erhoben. Bei Eintritt bestimmter Ereignisse kann eine Task auch aus dem Anforderungs- oder Wartezustand terminieren. Ebenso läßt sich eine ablaufbereite Task durch Entzug von Betriebsmitteln nach 'Angefordert' zurückstufen.

Die Struktur der vom Scheduler erstellten Listen mit ablaufbereiten und wartenden Tasks erweist sich bei näherer Betrachtung laut Bild 7-10 als zweidimensional. Die erste Dimension entspricht der vom Programmierer festgelegten bzw. vom System selbsttätig zugeteilten Taskpriorität. Für jede Prioritätsebene des Rechners wird eine eigene Unterliste eingerichtet; diese sind ihrerseits bezüglich der zweiten Dimension Zeit organisiert, d.h. gleichsam als Warteschlangen. Dafür wird vorzugsweise das FIFO-Prinzip herangezogen, aber auch die Round-Robin-Methode ist verwendbar.

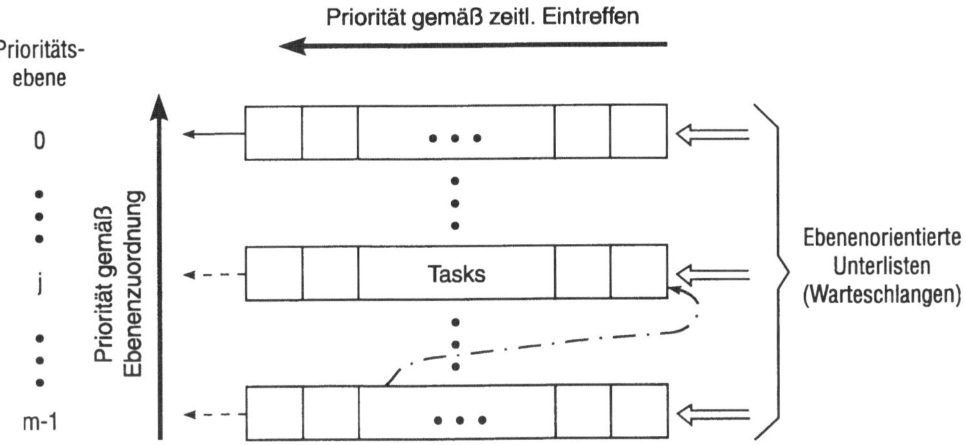

Bild 7-10 Verwaltungsliste für laufbereite Tasks nach einem zweidimensionalen Prioritätssystem

<═══	:	Einreihung von Tasks
<———	:	Aktivierung der höchstprioren Task
<- - - - - -	:	Aktivierung von Tasks, falls höherrangige Unterlisten leer
<- · - · - · -	:	Dynamische Prioritätserhöhung

Für das Scheduling bzw. die Bearbeitung der Tasks leitet sich daraus ab: Innerhalb einer Unterliste werden sie in der Reihenfolge ihres Eintreffens ausgewählt. In vertikaler Richtung wird nach Rangstufen verfahren, d.h. die Tasks der Prioritätsklasse j kommen erst dann zum Zuge, wenn in allen höheren Klassen (O, ..., j-1) die Unterlisten leer sind.

Die Taskprioritäten wurden bislang unausgesprochen als *statisch* angenommen, d.h. jede Task ist a priori einer bestimmten Ebene zugewiesen und behält sie während ihrer gesamten Lebensdauer bei. Offensichtlich gilt es bei diesem Modus der Gefahr zu begegnen, daß niederpriore Tasks über längere Zeit zurückstehen müssen und dabei ihre ursprünglich reichlich bemessene kritische Antwortzeit zu verstreichen droht. Komfortablere Tasksteuerungen, wie sie für Echtzeitsysteme typisch sind, lösen das Problem durch *dynamische* Prioritierungen. Das bedeutet, die Taskprioritäten sind nicht starr fixiert, sondern können bedarfsweise verändert werden. So läßt sich ein Alterungsmechanismus derart vereinbaren, daß jede Task, die während einer festgelegten Maximaldauer nicht aktiv werden konnte bzw. auf ein Betriebsmittel warten mußte, temporär in die nächst höhere Prioritätsklasse eingereiht wird (siehe Bild 7-10). Mit dieser Aufwertung erhöht sich ihre Chance auf die gewünschte Zuteilung. Nach ihrem Lauf wird sie in die angestammte Klasse zurückversetzt.

Unabhängig von der verstrichenen Wartezeit ist es möglich, Prioritäten auch aufgrund neuer Erkenntnisse über den Objektprozeß selbst (Verschiebung zulässiger Antwortzeiten) neu zu berechnen und kurzfristig zu variieren. Es leuchtet ein, daß eine solche Flexibilisierung der Warteschlangenstrukturen eine gerechtere Ablauffolge bzw. ein besseres Echtzeitverhalten garantieren. Freilich muß der Komfort mit höherem Verwaltungsaufwand bezahlt werden.

Einschlägige Forschungsarbeiten haben aufgezeigt, daß es eine umfassende optimale Zuteilungsstrategie gar nicht geben kann. Aber auch schon der Versuch, in die Nähe eines solchen Optimums vorzustoßen, erfordert enorm komplexe Algorithmen. Deren Laufzeiten nehmen derartige Ausmaße an, daß sie die theoretisch eingesparten Reaktions- bzw. Antwortzeiten einiger Tasks um ein Vielfaches übersteigen. Es ist daher nicht nur wesentlich effizienter, sondern auch im Sinne des Echtzeitverhaltens günstiger, sich mit einer suboptimalen, dafür jedoch sehr rasch umsetzbaren Kombination relativ einfacher Strategien zu begnügen.

Als Kontroll- und Koordinationsinstanz muß das Taskmanagement zu jeder Zeit einen genauen Überblick über die Bearbeitungssituation im Rechner besitzen. Deshalb führt es für die einzelnen Tasks Buch über deren Zustände sowie die vollzogenen Übergänge. Zu deren Verwaltung bedient es sich eines im Abschnitt 4.2 eingeführten Hilfsmittels: des Task Control Blocks (TCB). Diese Tabelle ist für jede nicht ruhende Task anzulegen und fortlaufend zu aktualisieren. Sie liefert somit ein Abbild ihres bei der letzten Bearbeitung erreichten Status [POL81]. Ein exemplarischer Aufbau ist in Bild 7-11 wiedergegeben. Er enthält neben den im Abschnitt 4.2 bezeichneten Parametern, wie Inhalte der Arbeits- und Kontrollregister im Zentralprozessor, noch diverse Angaben zur Identifikation und Charakterisierung der Task. Hierzu gehören eine Ordnungsnummer, eine Kennzeichnung der benötigten und der aktuell belegten Betriebsmittel einschließlich der dafür vereinbarten Nutzungsrechte, insbesondere Speicherschutzspezifikationen; außerdem die bislang kumulierte Laufzeit sowie die geschätzte Gesamtlaufzeit, die zulässige Ausdehnung des Datenbereiches und des Stack und endlich der aktuelle Taskzustand sowie ggf. der Hinderungsgrund für die fehlende Ablaufbereitschaft [JAC 89, HUL 81].

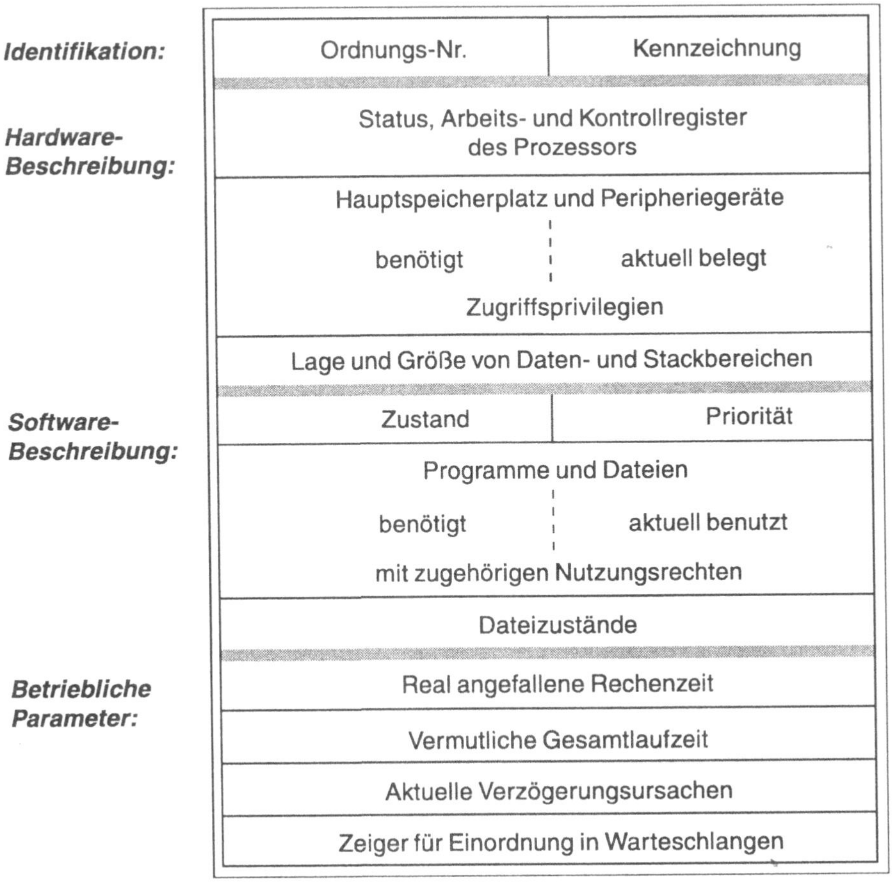

Identifikation:	Ordnungs-Nr.	Kennzeichnung
Hardware-Beschreibung:	Status, Arbeits- und Kontrollregister des Prozessors	
	Hauptspeicherplatz und Peripheriegeräte benötigt / aktuell belegt Zugriffsprivilegien	
	Lage und Größe von Daten- und Stackbereichen	
Software-Beschreibung:	Zustand	Priorität
	Programme und Dateien benötigt / aktuell benutzt mit zugehörigen Nutzungsrechten	
	Dateizustände	
Betriebliche Parameter:	Real angefallene Rechenzeit	
	Vermutliche Gesamtlaufzeit	
	Aktuelle Verzögerungsursachen	
	Zeiger für Einordnung in Warteschlangen	

Bild 7-11 Prinzipstruktur und wesentliche Inhalte eines Task Control Block (TCB)

Im Austausch dieser Tabelle innerhalb des Prozessors besteht letztlich die hardwaretechnische Seite einer Kontextumschaltung. Dagegen operiert die Taskverwaltung bei der Bearbeitung der verschiedenen Warteschlangen ausschließlich mit auf die TCB's gerichteten Zeigern. Die Rolle des Leitblockes übernimmt beispielsweise beim Standard-Mikroprozessor 80486 das Task Status Segment (TSS), das dort den Rang eines Systemobjektes innehat [THI 92].

Gleichsam als Bearbeitungsreservoir für die Tasksteuerung und zugleich als eine der Schnittstellen zu anderen Betriebssystem-Komponenten fungiert die Auftragsliste. Sie umfaßt in Form einer prioritätsmäßig geordneten Warteschlange alle anfallenden Einzelaufträge sowohl aus dem technischen Prozeß als auch aus dem Inneren des Rechners. Gemäß den eintreffenden Soft- und Hardwareinterrupts wird sie vom Supervisor bzw. der Unterbrechungsverwaltung mit Einträgen gefüllt. Davon ausgehend aktualisiert das Taskmanagement bei jedem Taskwechsel die betreffenden TCB's, löst abgeschlossene Tasks auf und kreiert bei Bedarf neue. Ordnungsgemäß ausgeführte bzw. wegen Fehler abgebrochene Aufträge streicht es aus der Auftragsliste und setzt eine entsprechende Meldung an den Supervisor ab.

7.4.2 Taskkommunikation und Tasksynchronisation

In engstem Zusammenhang mit der Verwaltung und Ablaufsteuerung der einzelnen Tasks stehen die Kooperation und Koordination der Tasks untereinander. Typischerweise existiert zwischen ihnen ein komplexes Geflecht aufgabenbezogener, also funktionaler Abhängigkeiten, auch wechselseitiger Art. So ist das Schicksal einer Task (d.h. ihre weitere Bearbeitung) häufig mit dem Fortschritt einer oder mehrerer anderer Tasks bzw. einem von dort ausgelösten Ereignis verkoppelt; insbesondere sind gegenseitige Aufrufe zugelassen. Außerdem werden Betriebsmittel, vor allem Datenbereiche, häufig gemeinsam genutzt.

Eine effiziente Implementierung dieses Zusammenwirkens setzt die Möglichkeit einer Intertaskkommunikation voraus. Der dafür übliche Modus sieht den Austausch von Botschaften (messages) vor; das bedeutet: Tasks können anderen Tasks Botschaften zusenden und von dort welche entgegennehmen. Für die Abwicklung beider Operationstypen stehen die in Abschnitt 7.3.1 erwähnten Kommunikationsaufrufe bereit. Diese Methode erlaubt die Übergabe von Einzeldaten oder kleineren Datenblocks, Adreß- und Statusinformationen, ebenso von Mitteilungen über den erreichten Bearbeitungszustand oder die Zuordnung von Betriebsmitteln, wie etwa Speicherbereiche oder Dateien. Weiterhin kann eine Botschaft einen durch Parameter näher spezifizierten Startauftrag für eine Task beinhalten. Eine Task vermag sogar auf die Botschaft einer anderen zu warten, indem sie sich durch einen Warteaufruf mit entsprechender Bedingung selbst in den Wartezustand versetzt. Beispielsweise wird eine Berechnungstask an definierter Stelle so lange innehalten, bis eine – evtl. von ihr selbst beauftragte – Erfassungstask die Verfügbarkeit der benötigten Eingabedaten meldet.

Für das Message-Konzept der Intertaskkommunikation ist es unerheblich, ob die beteiligten Tasks auf demselben oder auf verschiedenen Prozessoren ablaufen oder gar auf verschiedenen Rechnern innerhalb eines Netzes. Diese universelle Verwendbarkeit kommt ihm gerade in Multiprozessor- und Mehrrechneranlagen zugute, wie sie sich in Verbindung mit dezentralen Prozeßautomatisierungssystemen immer stärker durchsetzen. Insbesondere bei der Transputertechnik wird es sowohl durch Sprach- als auch mit Hardwaremitteln sehr wirkungsvoll unterstützt [PEN 92, OaV 94].

Eine Kommunikation zwischen Tasks setzt die Existenz eines Zeitintervalles voraus, in dem eine Task sendebereit und eine andere empfangsbereit ist. Es wird sich wegen des ansonsten unkorrelierten und im Detail meist unvorhersehbaren Fortschreitens der Tasks nicht durchweg selbsttätig einstellen, sondern muß zwangsweise herbeigeführt werden. Die dazu geeigneten Maßnahmen bzw. implementierten Funktionen versteht man als Tasksynchronisation. Offenbar kann eine Intertaskkommunikation nur nach vorangegangener Synchronisation stattfinden. Aus dieser Sicht erscheint die Kommunikation als eine Synchronisation mit anschließender Nachrichtenübergabe bzw. die Synchronisation als eine nachrichtenfreie Kommunikation [BaV 93].

Das Problem sei im Bild 7-12 mit einer Sendetask T1 und einer Empfangstask T2 veranschaulicht. Typischerweise vermag T1 nach Absetzen der Botschaft unabhängig von T2 weiterzulaufen. (Das Erwarten einer Rückmeldung ist nur selten vorgesehen.) Dagegen kann T2 aufgrund der inhärenten Programmlogik erst nach Erhalt der Botschaft fortgesetzt werden, was ggf. eine gewisse Verzögerung hervorruft. Der Synchronisationsmechanismus des Betriebssystemkerns sorgt also für eine partielle und temporäre Sequentialisierung von prinzipiell nebenläufigen (konkurrenten) Tasks, basierend auf den Erfordernissen einer Automatisierungsaufgabe oder eines rechnerinternen Abstimmungsprozesses. Seine eigentliche Bedeutung besteht in der Rolle als zentrale Schaltstation für solche Kommunikationsvorgänge. Konkret heißt das: Zwei Tasks können zum Zwecke des Nachrichtenverkehrs gar nicht unmittelbar in Beziehung treten, sondern benötigen die Vermittlungsfunktion der einschlägigen Systemkomponente. Insbesondere stehen die Dienstleistungsfunktionen SEND und RECEIVE bereit.

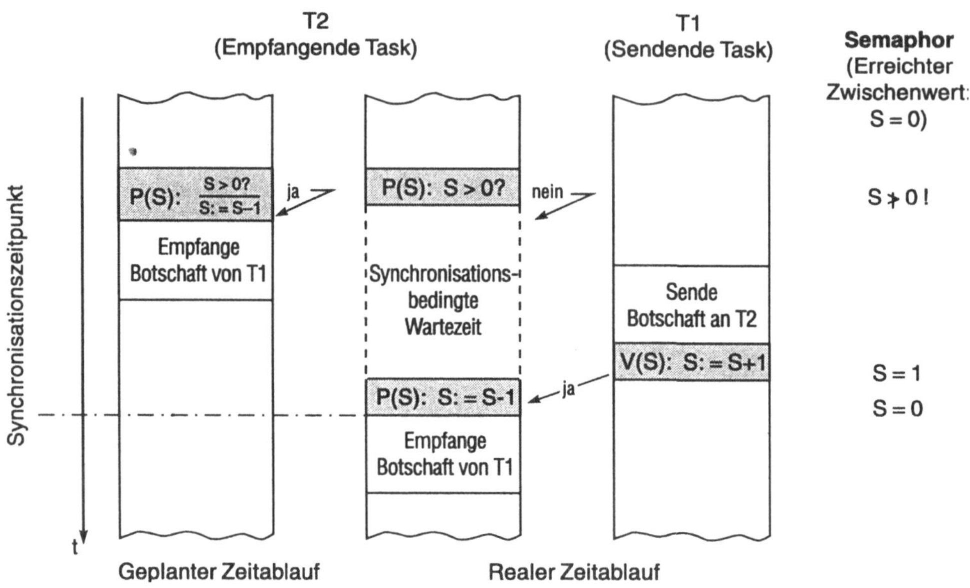

Bild 7-12 Synchronisation zweier Tasks zwecks Nachrichtenübermittlung

Aufruf einer Betriebssystemaktion

Als elementares Hilfsmittel dient ein eigens dafür geschaffener Datentyp S, der als Synchronisationsvariable oder *Semaphor* bekannt ist. Der Wert solcher Größen läßt sich ganzzahlig initialisieren, mit der Freigabeoperation V(S) erhöhen sowie mit der Belegungsoperation P(S) auf S > 0 abfragen und im positiven Fall sogleich erniedrigen. Er drückt aus, ob eine Bedingung erfüllt ist, unter der eine Task laufbereit werden kann. Gemäß Bild 7-12 wird T1 nach Aussenden der Botschaft mittels V(S) einen positiven Wert erzeugen. Vor Eintritt in die Empfangsoperation prüft T2 mittels P(S) den Semaphorwert. Für Fälle, wo wie im skizzierten Beispiel S = 0 vorliegt, wird unter Abweichung vom geplanten Zeitablauf die Task in den Wartezustand versetzt. Erst nach Inkrementierung durch T1 kann der zweite Teil der P(S)-Operation ausgeführt werden, und die Synchronisation ist damit vollzogen.

Sie bedeutet letztlich, daß T2 durch T1 für die weitere Bearbeitung freigegeben wurde. Umgekehrt kann sich eine Task (hier T2) durch Löschen eines Semaphors selbst blockieren und auf die Entriegelung seitens einer anderen Task warten. Im einfachsten Falle hat das Semaphor Binär-Charakter (Boolesche Größe), was im betrachteten Beispiel auch ausreichen würde. Dann entarten die beiden Operationen auf ein pures Setzen bzw. Löschen der Variablen. Korrekterweise ist anzumerken, daß V(S) und P(S) keine echten Taskaktivitäten sind, sondern Betriebssystemdienste, die von Tasks lediglich aufgerufen werden.

Eine andere Situation als die in Bild 7-12 entsteht, wenn T1 seine Botschaft zu einem Zeitpunkt absetzen möchte, in dem T2 noch nicht empfangsbereit ist. Deshalb T1 anzuhalten, ist vom logischen Ablauf her i.a. nicht erforderlich. Vielmehr hinterlegt T1 zwecks Synchronisierung seine message an definierter Stelle und signalisiert dies dem Betriebssystem. Als Lokalität dafür käme prinzipiell ein gemeinsamer Hauptspeicherbereich in Betracht. Aus Sicherheitsgründen erhält jedoch jede Task im Rahmen ihres Kontext einen eigenen Bereich nach Art einer Mailbox zugeteilt, auf den neben ihr selbst nur der Kommunikationsdienst des Betriebssystems Zugriff hat.

Das effiziente Instrument der Semaphore wird nicht nur zur logischen, sondern in Verbindung mit der Betriebsmittelverwaltung auch zur zeitlichen Synchronisation von Tasks verwendet [LAU 89]. Deren Notwendigkeit ergibt sich aus dem Wettbewerb der Tasks um die Zuteilung von Betriebsmitteln. Er tendiert von Natur aus zu massiven Mehrfachbelegungen, die mittels einer geeigneten Koordinationsstrategie zumindest beherrscht werden müssen. Prinzipiell auszuschließen braucht man sie nicht; so ist etwa das quasisimultane Lesen aus einem Hauptspeicherbereich durch verschiedene Tasks i.a. zulässig. Völlig anders liegen die Dinge, wenn mehrere Tasks schreibend auf diesen Bereich zugreifen oder zugleich dasselbe Peripheriegerät benutzen wollen.

Wertvolle Dienste bei der Entschärfung solcher Situationen leisten wiederum Semaphore, indem sie einer Task signalisieren, ob die angeforderten Betriebsmittel für sie verfügbar sind. Sie dürfen als globale Variable ausschließlich von Betriebssystemfunktionen und mittels privilegierter Befehle manipuliert werden. Ein Betriebsmittel wird bei jeder Belegung durch einen Sperraufruf für alle anderen Tasks blockiert und nach Erledigung der Aufgabe mittels Freigabeaufruf entriegelt. Stößt eine Task bei ihrer Belegungsanforderung auf eine derartige durch entsprechenden Semaphorwert realisierte Sperre, so geht sie – analog zur Situation in Bild 7-12 – in den Wartezustand über, bis ein definiertes Ereignis eintritt, das über eine Veränderung der S-Variablen die Verriegelung wieder löst. Auf diese Weise ist eine Exklusivnutzung, also ein gegenseitiger Ausschluß der konkurrierenden Tasks gewährleistet, und Übergriffe werden vermieden.

Der Sinn des Integer-Charakters von S wird aus Sicht des erwähnten Zuteilungswettbewerbes noch deutlicher. Verknüpft man nämlich jeden Belegungswunsch einer Task mit einer Dekrementierung des Semaphors, so kann dessen negativer Wert die Anzahl der anfordernden Tasks, also die Länge einer Warteschlange symbolisieren. Zusätzlich ist zu vereinbaren, daß nach Freigabe des Betriebsmittels durch die V(S)-Operation der aktuellen Task unverzüglich eine Neuzuweisung an eine der wartenden Tasks erfolgt.

Andererseits drückt ein Wert $S > 1$ aus, wieviele Tasks anfänglich bzw. momentan ein Betriebsmittel (noch) belegen dürfen und daß dieses demzufolge kein exklusiv nutzbares sein kann. Die unterschiedliche Qualität von Lese- und Schreibzugriffen auf ein solches Betriebsmittel, wie Datei oder Speicherbereich, läßt sich durch Wahl der De- bzw. Inkremente bei den P(S)- und V(S)-Operationen berücksichtigen. Ausgehend von einem positiven Initialisierungswert wird S bei Anmeldung einer lesewilligen Task so schwach erniedrigt, daß evtl. auch eine größere Anzahl keine Blockade bewirkt. Dagegen reicht vermöge eines großen Dekrementes eine einzige Schreibtask aus, um das Betriebsmittel für andere zu verriegeln.

Mit der so gearteten Schlichtung von Belegungskonflikten leistet die Synchronisation offensichtlich einen wesentlichen Beitrag zur Realisierung des Multitasking-Konzeptes. Allerdings vermag sie alleine nicht das höchst sensible Verklemmungsproblem zu lösen, das sich für den einfachsten Fall wie folgt skizzieren läßt: zu einem Zeitpunkt verfügt die Task T1 über das Betriebsmittel B1 und die Task T2 über das Betriebsmittel B2. Beide Tasks benötigen jedoch zu ihrer Fortsetzung beide Betriebsmittel und verharren deshalb bis zu deren Erhalt im Wartezustand. Diese gegenseitige Blockade verhindert eine Bearbeitung beider Tasks selbst dann, wenn keine anderen Tasks existieren und der Prozessor frei ist. Offensichtlich darf eine derartige Verklemmung *(deadlock)* unter keinen Umständen eintreten, weil dadurch der gesamte Rechnerbetrieb und damit fundamentale Prozeßautomatisierungsaktivitäten zum Erliegen kommen könnten. Zur Vermeidung dieser Situation wurde eine Reihe von Strategien entwickelt und recht unterschiedlich implementiert [WET 93, TAN 90]. Letztlich beruhen sie auf der Einführung eines wenigstens temporären Prioritätsschemas, das es erlaubt, einer bzw. mehreren Tasks bereits zugeteilte Betriebsmittel zugunsten einer anderen Task wieder zu entziehen.

7.4.3 Unterbrechungsbehandlung

Von den eigenständigen Betriebssystemkomponenten hat die Interruptbearbeitung neben den Gerätetreibern die intensivste Berührung mit der Hardware des Rechners, weil sie die von dort eintreffenden Unterbrechungen in den rechnerinternen Organisationsprozeß integrieren muß. Die Reaktion auf programmierte Software-Interrupts gehört dagegen nicht zu ihrem Aufgabenbereich, sondern fällt gemäß Bild 7-13 in die Zuständigkeit des Supervisors. Ihre Effizienz und Komplexität hängen maßgeblich von der Unterstützung seitens des Unterbrechungswerkes ab. Dessen Ausbaugrad beeinflußt nämlich den Verlauf der Hard/Software-Schnittstelle. Die gerätetechnischen Voraussetzungen sowie die globale Ablaufstruktur eines von außen und damit asynchron an die laufende Task herangetragenen Interrupts waren im Abschnitt 4.3 vorgestellt worden. Darauf aufsetzend soll hier die Funktion der Unterbrechungsbehandlung (Interrupt-Handler) als Systemsoftware-Pendant betrachtet werden.

Bild 7-13 veranschaulicht ihre zentrale Rolle im Betriebssystemkern. Über sie laufen alle hardwareseitig ausgelösten Unterbrechungsanforderungen, also nicht nur die Prozeßalarme, sondern auch Bereit-, Fertig- oder Fehlermeldungen aus der Standardperipherie sowie Wecksignale der Zeitführung. Der einschlägige Modul leistet generell deren Überführung in die Veranlassung bzw. Erledigung der zugeordneten Programmaktivitäten. Als erstes rettet er grundsätzlich die wichtigsten Registerinhalte auf den Stack der laufenden Task, freilich ohne den kompletten Task Control Block in dessen Hauptspeicherbereich zurückzuschreiben. Sodann identifiziert er mittels Abfrageroutine Art und Quelle des Interrupts oder übernimmt im Falle eines vektorisierten Interrupts die vom Unterbrechungswerk erzeugte Interrupt-Kennung. Ihr wird über die Interrupt-Vektortabelle die Startadresse der darauf abgestellten Interrupt-Service-Routine (z.B. eines Gerätetreibers) zugeordnet. Falls diese noch nicht laufbereit ist, etwa weil ihr Code momentan nicht im Hauptspeicher residiert, muß vorab die Speicherverwaltung das Laden besorgen bzw. eine andere Betriebsmittelverwaltung tätig werden. Es gilt hier wohl zu beachten, daß die derart aktivierte Interrupt-Service-Routine aus Betriebssystemsicht nicht den Rang einer Task einnimmt und der Übergang auf sie somit keinen Taskwechsel (Kontextumschaltung) darstellt. Gleichwohl kann sie Betriebssystemdienste in derselben Weise wie eine Task in Anspruch nehmen.

Für das weitere Vorgehen stehen laut Bild 7-13 zwei Möglichkeiten zur Disposition. Hatte der verursachende Interrupt eine relativ simple Dienstleistung angefordert – z.B. Abholen eines Meßwertes von einem A/D-Wandler, Eintrag in einen Datenbereich und Neustart des Wandlers –, so lohnen die wenigen dazu notwendigen Befehle nicht den mit einem Task-Handling einhergehenden Organisationsaufwand. In solchen Fällen wird die Service-Routine als Prozedur aufgerufen ① und danach zur unterbrochenen – im strengeren Sinne eigentlich nur kurz angehaltenen – Task zurückgekehrt.

Erfordert das aufgetretene Ereignis hingegen eine anspruchsvollere Reaktion, so wird es der Interrupt-Handler bei der Auftragsverwaltung anmelden, dafür eine Task kreieren, ihr analog zum Scheduler die benötigten Betriebsmittel beschaffen und sie je nach erreichtem Zustand in die Liste der laufbereiten oder der wartenden Tasks einreihen. Schließlich veranlaßt er den Dispatcher zu einer Überprüfung, ob die soeben angehaltene Task noch die höchste Priorität besitzt, und ggf. zu einem Kontextwechsel ②. Unter diesen Umständen ist freilich nach Terminierung dieser eingeschobenen Task eine Rückkehr zur unterbrochenen keineswegs sicher. Statt dessen kann auch zu einer anderen Task übergegangen werden, die inzwischen wichtiger geworden ist.

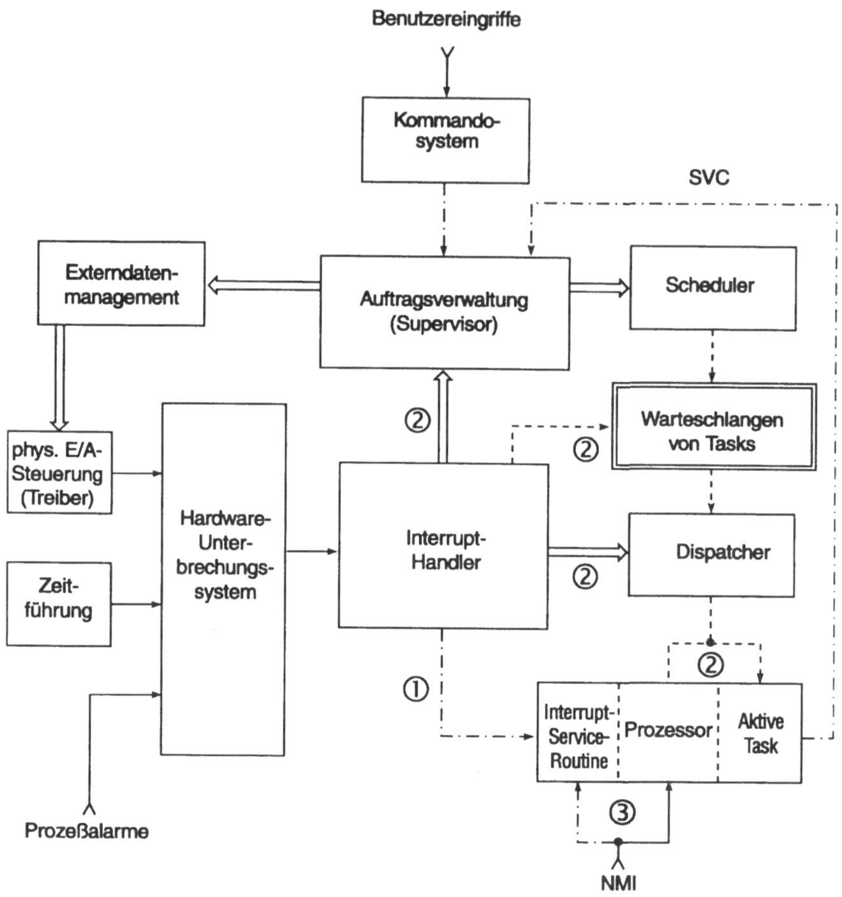

Bild 7-13 Unterbrechungsgetriebene Arbeitsweise von Prozeßrechnern

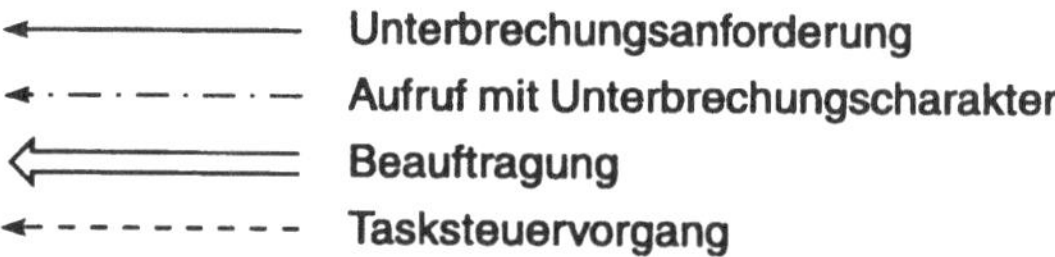

Zu häufige Wechsel würden wegen des damit verbundenen Verwaltungsaufwandes nicht nur die Durchsatzleistung des Rechners dezimieren, sondern auch sein Echtzeitverhalten gefährden. Das gilt um so mehr, wenn Programmcode und Datenbereiche der zu aktivierenden Task erst vom Externspeicher geholt werden müssen, was ein Vielfaches der Laufzeit dauern kann. Wegen der begrenzten Hauptspeicherkapazität sind dann im Gegenzug andere Objekte auszulagern, die evtl. schon kurz darauf erneut angefordert werden.

Dem begegnet man durch Klassifizierung der Softwareaktivitäten in bis zu 256 Prioritätsebenen, deren Hardwarevoraussetzungen im Abschnitt 4.3.3 dargelegt worden sind. Der Dispatcher wird die Ablösung einer laufenden Task nur zulassen, wenn die Anforderung einer übergeordneten Ebene entstammt. Innerhalb der gleichen Ebene werden Interrupt Requests laut Bild 7-10 in der zeitlichen Folge ihres Eintreffens berücksichtigt (First-Come-First-Serve).

Eine nicht zu unterschätzende Schwierigkeit liegt in der Zuordnung der Ausführungseinheiten zu diesen Ebenen, vor allem wenn sie nicht dynamisch revidierbar ist; sie kann deshalb durchaus unterschiedlich ausfallen. Allgemeingültigkeit beansprucht indes ein vergröbertes Modell nach Tabelle 7-1, das gemäß einer geschichteten Systemstruktur eine Bündelung in nur vier Hauptebenen oder Ebenenklassen vorsieht. Die Anwendertasks werden ganz unten angesiedelt. Oberhalb davon laufen die Tasks der Betriebssystemschale ab. Die Basis- und Verwaltungsfunktionen des Kerns sind einer noch höheren Klasse vorbehalten. Allererste Dringlichkeit genießt die Behandlung von Ereignissen mit gravierenden Konsequenzen für das Gesamtsystem, wie etwa ein Ausfall der Versorgungsspannung, Geräte- und Softwarefehlfunktionen. Es bietet sich dann an, wenigstens für die vier Hauptebenen je einen Registersatz gemäß Bild 4-6 im Zentralprozessor bereitzustellen.

Tabelle 7-1: Vereinfachtes Prioritätssystem für die Softwareschichten eines Prozeßrechners

Priorität	Haupt-ebene	Spezielle Bezeichn.	Softwarebereich	Unterbrech-barkeit
↑	0	Kernel	Behandlung fundamentaler Fehler	↓
	1	Executive	Betriebssystemkern	
	2	Supervisor	Betriebssystemschale	
	3	User	Anwendungsaufgaben	

Mit steigender Priorität einer Task nimmt ihre Unterbrechbarkeit ab. Je nach Differenzierungsgrad innerhalb der Hauptebenen läßt sich daher eine recht vielschichtige hardwaremäßig unterstützte Hierarchie mit gestaffelten Interruptmöglichkeiten aufbauen, was insbesondere den Kern effizienter macht. Andererseits gibt es in zahlreichen Tasks und Prozeduren unabhängig von ihrer Ebenenzugehörigkeit sogenannte *kritische Abschnitte*; das sind Befehlssequenzen, die, sobald sie betreten wurden, aus Gründen der Eindeutigkeit unmittelbar zu Ende geführt werden müssen, also auch von ranghöheren Funktionsmodulen nicht unterbrochen werden dürfen [TAN 90]. Es würden nämlich sonst undefinierte Verhältnisse und damit gefährliche Zustände eintreten, wenn beispielsweise während der Analyse einer Fehlermeldung eine Unterbrechung stattfände, in deren Folge die gleiche Funktion aufgerufen wird, die den Fehler provoziert hatte. Besonders häufig sind solche kritischen Abschnitte in Modulen des Betriebssystemkernes, die etwa eine Überleitung von Taskzuständen, einen Prozessorzuteilungsvorgang, eine Semaphorenmanipulation oder eine Interrupterfassung betreffen. Als einzige Ausnahme ist ein hardwaregesteuerter Übergang zu einer Interrupt-Service-Routine auf Hauptebene 0 vorgesehen ③. Dazu wird ein Non Maskable Interrupt (NMI) benutzt, d.h. ein das reguläre Unterbrechungswerk umgehender und direkt auf den Prozessor einwirkender Alarm, der ob seiner Sonderrolle allerdings nicht die üblichen Systemdienste aktivieren darf.

Zweierlei Schutzmechanismen gegen unzulässige Unterbrechungen stehen zur Verfügung. Hardwareseitige Anforderungen werden durch Setzen einer globalen Interruptsperre nach Bild 4-8 von der Unterbrechungsbehandlung ferngehalten. Eine Ignorierung auch der Softwareinterrupts erreicht man mit einem Semaphor, das vor Eintritt einer Task in einen kritischen Abschnitt in den Sperrzustand gebracht und von unterbrechungswilligen Tasks geprüft werden muß. Sie erfahren auch dann eine Zurückstellung, wenn sie höheren Prioritätsebenen entstammen. Ein Vergleich mit den Methoden der Betriebsmittelvergabe zeigt, daß das Prinzip des kritischen Abschnittes auch dort Verwendung findet, um temporär die exklusive Nutzung eines Betriebsmittels durch eine Task oder eine Kernfunktion des Betriebssystems zu gewährleisten [WER 84, RaL 94]. So darf etwa eine Task, die in einen gemeinsamen Datenbereich schreibt, während dieser Phase von keiner anderen verdrängt werden; nicht einmal nebenläufige Zugriffe lesewilliger Tasks sind in solchen Situationen statthaft.

7.5 Marktgängige Ausführungen

Echtzeitbetriebssysteme können grundsätzlich auf der gleichen Hardwarebasis, speziell auf einer gleichen Prozessor-, Speicher- und E/A-Kanalausstattung aufsetzen wie Standardbetriebssysteme. Dieser Umstand läßt sich über große Teile des Produktspektrums von Rechnern hinweg feststellen und gilt unabhängig von den in Tabelle 1-1 unterschiedenen Größenordnungen. So laufen auf den für universelle Systeme konzipierten Mikroprozessorfamilien Intel 80X86 und Motorola 680X0 bedarfsweise auch eine Reihe eigens dafür entwickelter Echtzeitsysteme, z.B. iRMX86 bzw. PDOS. Für seine VAX-Serie hat Digital Equipment nebeneinander die Unix-Version Ultrix sowie das echtzeitfähige VMS-System angeboten. Bei dermaßen gegebener architektonischer Eignung kann die Zentraleinheit eines Universalrechners offenbar durch bloßen Austausch des Betriebssystems in einen für die Prozeßautomatisierung tauglichen

Rechnerkern umfunktioniert werden. Dem widerspricht auch nicht, daß in entsprechend gelagerten Anwendungsfällen eine dort geforderte höhere Leistungsfähigkeit oft erst durch die im 4. Kapitel beschriebenen Erweiterungen (z.B. ein komfortables Unterbrechungswerk) zu erzielen ist. Der Betreiber profitiert davon insofern, als ihm die Auswahl unter einem breit gefächerten und günstigen Angebot offensteht.

Dennoch ist nicht zu übersehen, daß das Spektrum an echtzeitfähigen Betriebssystemen quantitativ längst nicht an dasjenige universeller Systeme heranreicht. Es läßt sich vordergründig in zwei Kategorien aufteilen:

1) Produkte, die durch Erweiterung mit einigen Echtzeiteigenschaften aus bewährten Universalrechner-Betriebssystemen hervorgegangen sind, also eigentlich Derivate. Prominenteste Beispiele dafür sind diverse Unix-Erweiterungen, speziell die (zum Teil Multiprozessor-Betrieb unterstützenden) Systeme RTU von Concurrent, Sorix von Siemens, HP-UX von Hewlett Packard, Real/IX von Modcomp und schließlich LynxOS.

2) Originäre Prozeßrechner-Betriebssysteme, also solche, die bereits unmittelbar für Echtzeitanwendungen konzipiert und implementiert worden sind. Hier finden sich
   a) proprietäre, d.h. von den Herstellern für die eigenen Rechner geschaffenen Exemplare, wie VMS von DEC, iRMX von Intel oder VMEexec von Motorola;
   b) vorzugsweise auf eine bestimmte Ziel-Hardware ausgerichtete Systeme, z.B. PDOS, FlexOS, OS/9 und Versados;
   c) von Software-Häusern entwickelte und durchaus auf verschiedene Hardware-Plattformen abzielende Systeme; zu ihnen zählen OS/9000, pSOS, VRTX und PXROS.

Die recht unterschiedlichen Ansätze ergeben sich aus dem Spannungsfeld einiger durchaus gegenläufiger Anforderungen, die üblicherweise an Echtzeitbetriebssysteme zu stellen sind:

- *Portabilität*, d.h. Übertragbarkeit zwischen verschiedenen Rechnersystemen; ihr werden auf Unix oder anderen Standards basierende Systeme zweifellos am besten gerecht.

- *Modularität*; die damit verbundene konzeptionelle Übersichtlichkeit und Anpassungsfähigkeit sind ebenfalls in der ersten Kategorie leichter zu erfüllen als bei sogenannten monolithischen Systemen, die sämtliche Kernfunktionen in einem einzigen Bindemodul vereinigen.

- *Effizienz*, die sich primär in möglichst kurzen Reaktions-, Umschalt- und Synchronisationszeiten manifestiert; hierin erweisen sich die Vertreter der zweiten Kategorie als deutlich überlegen.

Offensichtlich ist eine hohe Effizienz nur bei massiver Hardwareunterstützung bzw. bei extensiver Ausnutzung der architektonisch vorgezeichneten Hard- und Firmware-Ressourcen eines Rechners erreichbar. Sie wird wesentlich durch die Programmierung der Treiber für die Prozeßperipherie sowie der Erfassung und Auswertung der Alarmsignale in Verbindung mit der Struktur des Unterbrechungswerkes geprägt. Gerade eine einschlägige maßgeschneiderte Abstimmung verhindert jedoch andererseits äquivalente Implementationen oder gar Portierungen auf weitere Hardware-Basen. Das daraus resultierende Dilemma ist letzthin verantwortlich für den schleppenden Fortgang der Standardisierungsbemühungen bei Echtzeitbetriebssystemen, die diesbezüglich ihren universellen Pendants erheblich nachhinken.

Hinzu kommt der Umstand, daß die Echtzeitfähigkeit mit der allenthalben praktizierten virtuellen Speicheradressierung auf Seitenbasis nur schwer verträglich ist. So arbeiten Betriebssysteme meist nach der Demand-Paging-Methode, d.h. sie laden jede einzelne Seite erst zur Bedarfszeit von der Platte. Das ist zwar sehr Speicherplatz-ökonomisch, verletzt aber, wenn mehrere Ladevorgänge in loser Folge anfallen, evtl. rasch einige kritische Antwortzeiten. Zur Vermeidung dieses Effektes darf in prozeßtechnischen Anwendungen eine Task erst dann starten, wenn für sie eine gewisse Mindestmenge an Seiten bereitsteht, die im Falle eines Seitenfehlers auch komplett gegen eine andere Menge ausgetauscht wird (andere Ersetzungsstrategie). Infolge dessen verkürzen sich die eingeschobenen Wartezeiten und somit auch die Bruttolaufdauer einer für das Echtzeitverhalten relevanten Task. Um beiden Bedürfnissen Genüge zu tun, enthält z.B. das Betriebssystem VMS zwei separate Speicherverwaltungen für zeitsensitive und für andere Tasks.

Das Bestreben, alle drei erwähnten Anforderungen möglichst ausgewogen zu berücksichtigen, führte zwangsläufig zu Konzeptionen mit Kompromißcharakter. Große Verbreitung fanden zunächst Betriebssysteme mit einigen Unix-verwandten Merkmalen, die sich konsequent auf eine bereits als Industriestandard etablierte Hardware-Basis (Prozessorarchitektur, Baugruppensystem) festlegten. Als herausragendes Beispiel sei hier OS/9 der Firma Microware genannt. Es zeichnet sich einerseits durch eine modulare Struktur aus und ist daher vom Betreiber recht leicht zu konfigurieren; andererseits setzt es direkt auf den Motorola-Prozessoren sowie dem VME-Bus auf und schöpft deren Möglichkeiten so treffsicher aus, daß es – speziell in der Variante OS/9-68000 – lange beinahe als klassisches Betriebssystem für VME-Bus-Rechner galt.

Sein Nachfolger OS/9000 ist weit weniger einseitig ausgelegt und ließ sich demnach relativ leicht auf andere Prozessoren, wie 80386 und PowerPC, portieren. Ermöglicht wurde dies durch einen hardwarespezifischen Kern, der u.a. die Gerätetreiber umfaßt und trotzdem so kompakt ist, daß er in ROM-Bausteinen abgelegt werden kann. Die darüber liegenden Schichten sind modular aufgebaut und insofern prozessorunabhängig, als sie sich bei Hardwarezugriffen entsprechender Kernaufrufe bedienen. Zusammen mit einem komfortablen Repertoire an Entwicklungswerkzeugen stellt das System zugleich eine leistungsfähige Programmierumgebung dar.

8 Programmiersprachen für Prozeßrechner

Jede logisch geschlossene Einheit von Arbeitsvorschriften für einen Rechner bedarf einer ihm verständlichen und deshalb zwangsläufig normierten Darstellungsform. In deren einschlägigen Definitionen, Konventionen, Regeln und Konstrukten drücken sich die Syntax und die Semantik einer Programmiersprache aus. Sowohl die Funktionen bzw. Komponenten des Betriebssystems selbst als auch die gerade in der Prozeßautomatisierung besonders zahlreichen und vielfältigen Anwendungslösungen müssen in einer solchen Sprache abgefaßt sein. Bei der folgenden Diskussion wird hinsichtlich des Einsatzes dieser Sprachen bewußt nicht zwischen System- und Anwendungsprogrammen unterschieden. Andererseits ist nicht zu übersehen, daß sich die Sprachauswahl durch den Programmierer nicht zuletzt sowohl am verwendeten Betriebssystem als auch am spezifischen Charakter der Automatisierungsaufgaben bzw. an den Eigenheiten des zugrunde liegenden technischen Prozesses (typische Branchenmerkmale!) orientiert.

8.1 Anforderungen und Eigenschaften

Ein System- oder Anwendungsprogramm läßt sich von der Firm- und Hardware eines Rechners nur dann unmittelbar ausführen, wenn es im Maschinencode vorliegt. Erscheint es dagegen in irgendeiner anderen sprachlichen Anfangs- oder Zwischendarstellung, muß es vorab in die Maschinensprachebene transformiert, d.h. übersetzt werden. Eine direkte Abfassung als Maschinencode, also das Schreiben dualer, oktaler oder sedezimaler Zeichenketten seitens des Programmierers, war in früheren Jahrzehnten zumindest passagenweise nicht unüblich, besitzt jedoch unter den heutigen Rahmenbedingungen nur noch theoretische Bedeutung. Angesichts der dabei obwaltenden äußerst geringen Arbeitsproduktivität, des Fehlens von Hilfsmitteln, der nahezu absoluten Unleserlichkeit (keinerlei Dokumentationswert!) und der enorm hohen Fehlerwahrscheinlichkeit ist sie bei realistischer Betrachtung als gänzlich unpraktikabel einzustufen.

Ein Algorithmus wird demnach zwecks Aufbereitung für den Rechner generell auf der Basis irgendeiner Programmiersprache formuliert, die in – fast verwirrend – großer Anzahl zur Verfügung stehen. Sie differieren nicht nur in ihrem syntaktischen Regelwerk sowie im Vorrat sprachlicher Ausdrucksmittel, sondern vorrangig sogar in ihrem semantischen Abstand zu der als Bezugsniveau dienenden Maschinensprachebene, d.h. in der Mächtigkeit bzw. Komplexität ihrer Anweisungen und Konstrukte. Aus dieser Sicht werden die der Maschinensprache semantisch nahestehenden Sprachen als *niedere* und die weit davon abgehobenen als *höhere Programmiersprachen* apostrophiert. Eine grobe Differenzierung ergibt: Mit dem Abstand als Klassifikationskriterium können die gängigen Sprachen relativ leicht einer von wenigen Ebenen gemäß Bild 8-1 zugeordnet werden. Daraus leiten sich zwangsläufig entsprechende Einstiegsniveaus für den Programmierer ab, der seine Problemlösungsalgorithmen in Gestalt sogenannter Quellprogramme implementiert. Demzufolge benötigt er auch verschiedene Arten von Übersetzern, um den jeweiligen Abstand zwischen Quell- und Maschinensprache äquivalent zu überbrücken, also Assembler oder – niveaumäßig wiederum recht unterschiedliche – Compiler. Eine Sonderrolle spielen die Interpreter, die keine Maschinenprogramme in geschlossener und greifbarer Darstellung erzeugen, sondern jede Anweisung im Quellprogramm nach deren Übersetzung sofort ausführen, was unvermeidlich in einem größeren Zeitaufwand resultiert.

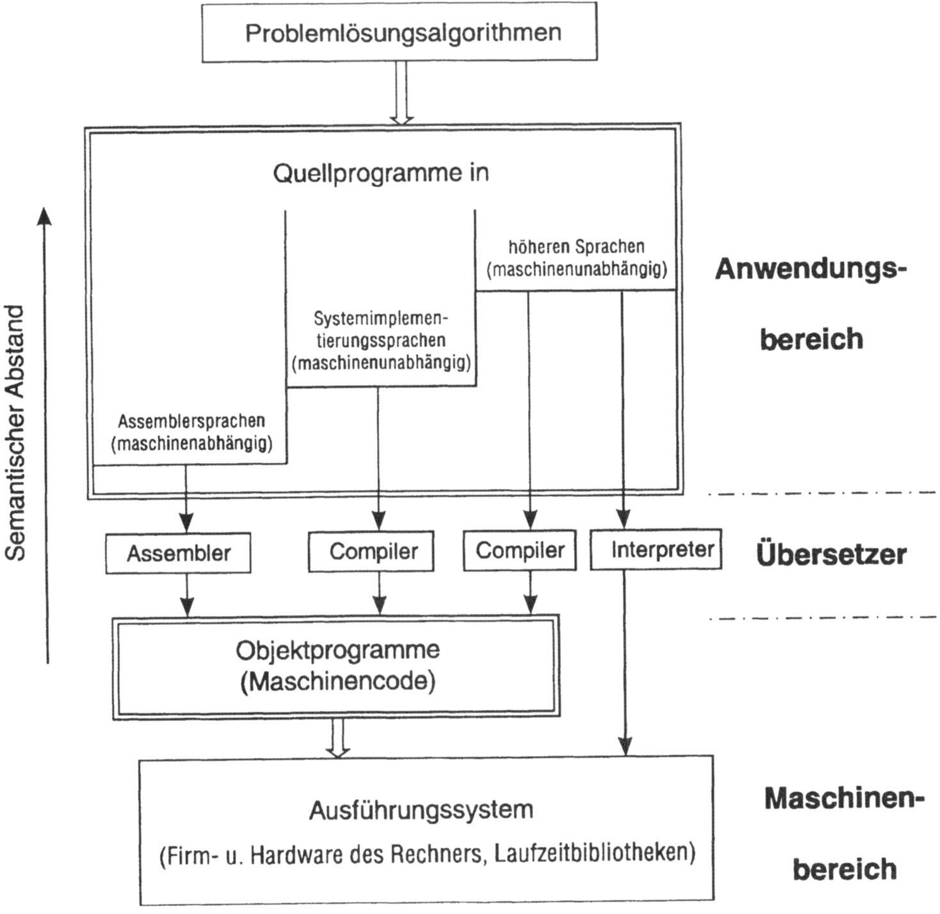

Bild 8-1 Sprachebenen für die Programmierung eines Prozeßrechners

Der im vorliegenden Zusammenhang entscheidende Aspekt ist zweifellos die Eignung der aufgezeigten Ebenen bzw. der einzelnen darauf angesiedelten Sprachklassen für die Programmierung prozeßtechnischer Aktivitäten sowie zeitkritischer, d.h. für das Echtzeitverhalten relevanter Betriebssystemfunktionen. Insbesondere stellt sich die Frage, inwieweit die spezifischen Erfordernisse des Automatisierungswesens von allgemein gebräuchlichen Sprachen abzudekken sind oder den Einsatz eigens darauf zugeschnittener Sprachen nahelegen. Interpretative Sprachen scheiden i.a. bereits hier wegen zu langer Programmlaufzeiten aus. Vor der Betrachtung der übrigen Sprachklassen auf diesen Zweck hin erscheint es ratsam, zunächst das einschlägige Anforderungsprofil in Kurzform zu skizzieren.

Bereits von universell verwendbaren Programmiersprachen erwartet man

- Maschinenunabhängigkeit in dem Sinne, daß die Programme möglichst ohne Änderungen auf andere Rechner portierbar sind;
- hohe Mächtigkeit ihrer Elemente, um eine einfache und zugleich effektive Programmiertätigkeit zu gewährleisten;
- Schutzkonzepte und Absicherungen gegen Programmierfehler, wie etwa unerlaubte Zugriffe;
- Nutzbarkeit von symbolischen Namen;
- weitgehende Selbstdokumentierung der Programmzeilen;
- Hilfsmittel für Strukturierungsmaßnahmen und Modularisierung;
- Mechanismen zur Unterstützung von Betriebssystemaufgaben;
- Voraussetzungen für die Erzeugbarkeit effizienten Maschinencodes;
- Existenz einer komfortablen Programmierumgebung (Softwarewerkzeuge).

Darüber hinaus müssen Programmiersprachen für die Prozeßautomatisierung nicht zuletzt im Hinblick auf die Sicherstellung des Echtzeitverhaltens unabdingbar eine Reihe weiterer Elemente enthalten für

- Spezifikation und Koordination nebenläufiger Vorgänge bzw. Programmaktivitäten;
- Steuerung und Verwaltung (Zustandsübergänge) von Tasks sowie für die Taskkommunikation und -synchronisation;
- Vorgabe und Überwachung von Zeitbedingungen, Auslösung von Ereignissen und Einplanung von Verzögerungen;
- unmittelbare Manipulationen unterschiedlicher Datenformate, speziell einzelner Bits;

- Behandlung diverser Unterbrechungsarten, insbesondere von Alarmen;
- expliziten Zugriff auf bestimmte Hardware-Ressourcen, wie Prozessorregister oder Prozeßinterfaces, mit direkter Adreßspezifikation.
- eine flexible Parametrierung der Ein/Ausgabe über ein breitbandiges Spektrum verschiedenartigster Peripheriegeräte;
- Unterstützung semantischer Überprüfungen während des Übersetzens zum Zwecke der Fehlererkennung.

Einige dieser Anforderungen erweisen sich als divergent, z.B. Maschinenunabhängigkeit und optimale Ausnutzung der Hardwaremerkmale, so daß sie nicht komplett von einer einzigen Sprachklasse, geschweige denn von einer einzelnen Sprache zu erfüllen sind. Aus diesem Umstand erklärt sich das Entstehen einer bunten Vielfalt von Sprachen mit sehr unterschiedlichen Eigenschaften. In jedem konkreten Falle wurden durch entsprechende Gewichtung der Anforderungen bestimmte Schwerpunkte gesetzt bzw. spezifische Kompromisse eingegangen.

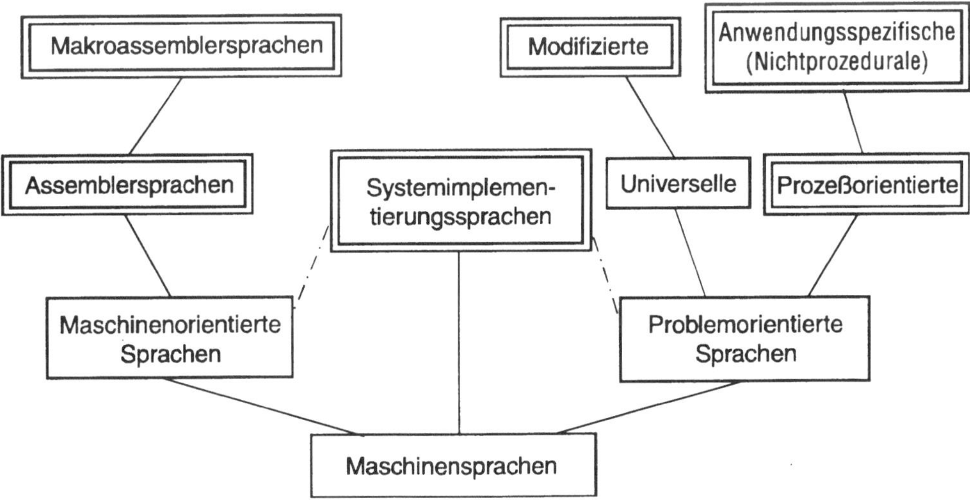

Bild 8-2 Hierarchie der wichtigsten Klassen von Programmiersprachen (Die doppelt umrahmten besitzen Echtzeiteigenschaften)

Eine Art primitiver Stammbaum der für Echtzeitanwendungen relevanten Sprachklassen zeigt Bild 8-2. Jeder Linienzug darin symbolisiert eine Weiterentwicklung, Verfeinerung oder Spezialisierung entlang der betroffenen Klassen. Welche qualitativen Ausprägungen sie dabei erfahren haben und in welcher Relation sie zueinander stehen, sei in der stark vereinfachten Darstellung von Bild 8-3 verdeutlicht. Dort spannen die – im Prinzip wenig präzisen – Kriterien

„Maschinennähe“ und „Anwendungskomfort“ ein zweidimensionales Ordnungsschema auf, in dem sich jede Sprachklasse zumindest hinlänglich als Inselbezirk lokalisieren läßt. (Eine sinnvolle dritte Dimension wäre z.B. die „Beherrschung von Parallelarbeit“ in Form konkurrenter Tasks.) Zwischen sie ist eine Art Ausgleichskurve mit rein fiktivem Charakter gelegt, um den Trend hervorzuheben. Jeder Kurvenpunkt bildet den vierten Eckpunkt eines Rechteckes, dessen Fläche als Maß für die Effizienz der betreffenden Sprache bezüglich Echtzeitanwendungen interpretiert werden kann (höchste Werte bei den Klassen 3 und 5). In diese Größe gehen dann so verschiedenartige und eben auch gegensätzliche Faktoren ein wie Repertoire und Mächtigkeit der Sprachelemente, Unterstützung des Echtzeitverhaltens, Ausnutzbarkeit spezieller Hardwareeigenschaften, Portabilität, Ausmaß an Freiheitsgraden für den Programmierer, restriktive Schutz- und Sicherungsmechanismen, Codelänge und Programmlaufzeit als Ausdruck der Übersetzerqualität, Anpassungsfähigkeit an problemspezifische oder branchentypische Merkmale, leichte Erlernbarkeit evtl. auch für Anwendungsfachleute ohne besondere Programmierkenntnisse.

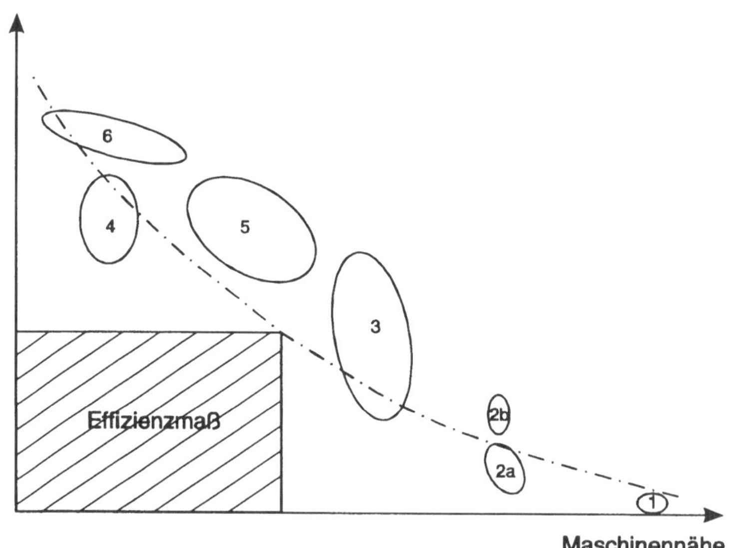

Bild 8-3 Qualitative Einordnung der Sprachklassen für Prozeßprogrammierung
1 Maschinensprachen
2a Assemblersprachen
2b Makroassemblersprachen
3 Systemimplementierungssprachen
4 Modifizierte problemorientierte Sprachen
5 Prozeßorientierte Sprachen
6 Anwendungsspezifische/nichtprozedurale Sprachen
– · – · – Fiktive Ausgleichskurve

Die in den Bildern 8-2 und 8-3 getroffene Klassifizierung bestimmt folgerichtig die weitere Gliederung dieses Kapitels.

8.2 Maschinenorientierte Sprachen

Diese auch als *Assemblersprachen* bezeichnete Kategorie ist der Maschinensprachebene am nächsten benachbart. Rein semantisch stehen sie sogar fast auf gleicher Stufe, was darin zum Ausdruck kommt, daß in der Regel jeder einzelne Assembler- in einen äquivalenten Maschinenbefehl übersetzt wird (1:1-Abbildung). Demzufolge ist die Assemblersprache eines Rechners in identischer Weise an dessen Hardwarebasis gebunden wie die Maschinensprache. Unterschiede bestehen insoweit, als ein Assemblerprogramm zusätzlich meist eine Reihe sogen. Pseudobefehle enthält. Das sind Anweisungen, die gar nicht in den Objektcode transformiert werden, sondern zur Vereinfachung der Programmierarbeit oder zur Steuerung des Assembliervorganges selbst dienen, z.B. Konstantenvereinbarungen, Variablendeklarationen, Speicherplatzreservierungen, Initialisierungen, Strukturierungsinformationen, Programmlokalisierung.

Die wesentlichen Vorteile der Assembler- gegenüber den Maschinensprachen gründen sich auf den Umstand, daß für sämtliche Sprachelemente eine symbolische anstelle der binären Schreibweise verwendet werden kann. Dadurch werden OP-Codes, Konstanten, Adressen und Adressierungsarten nicht nur direkt lesbar, sondern in Verbindung mit mnemonischen Bezeichnungen auch leicht verständlich. Die äußere Darstellung gerät erheblich übersichtlicher und trägt damit bereits viel zur Programmdokumentation bei. Dieser Effekt verstärkt sich noch aufgrund der Möglichkeit, zwischen den Befehlen an beliebigen Stellen textuelle Kommentare einzufügen. Symbolische Adressen vereinfachen außerdem anstehende Änderungen, wie Umstellen, Einbau, Entfernen von Befehlen, indem sie physische Verschiebungen von Programmteilen innerhalb des Speichers unmittelbar durch den Programmierer hinfällig machen. Schließlich steht eine relativ komfortable Programmierumgebung in Gestalt von Editoren, Bindern, Bibliotheken, Locatern, Debuggern, Simulatoren und evtl. Emulatoren zur Verfügung, die sogar angesichts der Hardwarenähe eine passable Produktivität versprechen. Dennoch wird dabei wegen der semantischen Gleichrangigkeit auch ein hinsichtlich Laufzeitverhalten und Speicherplatzbedarf gleichermaßen effizienter Code wie bei direkter Maschinenprogrammierung erzeugt.

Die meisten Assemblersprachen erlauben darüber hinaus die Verwendung von Makroanweisungen. Das sind Befehlssequenzen, die im Quellprogramm einmal definiert und dann an beliebigen Stellen aufgerufen werden können. Von einem Unterprogramm unterscheiden sie sich dadurch, daß sie während der Übersetzung an jeder Aufrufstelle komplett in den Maschinencode eingesetzt werden.

Auf diese Weise lassen sich häufiger benötigte Programmfunktionen halbwegs elegant handhaben, z.B. Ein/Ausgaben, Formatkonvertierungen, arithmetische Berechnungen.

Alle diese Eigenschaften haben dafür gesorgt, daß das Programmieren in maschinenorientierten Sprachen speziell im Rahmen der Echtzeitanwendungen jahrzehntelang dominant war und auch aktuell noch einen beachtlichen Stellenwert besitzt, allerdings beschränkt auf besonders zeitkritische Passagen. Daß es dennoch drastisch an Bedeutung verloren hat, liegt einerseits an den hohen Entwicklungskosten, an den merklich gestiegenen Ansprüchen an die Benutzerfreundlichkeit, Wartbarkeit, Zuverlässigkeit, Strukturierungsmöglichkeiten und Effizienz der Sprachen sowie an die Portabilität der Programme, andererseits an den eminenten Fortschritten in der Compilertechnik. Ihnen ist es zu verdanken, daß der aus höheren Sprachen gewonnene Maschinencode vielfach nur noch unwesentlich hinter dem aus Assemblerprogrammen erzeugten zurücksteht. Dessen ungeachtet kann oft nicht auf die Möglichkeit einer direkten Referenzierung bestimmter Hardware-Ressourcen verzichtet werden. In diesen Fällen wählt man den Weg, in Quellprogrammen höheren Sprachniveaus an geeigneten Stellen ein Assemblerprogrammfragment einzufügen, was unter dem Begriff „In-line-Technik" bekannt ist.

8.3 Systemimplementierungssprachen

Selbstverständlich nimmt bei jeder Programmiersprache die Effizienz eine herausragende Rolle ein, die allerdings nach recht verschiedenen Kriterien einzuschätzen ist. Einerseits wird die Effizienz nach den Nutzungsmöglichkeiten spezieller Geräteeigenschaften, nach Laufzeitverhalten und in schwindendem Umfange auch nach Speicherplatzbedarf bemessen; diesbezüglich erweisen sich maschinenorientierte Sprachen als überlegen. Andererseits steigern die für problemorientierte Sprachen typische Benutzerfreundlichkeit, Transparenz, geringerer Zeitbedarf, niedrigere Fehlerquote sowie die Portabilität ganz maßgeblich die Effizienz der Programmiertätigkeit selbst, also die Produktivität und damit Wirtschaftlichkeit der Softwareerstellung.

Mit den Systemimplementierungssprachen wird ein Brückenschlag versucht, der die Vorteile beider Seiten möglichst ungeschmälert vereinigen soll. Diese Kombination ist besonders wichtig an der Nahtstelle zwischen Prozeßautomatisierungsprogrammen und Hardwarebasis. Dementsprechend liegt der bevorzugte Einsatzbereich für diese Sprachklasse – siehe Bezeichnung! – in der Implementierung von Systemprogrammen, vorzugsweise von Betriebssystemen, Übersetzern und anderen Werkzeugen der Programmierumgebung. Die sogenannten Systemimplementierungseigenschaften [SCH 81b] beruhen neben den erwähnten

Merkmalen entscheidend auf Sprachelementen zur Behandlung echt oder quasiparalleler Aktivitäten. Das bedeutet, es müssen eigene Konstrukte zur Verfügung stehen für die Unterstützung der Verwaltung, Koordination und Synchronisation von Tasks sowie für die Betriebsmittelzuteilung bei konkurrierenden Taskanforderungen. Beispiele: Semaphor-Variable und Operationen zu deren Manipulation, Datenstrukturen und Anweisungen für Botschaftenaustausch, Warteschlangen nebst zugehörigen Aktualisierungsfunktionen.

Den unterschiedlichen Vorstellungen von einer optimalen Synthese folgend sind bei Systemimplementierungssprachen auch verschiedene Schwerpunktbildungen zu beobachten: Potente Rechner- und Mikroprozessorhersteller neigen eher zu Sprachen mit größerer Hardwarenähe, wohl in der Absicht, damit eigene Standards zu etablieren, z.B. PL/M. Andere Sprachen sind dagegen auf weitgehende Maschinenunabhängigkeit hin konzipiert, um eine Programmportierung auf möglichst viele Rechnerfamilien offenzuhalten. Die notwendige Schnittstelle zu den hardwarenahen Betriebssystemteilen ist dann derart definiert, daß Anforderungen von Systemdienstleistungen nicht direkt von Sprachelementen initiiert werden dürfen; vielmehr sind sie in die Gestalt parametrierbarer Prozeduraufrufe zu kleiden.

Als typische Vertreter dieser Gruppe sind die früher viel verwendeten Sprachen CORAL 66 oder BCPL zu nennen; auch das sehr mächtige Ada gehört grundsätzlich hierher. An klar dominierender Position steht jedoch bereits seit einiger Zeit C. Es wurde zunächst als Implementierungssprache für Unix auf dessen Erfolgswelle nach oben getragen, wuchs aber schnell über diesen Rahmen hinaus. Ihre Eigenständigkeit erlangte die Sprache dadurch, daß sie aus ihrer angestammten Klasse herausgelöst und auf sehr breiter Front zur Implementierung von Anwendungsprogrammen herangezogen wurde. Die Möglichkeit zu sehr systemnaher Programmierung und die Freiheit, im Bedarfsfalle auch Assemblercodezeilen einfügen zu können, erhöhen die Nutzbarkeit auch für prozeßbezogene Aufgaben.

8.4 Modifizierte problemorientierte Sprachen

Mit der Schaffung allgemeiner problemorientierter Sprachen wurde das Ziel verfolgt, die eigentliche Anwendung in den Mittelpunkt zu rücken, d.h. die Aufmerksamkeit des Programmierers voll auf die formalisierte Aufbereitung seiner Problemlösungsalgorithmen zu konzentrieren, ihn also von der Beachtung sämtlicher Maschinenspezifika zu entlasten. Angesichts der ständig wachsenden Komplexität der Aufgabenstellungen wird der Aspekt immer wichtiger, Konzeption und Auslegung der Programme nicht vom individuellen Verhalten des Rechnertyps beeinflussen zu lassen. Die einschlägigen Vorteile liegen auf der

Hand: Codier- und Dokumentationsaufwand bleiben überschaubar; üppige Betriebssystemdienste stehen bereit; Datenstrukturen sind leicht zu handhaben; weitreichende syntaktische und semantische Kontrollen bei der Kompilierung erlauben frühzeitige Fehlererkennung; bestimmte Fehlertypen sind aufgrund der Sprachmittel a priori ausgeschlossen; dadurch hält sich der Testumfang in Grenzen; die Übertragung der Programme auf andere Rechner oder Betriebssysteme gelingt meist mit geringfügigen Anpassungen.

Wegen des erheblichen semantischen Abstandes zur Maschinensprachebene – das Abbildungsverhältnis der Sprachbefehle beträgt 1 : n – kann die Art der Programmierung nur beschränkten Einfluß nehmen auf die Konsistenz bzw. Gestaltung des Maschinencode; hier spiegeln sich die Qualitäten des Übersetzers maßgeblich wieder. Deshalb werden die betreffenden Quellprogramme niemals in einen gleich kompakten und effizienten Maschinencode umgesetzt werden können, wie es der aus Assemblerprogrammen gewonnene ist. Allerdings konnten die früher üblichen Aufblähungen von 30 % bis teils weit über 100 % durch ausgeklügelte Compiler so signifikant reduziert werden, daß dieses Argument nur noch in besonders gelagerten Fällen ausschlaggebendes Gewicht erhält.

Die Tatsache, daß derartige Sprachen die weitaus meisten technischen und kommerziellen Anwendungsfelder abdecken, hat ihnen die bekannte, außerordentlich große Verbreitung eingetragen. Da ihnen jedoch die Echtzeiteigenschaften fehlen bzw. keine Methoden zur Berücksichtigung von Zeitbedingungen vorgesehen sind, taugen sie in ihrer universellen Form für die Prozeßlenkungsaufgaben nur sehr bedingt. Um dennoch Nutzen aus ihnen ziehen zu können, hat man mancherlei Versuche unternommen, den Sprachumfang durch geeignete Konstrukte für die Behandlung von Parallelabläufen, für die Task- und Interruptverwaltung sowie für Einzelbitoperationen und den E/A-Verkehr über die Prozeßperipherie zu erweitern. So existieren Realtime-Versionen für die Sprachen FORTRAN, COBOL, PL/1 und sogar BASIC. Ihnen allen haftet trotz der damit erschlossenen Möglichkeiten ein gewisser Kompromißcharakter an. So wirft der Test unter Echtzeitbedingungen, vor allem das Zusammenwirken der Programme mit dem Betriebssystem und der Prozeßumgebung beträchtliche Schwierigkeiten auf. Die Implementierungen verschiedener Hersteller oder Systemhäuser liegen oft derart weit auseinander (Dialektbildung), daß Portierungen nicht mehr praktikabel sind. Zumindest diesbezüglich sieht es in einigen Fällen günstiger aus, etwa bei CONCURRENT PASCAL. Diese Sprache erlaubt die Programmierung paralleler Vorgänge und bietet dazu spezielle Mechanismen für die Taskkooperation und -synchronisation an, aber auch zusätzliche Datentypen. Dennoch kommt man nicht an der Erkenntnis vorbei, daß die gesamte Sprachklasse aufgrund der erst nachträglich eingebrachten Echtzeitmerkmale kein ideales Werkzeug für die Programmierung prozeßtechnischer Anwendungsprobleme abgibt. Hilfreich sind indes wiederum die In-line-Methode des Einschubs von Assemblersprachbefehlen oder der Aufruf ganzer Assemblersubroutinen aus Programmen in einer problemorientierten, aber echtzeitmäßig modifizierten Sprache.

8.5 Prozeßorientierte Sprachen

Wirtschaftliche Gründe zwingen zur Rationalisierung bei Programmspezifikation, -konstruktion, -test und -wartung. Der dabei einzuschlagende Weg weist in Richtung des Einsatzes höherer Sprachen. Seine konsequente Verfolgung verlangt allerdings noch weiterreichende Systemeigenschaften, vor allem aber die Ausrichtung bereits des Konzeptes und der generellen Funktionalität einer Sprache auf die Bedürfnisse, wie sie von den vielfältigen Aufgaben in der Prozeßautomatisierung gestellt werden. Diese Forderung ließ sich nur durch Schaffung einer eigenen Klasse erfüllen: die prozeßorientierten oder Prozeßprogrammiersprachen. Sie weisen von der leichten Erlernbarkeit bis zur Rechnerunabhängigkeit nahezu alle Vorzüge der problemorientierten Sprachen auf. Ihre Besonderheiten erstrecken sich vorrangig auf solche Merkmale, die bei den modifizierten Sprachen als Erweiterungen gleichsam künstlich aufgesetzt worden sind, dort also keine originären Bestandteile bilden und deshalb aus der Sprachdefinition heraus auch nicht organisch, genauer: nicht einmal echt semantisch implementiert werden können.

Hier liegen die fundamentalen methodischen Abweichungen begründet. Prozeßorientierte Sprachen enthalten Mechanismen, die sonst dem Betriebssystem vorbehalten sind, als inhärente Sprachelemente: Funktionen für das Deklarieren, Starten, Suspendieren, Fortsetzen, Beenden sowie für die Zustandsübergänge, Synchronisation und gegenseitige Beeinflussung von Tasks. In gleicher Weise unterstützen sie die Einplanung zeitabhängiger Aktivitäten, die Berücksichtigung von Zeitbedingungen im Objektprozeß, die Behandlung von Reaktionen auf Interrupts, das Freigeben und Sperren von Betriebsmitteln, den direkten Zugriff auf die Prozeßperipherie und andere externe Ressourcen. Konsequenterweise kann dann auf In-line-Techniken verzichtet werden. Die einschlägigen Sprachkonstrukte können vom Compiler semantisch überprüft werden und ermöglichen zugleich die Erzeugung eines effizienteren Maschinencodes, weil die Bereitstellung und Integration entsprechender Prozeduren entfallen. So ist als Fazit festzuhalten, daß sich bei Benutzung dieser Sprachklasse manche mühselige und zeitraubende Umgehungen ersparen lassen; das Ziel wird auf direkterem Wege erreicht, und zwar nicht nur schneller, sondern auch qualitativ besser. Als Hauptproblem erwächst daraus allerdings die Anpassung an das jeweilige Betriebssystem, die zwangsläufig individuell vorzunehmen ist und im Einzelfalle recht aufwendig sein kann.

Paradebeispiel und prominentester Vertreter der prozeßorientierten Sprachen ist PEARL (Process and Experiment Automation Realtime Language), dessen Entwicklung Anfang der 70er Jahre in Deutschland mit öffentlichen Mitteln gefördert worden und alsbald auch zur Normung gelangt ist. Ein PEARL-Programm setzt sich aus separat übersetzbaren Modulen zusammen, die jeweils in einen Systemteil und einen Problemteil gegliedert sind. Letzterer dient der algorithmischen Formulierung der Anwendungslösung und enthält den eigentlichen Programmkörper. Dazu gehören die Vereinbarung der globalen Variablen mit Typisierung und der Unterbrechungen, sodann die gemeinsam nutzbaren Prozeduren und als Kern schließlich diverse Tasks zur Beschreibung nebenläufiger Prozeßlenkungsaktivitäten, wobei jeweils lokale Variable definiert werden können. Die generelle Verwendbarkeit symbolischer, also geräteunabhängiger Namen macht den Problemteil portabel, d.h. nicht nur auf andere Rechnertypen, sondern auch auf andere Objektprozesse übertragbar, weil er gleichsam nur auf deren virtuelles und daher einheitliches Abbild arbeitet.

Die notwendige fallspezifische Adaption an die physikalische Umgebung stellt der Systemteil her. Er liefert eine Konfigurationsbeschreibung der Rechnerperipherie sowie der konkreten Datenschnittstelle zum Prozeß; zugleich leistet er die Zuordnung der Benutzernamen aus dem Problemteil zu den einzelnen Prozeßsignalen bzw. -daten und zu den Adressen der Prozeßinterfaces. Diese fundamentale Trennung eröffnet einen eleganten Weg, die Peripherie bzw. deren prozeßtechnische Ankopplung zu rekonfigurieren, speziell: Geräteanschlüsse an andere physische Adressen zu binden, ohne die davon unabhängige Software-Implementierung ändern zu müssen. Bild 8-4 läßt erkennen, daß der Austausch des Systemteiles genügt, um das gleiche Lösungsverfahren für vergleichbare Automatisierungsprobleme in modifizierten oder sogar anderen technischen Prozessen einsetzen zu können. (Die Doppellinien sollen die anwendungstechnischen Wirkungsbezüge hervorheben.) Auch der Übergang auf einen anderen Rechner als alternative oder zusätzliche Maßnahme wird dadurch möglich oder zumindest radikal erleichtert.

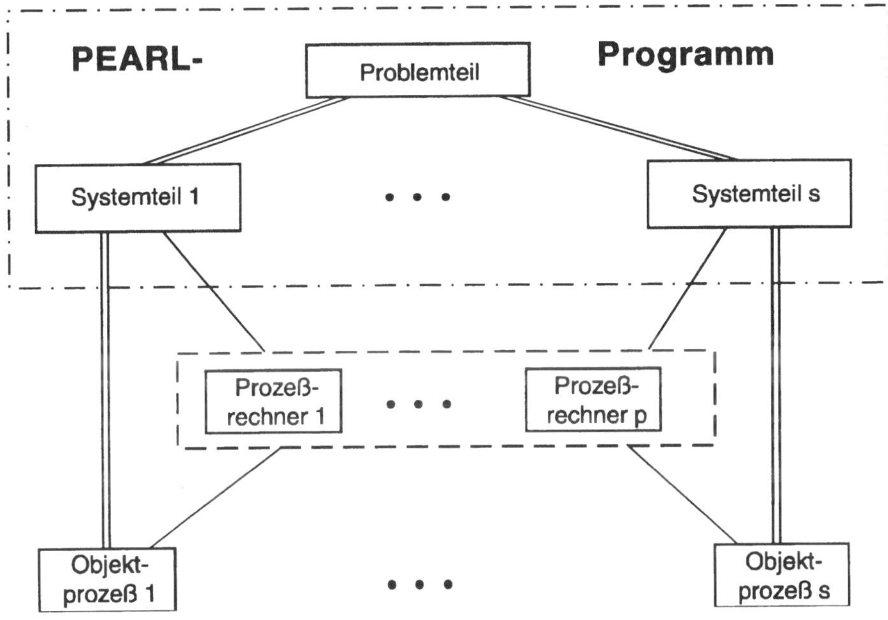

Bild 8-4 Flexible Ankopplung eines PEARL-Programms an Rechner und Objektprozesse

Zwecks ausführlicher Behandlung von PEARL sei auf die Literatur verwiesen [LAU 89, FRE 85]. Eine Weiterentwicklung dieser Sprache führte zu *Mehrrechner*-PEARL. Damit wollte man ihre erwiesenen Vorzüge auch für solche Automatisierungskomplexe erschließen, die auf Multiprozessor- bzw. verteilten Rechnersystemen basieren (stark dezentrale Strukturen). Hierbei wurden auch Mehrwegtechniken und andere Redundanzmaßnahmen zur Steigerung der Zuverlässigkeit und Ausfallsicherheit einbezogen.

Eine andere prozeßorientierte Sprache mit dieser gleichen Zielvorgabe ist OCCAM bzw. OCCAM-2. Sie ist von der Firma Inmos in Zusammenhang mit und als adäquate Ergänzung zu den Transputer-Bauelementen, einer besonders innovativen Prozessorgattung aus der RISC-Kategorie, spezifiziert und am Markt eingeführt worden und hinsichtlich ihrer Akzeptanz auch stark an deren Verbreitung gekoppelt. Nach phänomenalen Anfangserfolgen ist hier eine gewisse Beruhigung eingetreten. Obwohl Definitionsumfang und Ausdrucksmittel dieser Sprache relativ bescheiden sind, eignet sie sich hervorragend für die Organisation paralleler Abläufe – speziell in Multiprozessorumgebungen. So ist ihre Intertaskkommunikation sehr geschickt abgestimmt auf die hardwareseitig durch serielle Links geprägte Verbindungsstruktur zwischen den Transputern.

Weitere Sprachen aus dieser Kategorie haben keine allzu breite Anwendungsbasis gefunden, z.B. Forth. Einige liegen im Grenzbereich zu den Systemimplementierungssprachen und sind wohl deshalb etwas beliebter; markanteste Repräsentanten: CHILL, Modula-2 und Ada. Besonders Ada ist eine äußerst mächtige und mit vielen Sicherheitsstandards versehene Sprache, die vom US-Verteidigungsministerium mit großem Nachdruck forciert wurde, um eine Vereinheitlichung der Softwareentwicklung einschl. -wartung und damit Kostenvorteile zu erzielen. Dennoch hat sie sich im außermilitärischen Bereich, vor allem in der industriellen Automatisierungstechnik, wegen des beträchtlichen Grundaufwandes und der für die meisten Anwendungen zu großen Komplexität bislang nicht nachhaltig durchsetzen können.

8.6 Anwendungsspezifische und nichtprozedurale Sprachen

Die zuvor diskutierten Prozeßprogrammiersprachen besitzen insofern einen universellen Charakter, als sie

- über sämtliche für eine prozedurale höhere Sprache typischen Merkmale verfügen;
- keiner anwendungstechnischen Beschränkung unterliegen, also nicht etwa aufgrund besonderer Ausprägungen auf bestimmte Wirtschaftsbranchen fixiert sind.

Gerade deshalb können sie jedoch in manchen Einsatzfeldern nicht die wünschenswerte individuelle Unterstützung liefern, um einem dort häufig sehr spezifischen Anforderungsprofil gerecht zu werden. Hinzu kommt, daß sie nur von speziell dafür ausgebildeten und erfahrenen Programmierern effektiv gehandhabt werden können, die ihrerseits oft nicht über das notwendige detaillierte Anwendungswissen verfügen.

Infolge dessen ist man schon frühzeitig dazu übergegangen, bei solchen Sonderbereichen nicht nur den Entwurf, sondern auch die Implementierung der anhängigen Programmabläufe durch den betreffenden Technologie-Fachmann selbst ausführen zu lassen. Dazu brauchte man eine Klasse ganz andersartiger Sprachen, die sowohl einfach zu erlernen sind als auch die Verwendbarkeit der für die jeweilige Branche typischen Ausdrucksmittel zur formalen Spezifikation der Problemlösung zulassen. Das bedeutet: Sie müssen möglichst gut auf die Denk- und Darstellungsweise dieses Anwendungssektors ausgerichtet sein, die dort schon vor Einführung softwaregestützter Automatisierung üblich war. Offensichtlich müssen sie zu diesem Zwecke sogar auf einem grundlegend anderen Programmierkonzept aufbauen. Es wird ebenso wie die einschlägigen Sprachen als *nichtprozedural* bezeichnet, weil die damit zu bewältigenden Arbeitsgänge nicht von algorithmischer Art sind, d.h. nicht nach Erreichung gewisser Ergebnisse terminieren. Vielmehr wiederholen sie sich periodisch und sind darauf abgestellt, in jedem Zyklus Signale und Daten aus dem Objektprozeß abzuprüfen und bei Eintritt vordefinierter Bedingungen bestimmte Schrittfolgen auszulösen. Oft beschreiben die Programme auch gar nicht ein Lösungsverfahren für die Aufgabe, sondern die Aufgabenstellung selbst.

Als Beispiele lassen sich EXAPT für das Gebiet der numerischen Werkzeugmaschinensteuerungen oder ATLAS für das Meß- und Prüfwesen bei der Produktkontrolle bzw. Qualitätssicherung im Rahmen der Fertigungstechnik anführen. Für den Einsatz in speicherprogrammierbaren Steuerungen hat Siemens die Sprache STEP 5 entwickelt. Sie fußt auf der Methodik der klassischen Steuerungstechnik, Abläufe auch mit komplexer und paralleler Charakteristik durch Kontakt- und Funktionspläne in graphischer Form zu repräsentieren, und ergänzt sie mit assemblerähnlichen Anweisungen und speziellen Datentypen.

Eine andere Sprachklasse, gekoppelt mit einer besonderen, gleichfalls nichtprozeduralen Verfahrensweise, nähert sich den anwendungsorientierten Bedürfnissen des Prozeßspezialisten noch entschiedener an. Bei den sogenannten *Formularsprachen* handelt es sich eigentlich nicht mehr um Sprachen im ursprünglichen Sinne, ebenso wie ihre Handhabung als keine echte Programmiertätigkeit gelten kann. Vielmehr arbeitet man hier mit vorgefertigten, auf ein bestimmtes Anwendungssegment zugeschnittenen Softwarepaketen, die sich dem Projektierer als eine Art von Programmskeletten darbieten. Dieser wählt aus dem in einer Bibliothek vorhandenen Angebot zunächst die geeigneten Module aus. In einem zweiten Schritt adaptiert er sie an die konkrete Problemstellung, indem er in die dafür vorgehaltenen „Leerpositionen“ seine prozeßspezifischen Angaben einfügt, was letztlich auf eine formalisierte Aufgabenbeschreibung mittels Parametersätzen hinausläuft. Der Vorgang vollzieht sich im interaktiven Dialog am Bildschirm, früher jedoch durch umfangreiche Einträge in Formulare; das erklärt die Bezeichnung. Aus diesem Material wird das benötigte Maschinenprogramm sodann auf automatischem *Wege* gewonnen. Ein Programmgenerator, der gleichsam an die Stelle eines Compilers tritt, konfiguriert nicht nur die selektierten Module, sondern bindet auch die Detailspezifikationen ein und erzeugt somit das Datenmodell zur Komplettierung des Anwendungssystems.

Offenkundig sind Programmierkenntnisse bei dieser Methodik entbehrlich. Die Lösung ist aufwandsarm implementierbar und das Spektrum an Fehlermöglichkeiten gegenüber allgemeinen Sprachen enorm eingeengt; dasselbe gilt zwangsläufig auch für die Gestaltungsfreiräume. Diese Inflexibilität ist verantwortlich dafür, daß sich ein Lösungsverfahren nur relativ selten auf andere Automatisierungsaufgaben übertragen läßt. Erschwerend kommt hinzu, daß Sprache und Programmgenerator durchweg auf den betreffenden (Gerätesystem-)Hersteller fixiert sind; die Systeme MADAM von Siemens und PROSPRO von IBM dienen als einschlägige Beispiele.

Eine interessante Alternative bildet eine Klasse von Hochsprachen, die zwar nicht als anwendungsspezifisch, wohl aber in einem bestimmten Sinne als nicht-prozedural einzuordnen sind. Sie werden häufiger als logische, funktionale oder deskriptive Sprachen bezeichnet und in vorderster Linie durch PROLOG und LISP repräsentiert. Sie bestechen durch ihre vielfältigen Möglichkeiten, funktionale Zusammenhänge bzw. logische Beziehungen zwischen großen Mengen gespeicherter Objekte elegant verarbeiten zu können. Deshalb kommen sie seit geraumer Zeit in Anwendungen der Künstlichen Intelligenz, speziell in Wissensbasierten Systemen zum Einsatz. In dem Maße, wie es gelingt, Expertenwissen nicht nur zu formalisieren, sondern auch unter Echtzeitbedingungen nutzbar zu machen, wächst ihre Bedeutung spürbar auch für zahlreiche Anwendungszweige der Prozeßautomatisierung.

Literaturverzeichnis

AKO 71 Anke, K.; Kaltenecker, H.; Oetker, R.: Prozeßrechner – Wirkungsweise und Einsatz (2. Auflage).
Oldenbourg-Verlag, München, 1971.

BÄH 91 Bähring, H.: Mikrorechner-Systeme.
Springer-Verlag, Berlin, 1991

BER 82 Berndt, H.: Zwischen Software und Hardware: Mikroprogrammierung.
Informatik-Spektrum 5 (1982), S. 82-96.

BaV 93 Bolch, G.; Vollath, M. M.: Prozeßautomatisierung (2. Auflage).
Teubner-Verlag, Stuttgart, 1993.

BEA 76 Buxmeyer, E.; Haussmann, G.; Mielentz, P.; Walze, H.:
Serielles Bussystem für industrielle Anwendungen unter Echtzeitbedigungen (PDV-Bus).
Bericht KfK-PDV 70; Karlsruhe, 1976.

DEM 88 Demmelmeier, F.: Fehlertolerante Multimikrorechnersysteme für die Prozeßautomatisierung.
Oldenbourg-Verlag, München, 1988.

DEC 87 Digital Equipment Corp.: PDP-11 Systems Handbook.
Maynard, 1987.

FÄR 92 Färber, G.: Prozeßrechentechnik (2. Auflage).
Springer-Verlag, Berlin, 1992.

FÄR 87 Färber, G. (Hrsg.): Bussysteme (2. Auflage).
Oldenbourg-Verlag, München, 1987.

FRI 87 Fritzsch, W.: Prozeßrechentechnik (3. Auflage).

Hüthig-Verlag, Heidelberg, 1987.

FUR 94 Furrer, F. J. (Hrsg.): Bussysteme (2. Auflage).
Hüthig-Verlag, Heidelberg, 1987.

GIL 93 Giloi, W.: Rechnerarchitektur (2. Auflage).
Springer-Verlag, Berlin, 1993.

GÖR 89 Görke, W.: Fehlertolerante Rechensysteme.
Oldenbourg-Verlag, München, 1989.

Hea 87 Halling, H. (Hrsg.) u.a.: Serielle Busse.
VDE-Verlag; Technische Akademie Wuppertal, 1987.

HAR 93 Hartmann, R.: Unabhängige Kommunikation.
Design & Elektronik 1993, Heft 7, S. 30-36.

HaS 80 Hauer, K.-H.; Seeger, C. (Hrsg): Hardware für Software.
Tagung des German Chapter of the ACM am 10. und 11.10.1980 in Konstanz.
Teubner-Verlag, Stuttgart, 1980.

HaP 94 Hennessy, J. L.; Patterson, D. A.: Rechnerarchitektur.
Vieweg Verlag, Braunschweig, 1994.

HUL 81 Hultzsch, H.: Prozeßdatenverarbeitung.
Teubner-Verlag, Stuttgart, 1981.

INT 89 Intel Corp.: i486 Microprocessor. Santa Clara, 1989.

JAC 89 Jacobson, E.: Einführung in die Prozeßdatenverarbeitung.
Hanser-Verlag, München, 1989.

KLO 77 Klose, F.: Prozeßdatenverarbeitung.
R. Müller-Verlag, Köln, 1977.

KON 88 Konakovksy, R.: Sichere Prozeßdatenverarbeitung mit Mikrorechnern.
Oldenbourg Verlag, München, 1988.

KUS 73 Kussl, V.: Technik der Prozeßdatenverarbeitung.
Hanser-Verlag, München, 1973.

LAU89 Lauber, R.: Prozeßautomatisierung, Band 1 (2.Auflage). Springer-Verlag, Berlin, 1989.

MAR 76 Martin, T.: Prozeßdatenverarbeitung. Elitera-Verlag, Berlin, 1976.

MOT 85 Motorola: VMEbus Specification Manual, Revision C.1, October 1985.

M&T 81 Versch. Autoren: Superschwerpunkt AD-DA-Wandler. Markt & Technik Nr. 50 vom 11. Dez. 1981, S. 31-94.

OaV 94 Oberschelp, W.; Vossen, G.: Rechneraufbau und Rechnerstrukturen (6. Auflage). Oldenbourg-Verlag, München, 1994.

PaP 74 Paul, M.; v. Puttkamer, E.: Struktureller Aufbau von Prozeßrechnern. VDI-Verlag, Düsseldorf, 1974.

PEN 92 Penner, V. Parallelität und Transputer. Vieweg Verlag, Braunschweig, 1992.

PIO 87 Piotrowski, A.: IEC-Bus. (3. Auflage). Franzis Verlag, München, 1987.

POL 81 Pol, B.: Betriebssysteme – eine Einführung. Elektronik 2/1981, S. 43-56.

PaM 93 Preuß, L.; Musa, H.: Computerschnittstellen (2. Auflage). Hanser-Verlag, München, 1993.

RAÜ 81 Rembold, U.; Armbruster, K.; Ülzmann, W.: Interface-Technologie für Prozeß- und Mikrorechner. Oldenbourg-Verlag, München, 1981.

REM 79 Rembold, U.: Prozeß- und Mikrorechnersysteme. Oldenbourg-Verlag, München, 1979.

REM 91 Rembold, U. (Hrsg.): Einführung in die Informatik für Naturwissenschaftler und Ingenieure (2. Auflage). Hanser-Verlag, München, 1991.

RaL 94 Rembold, U.; Levi, P.: Realzeitsysteme und Prozeßautomatisierung. Hanser-Verlag, München, 1994.

RÜB 83 Rüb, W.: Aufbau von Echtzeit-Betriebssystemen zur Führung technischer Prozesse.
Regelungstechnische Praxis 25 (1983), Heft 2, S. 60-66.

SCH 81a Schäfer, P.: Grundlagen der Prozeßrechnertechnik (3. Auflage).
Siemens AG, Berlin, 1981.

SaW 79 Schäfer, W.; Wiczorke, M.: Lexikon der Prozeßrechnertechnik.
Siemens AG, Berlin, 1979.

SaW 92 Schiffmann, W.; Schmitz, R.: Technische Informatik 2.
Springer Verlag, Berlin, 1992.

SCH 94 Schnell, G. (Hrsg.): Bussysteme in der Automatisierungstechnik.
Vieweg-Verlag, Braunschweig, 1994.

SCH 93 Schnieder, E.: Prozeßinformatik, Einführung mit Petri-Netzen (2. Auflage).
Vieweg-Verlag, Braunschweig, 1993.

SCH 81b Schöne, A.: Prozeßrechensysteme.
Hanser-Verlag, München, 1981.

SEI 76 Seitzer, D.: Elektronische Analog-Digital-Umsetzer.
Springer-Verlag, Berlin, 1976.

SIE 92 Siemens AG: SAB 88C165-5S 16-Bit CMOS Single-Chip Microcontroller for Embedded Control Applications.
Data Sheet 06.92, München, 1992.

TaK 82 Tafel, J.; Kohl, A.: Ein- und Ausgabegeräte der Datentechnik.
Hanser-Verlag, München, 1982.

TAN 90 Tanenbaum, A.S.: Betriebssysteme – Entwurf und Realisierung, Teil 1.
Hanser-Verlag, München, 1990.

THI 92 Thies, K.-D.: 80486 Systemsoftware-Entwicklung.
Hanser-Verlag, München, 1990.

TaS 93 Tietze, U.; Schenk, Ch.: Halbleiter-Schaltungstechnik (10. Auflage).
Springer-Verlag, Berlin, 1993.

WER 84 Werner, D.: Programmierung von Mikrorechnern.
Hüthig-Verlag, Heidelberg, 1984.

WET 93 Wettstein, H.: Systemarchitektur.
Hanser-Verlag, München, 1993.

ZEL 86 Zeltwanger, H.: Der VME-Bus.
Sonderheft der Elektronik, Franzis-Verlag, München, 1986.

Sachwortverzeichnis

D

E

F

G

H

I

K

L

M

N

O

P

Q

R

S

T

U

V

W

Z

Prozeßinformatik

Automatisierung mit Rechensystemen

Einführung mit Petrinetzen. Für Elektrotechniker und Informatiker, Maschinenbauer und Physiker nach dem Grundstudium

von Eckehard Schnieder

2., erweiterte Auflage 1993. XII, 248 Seiten mit 129 Abbildungen und 28 Tabellen. Kartoniert.
ISBN 3-528-13358-9

Aus dem Inhalt: Prozeßinformatik als Lehr- und Forschungsinhalt – Netzdarstellungen und grundlegende Begriffe – Technische Prozesse – Prozeßlenkung und Prozeßkopplung – Information in technischen Prozessen – Prozeßrechner – Information in Prozeßrechnern – Informationssysteme: Betrieb und Strukturen – Konfiguration – Dynamik und Regelkreisverhalten – Entwurf von Informationssystemen zur Prozeßsteuerung.

Verlag Vieweg · Postfach 58 29 · 65048 Wiesbaden